南方复杂构造区页岩气富集成藏与勘探实践丛书

# 宜昌地区寒武系页岩气富集成藏与勘探实践

陈孝红　王传尚　刘　安　张保民　罗胜元　李　海　等　著

中 国 地 质 调 查 局 项 目（DD20179615）
中 国 地 质 调 查 局 项 目（DD20160194）　联合资助
国家科技重大专项子课题（2016ZX05034-001-002）

科学出版社

北　京

## 内 容 简 介

本书系统分析宜昌斜坡区页岩气形成的地质背景、寒武系富有机质页岩的地层学、岩相古地理学、地球化学以及页岩气储层特征；详细解剖寒武系水井沱组典型页岩气井，阐明宜昌地区寒武系页岩气形成分布的主控地质因素和富集规律，并建立页岩气富集保存模式和成藏模式；总结适用于低温、常压、高钙质页岩储层勘探开发的钻完井技术、测录井评价技术和压裂改造技术。

本书可供从事页岩气勘探开发和理论研究的科研人员阅读，也可供高校油气地质相关专业的师生参考。

**图书在版编目（CIP）数据**

宜昌地区寒武系页岩气富集成藏与勘探实践/陈孝红等著. —北京：科学出版社，2018.12

（南方复杂构造区页岩气富集成藏与勘探实践丛书）

ISBN 978-7-03-059650-5

Ⅰ. ①宜… Ⅱ. ①陈… Ⅲ. ①寒武纪-油页岩-油气藏形成-研究 ②寒武纪-油页岩-油气勘探-研究 Ⅳ. ①P618.13

中国版本图书馆 CIP 数据核字（2018）第 262259 号

责任编辑：杨光华 何 念/责任校对：董艳辉
责任印制：彭 超/封面设计：耕者设计工作室

斜 学 出 版 社 出版

北京东黄城根北街 16 号
邮政编码：100717
http://www.sciencep.com

武汉中科兴业印务有限公司 印刷

科学出版社发行 各地新华书店经销

*

开本：787×1092 1/16
2018 年 12 月第 一 版 印张：17 3/4
2018 年 12 月第一次印刷 字数：418 000

**定价：198.00 元**
（如有印装质量问题，我社负责调换）

# 前　言

为贯彻落实中央财经领导小组第六次会议中习近平总书记的重要讲话精神和中共中央、国务院印发的《关于深化石油天然气体制改革的若干意见》的决策部署，着力推动我国能源消费革命、能源供给革命、能源技术革命和能源体制革命，全面促进《页岩气发展规划（2016—2020 年）》目标的实现。2015 年开始，中国地质调查局武汉地质调查中心积极响应中国地质调查局党组关于加强页岩气地质调查工作的决定，先后部署实施了"中扬子页岩气基础地质调查"（2015 年）、"中扬子地区古生界页岩气基础地质调查"（2016～2018 年）和"宜昌斜坡带页岩气有利区战略调查"（2017～2018 年）等地质调查项目，承担了国家科技重大专项子课题"中扬子海相高演化页岩气赋存机理和富集规律研究"（2016ZX05034-001-002）、湖北省国土资源厅《湖北省页岩气勘查开发规划（2016—2020 年）》、"湖北省富有机质页岩地层岩相古地理与页岩气有利区优选"等页岩气资源调查、评价和选区工作。截至 2017 年 6 月，先后完成野外剖面测量 20 多千米；二维地震勘探剖面 14 条，长度 274 km；浅钻取样调查 5 口，进尺 2 425 m；地质调查井 5 口，进尺 6 791 m；参数井钻探 2 口，进尺 5 219 m；评价井 1 口，3 917 m；水平压裂 26 段，改造水平井长 1 827 m。通过上述工作，获得了宜昌地区震旦系—下古生界页岩气勘查一系列重大发现和突破。

一是全面系统查明中扬子地区古生界页岩气地质特征，采用多因素叠加分析方法优选宜昌斜坡页岩气有利区，实现中扬子地区奥陶系五峰组—志留系龙马溪组、寒武系水井沱组和震旦系陡山沱组页岩气调查的重大发现。首次发现寒武系岩家河组、震旦系灯影组石板滩段两套新的非常规气藏，其中岩家河组气藏为碳酸盐岩夹泥岩层中富集成藏的致密气藏，灯影组石板滩段气藏为灰岩夹鲕粒灰岩储层中的低渗天然气藏。

二是实现中扬子页岩气勘探新区、新层系的重大突破。宜页 1 井选择寒武系水井沱组优质储层进行压裂试气，获得高产工业气流，实现了中扬子寒武系页岩气勘查的重大突破。这一突破首次确立寒武系水井沱组为页岩气勘查开发新的主力层系，打破我国页岩气勘查开发均集中在四川盆地及周缘的局面，有望形成新的页岩气资源基地，实现南方页岩气勘探从长江上游向长江中下游的战略拓展。

三是建立基底控藏型页岩气保存富集模式和古隆起边缘斜坡断裂控藏型页岩气保存富集模式。指出宜昌斜坡页岩气的富集保存受控于基底继承性隆起对富有机质页岩相分布和基底隆升演化方式对页岩气储存保护的双重制约，为基底控藏型页岩气保存富集类型。提出"台地拗陷是基础，有机质丰度是保障，构造隆升和有机质热演化相匹配是关键"的页岩气形成富集成藏新认识。

四是建立以页岩品质为基础、保存条件为关键、经济性为保障和生态保护优先的选区评价原则。在宜昌斜坡页岩气有利区优选埋深 1 000～5 000 m 的页岩气有利勘探区面积 671 km²，资源量为 5 068.978×10⁸ m³。其中，江南区块的面积为 530 km²，资源量为 4 734.19×10⁸ m³，江北区块的面积为 141 km²，资源量为 334.788×10⁸ m³。其中，4 000 m 以上的浅层资源量高达 4 300×10⁸ m³，可以支撑本地区寒武系页岩气低成本高效开发。

五是创新提出低勘探程度复杂构造条件下"精细描述-技术研究-工程设计-组织实施-综合评价"的地质工程一体化技术，实现各技术环节高效衔接，建立一套钻完井一体化工程项目管理模式，确保项目高效运转。一体化技术的实施有效克服页岩气勘探地层时代老、构造复杂、储层改造难等难题，实现单井钻完井周期缩短 13.6%，综合作业时效提高 30%，创造中扬子地区最大位垂比（1.02）水平井钻探指标，取得储层穿行率 98%、优质储层穿行率 90.2%、水平段机械钻速 14.83 m/h 等先进技术指标。

六是建立低温常压高水平应力差页岩气储层压裂改造技术系列。自主研发低温低伤害页岩气压裂液体系，建立寒武系页岩储层复杂缝网模型及评价方法，创新"主缝+复杂裂缝、一段一策和动态调整"的压裂改造工艺，实现中扬子地区寒武系水井沱组低温常压高水平应力差页岩气储存的充分改造。

本书由陈孝红策划、编辑、审定和修改。前言由陈孝红执笔；第一章由张保民、蔡全升执笔；第二章由刘安、陈孝红执笔；第三章第一节由张保民、陈孝红执笔，第二节由李海执笔，第三节由危凯执笔；第四章第一节由陈林执笔，第二节至第六节由李海、陈林执笔；第五章由罗胜元、陈孝红、李培军执笔；第六章由王传尚、周鹏执笔；第七章由袁发勇、宋金初执笔。本书写作初期，中国石化江汉油田勘探开发研究院陈绵琨、刘浩天等参与了本书提纲的讨论和部分章节的写作。写作过程中，中国石油化工股份有限公司石油勘探开发研究院康玉柱院士、中国石油化工股份有限公司李阳院士、中国石油勘探开发研究院戴金星院士、中国石油大学（北京）李根生院士、中国石油天然气集团公司咨询中心高瑞祺高级工程师、中国石油化工股份有限公司油田勘探开发事业部戴少武教授级高级工程师、中国地质大学（北京）张金川教授为本书的修改提供了大量有益的意见和建议。

本书依托项目实施过程中一直受到中国地质调查局各级领导的帮助和支持。中国地质调查局党组对中国地质调查局武汉地质调查中心油气地质调查团队的学科建设和人才培养给予了高度关注和大力支持。2017 年 6 月 13 日，国土资源部党组成员、中国地质调查局党组书记、局长钟自然同志到宜昌调研，充分肯定了宜昌地区页岩气调查工作取得的突破性进展和突出成效。中国地质调查局陆域能源协调领导小组李金发副局长、王昆副局长及资源评价部邢树文主任等多次到宜昌页岩气勘探现场考察指导。

项目工程实施过程中，得到了兄弟单位的大力支持和帮助。参数井宜页 1 井钻探勘查由核工业二一六大队负责完成，二维地震勘探和宜页 1 井 VSP 测井由中石化石油工程地球物理有限公司江汉分公司完成，宜页 2 井钻探勘查、宜页 1HF 井和宜页 2HF 井钻压一体化工程由中石化石油工程有限公司江汉分公司承担，宜地 2 单井评价由中国石化江汉油田分公司勘探开发研究院负责。上述工程和项目实施过程中，各工程和项目承担单位的领导均给予了人力、物力和财力的大力支持，确保了项目的顺利实施。各单位技术人员工作认真负责，施工质量优秀，为项目成果的最终实现发挥了不可替代的保驾护航作用。

　　项目工程实施过程中，还得到湖北省国土资源厅、宜昌市国土资源局、宜昌市国土资源局点军分局、宜昌市夷陵区国土资源局的大力支持。中国地质调查局油气资源调查中心翟刚毅教授、包书景教授、中国石油杭州地质研究院研究员沈安江教授、徐政语高级工程师，中国石化江汉油田分公司勘探开发研究院舒志国教授、陈绵琨高级工程师，陕西延长石油（集团）有限责任公司任来意教授、长江大学陈孔全教授、胡明毅教授，中国石油勘探开发研究院廊坊分院、中国石油化工集团公司等专家教授在工程施工方案论证、过程质量监控、终期成果审查等方面给予了潜心的指导和严格把关。中国地质调查局武汉地质调查中心党委、中国地质调查局南方页岩气调查科技攻坚战宜昌地区现场联合攻坚指挥部对宜昌页岩气的勘查过程予了全程跟踪和科学管理，并在人力、物力、财力方面给予了充分保障，确保了项目的顺利实施。再次对所有关心和支持宜昌页岩气勘查的领导和专家表示诚挚的感谢！

　　由于作者水平及时间有限，书中不足之处敬请读者批评指正。

作　者

2018 年 5 月 30 日于武汉

# 目 录

# 第一章 概　　况

　　宜昌斜坡带地处湖北省西南部、长江上中游分界处，构造位置为中扬子地台黄陵隆起东南缘，区内发育元古宙—第四纪地层，其中震旦纪—早古生代地层完整，发育震旦系陡山沱组、寒武系水井沱组和奥陶系五峰组—志留系龙马溪组三套富有机质泥页岩层，是页岩气调查的重要区域之一。

## 第一节　地理位置及自然条件

### 一、地理位置、范围及交通

　　宜昌斜坡带在行政区划上包含宜昌市市区、远安县、当阳市西缘，秭归县东缘，长阳土家族自治县、宜都市北部，面积约为 4 350 km²。

　　区内交通发达，拥有长江黄金水道、宜昌三峡机场、沪蓉高速、宜万铁路等与外界相连。三峡专用高速公路、三峡翻坝高速公路、宜巴高速公路横贯其中，它们与长江沿岸水陆并通，并与乡镇公路相连，形成了完善的交通网络（图 1-1）。

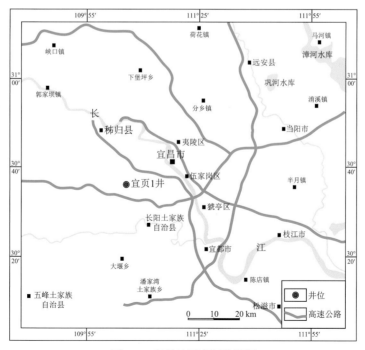

图 1-1　宜昌地区交通位置图

## 二、自然地理和气候条件

宜昌地区位于武陵山山脉和江汉盆地之间，地形较为复杂，海拔高低相差较大，总体自西向东逐级下降，依次形成山地、丘陵和平原地貌。山地地貌主要分布在西部的兴山县、秭归县、长阳土家族自治县和五峰土家族自治县，丘陵地貌主要分布在宜昌市市区和宜都市，平原地貌主要分布在江汉平原西侧的枝江市和当阳市（图1-2）。

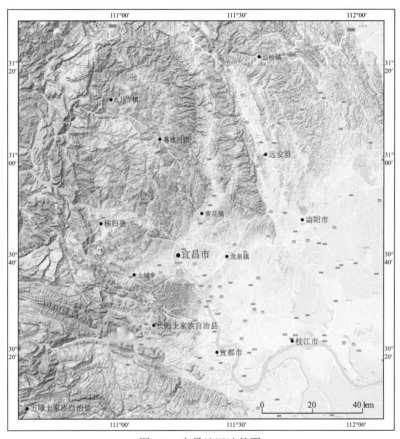

图1-2 宜昌地区地貌图

宜昌地区属亚热带季风性湿润气候，雨水丰沛，年平均降水量为960～1 600 mm。春夏两季降水总量大，秋季次之，冬季降水量少。宜昌地区四季分明，年平均气温为13.1～18 ℃，但山区与丘陵地区气候差别较大，气温随海拔上升而递减，每上升100 m降低0.6 ℃。宜昌地区森林覆盖率达58%以上，动植物种类繁多，生物多样性明显。

# 第二节 区域地质与构造

宜昌地区在大地构造位置上位于中扬子地台黄陵隆起西南缘，主要出露南华系—三叠系及白垩系和黄陵花岗岩（图1-3）。

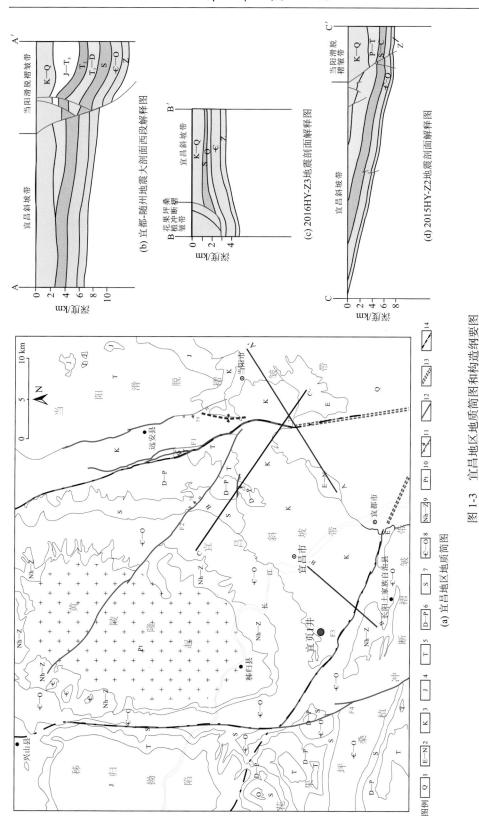

图1-3　宜昌地区地质简图和构造纲要图

(a) 宜昌地区地质简图

图例　1. 第四系；2. 古近系—新近系；3. 白垩系；4. 侏罗系；5. 三叠系；6. 泥盆系—二叠系；7. 志留系；8. 寒武系—奥陶系；9. 南华系—震旦系；10. 新元古代花岗岩；11. 向斜轴线；12. 正断层；13. 性质不明断层；14. 构造单元边界；F1 为通城河断裂；F2 为雾渡河断裂；F3 为天阳坪断裂；F4 为仙女山断裂

(b) 宜郡-随州地震大剖面西段解释图

(c) 2016HY-Z3地震剖面解释图

(d) 2015HY-Z2地震剖面解释图

# 一、地层

宜昌地区内地层呈环带状分布在黄陵隆起的周缘，按照地层时代自老而新介绍如下。

## （一）新元古代南华系—震旦系

南华系自下而上划分为莲沱组和南沱组。莲沱组厚 90 m，主要岩性为紫红色、棕黄色厚至中层状砂岩、长石石英质砂岩和岩屑砂岩，底部发育砾岩。南沱组厚 103.4 m，主要岩性为黄绿色、灰绿色冰碛砾岩，中部间夹含冰碛砾砂泥岩和粉砂质泥岩。

震旦系自下而上划分陡山沱组和灯影组，其中灯影组跨越了震旦系上部和寒武系下部，寒武系底界可能从灯影组白马沱段底部附近通过。

陡山沱组自下而上分为四段。一段厚约 5 m，为灰白色泥晶-微晶白云岩，通常称为"盖帽"白云岩；二段厚 80～120 m，为黑色页岩夹灰色含燧石结核的白云岩或泥质白云岩，含有丰富硅磷质结核；三段厚 40～60 m，为浅灰色中-厚层含燧石条带或燧石结核的白云岩；四段厚约 10 m，为黑色页岩、含碳质页岩夹透镜状白云岩，横向相变为薄层灰岩。灯影组也分为四段，自下而上分为蛤蟆井段、石板滩段、白马沱段和天柱山段，其中蛤蟆井段为灰白色薄-中层状细晶白云岩，厚 134.4 m；石板滩段为灰色-灰黑色薄-中层状灰岩、泥质灰岩和白云质灰岩不等厚互层，产大型藻类 *Vendotaenia* sp.、*Tyrasotaenia* cf. *podolica* 等，厚 36.0 m；白马沱段为灰色-灰白色厚-中层状细晶白云岩、灰质白云岩，偶夹燧石团块、燧石结核，厚 17.5 m；天柱山段主要为灰色-灰白色细晶白云岩，局部夹硅质条带或结核，顶部为含胶磷硅质白云岩，产丰富的小壳化石，本段厚度变化大，为 0.7～8.8 m。

## （二）寒武系—奥陶系

寒武系自下而上划分为岩家河组、水井沱组、石牌组、天河板组、石龙洞组、覃家庙组和三游洞组。

岩家河组与灯影组天柱山段为同期异相沉积，主要为深灰色-灰黑色薄-中层状白云岩夹硅质白云岩和硅质泥岩、硅质岩，上部灰黑色-黑色薄-中层状硅质岩夹碳质页岩、碳质灰岩和硅磷质灰岩，厚度约 54 m。

水井沱组厚 24～104 m，主要由下部碳质页岩夹"锅底"灰岩、灰岩和上部灰岩、泥灰岩夹钙质页岩组成。

石牌组厚 158～301 m，主要由黄绿色页岩、粉砂质页岩、粉砂岩和细砂岩组成，上部夹薄层灰岩、鲕粒灰岩。

天河板组厚 81～100 m，主要由灰色薄层泥质条带灰岩组成，中部夹鲕粒灰岩、核心石灰岩和含古杯灰岩。

石龙洞组厚 100～129 m，主要由灰白色块状细晶白云岩，发育"雪花"状构造。

覃家庙组厚 160～270 m，主要由含石膏白云岩和白云质灰岩组成。

三游洞组下部新坪组主要为灰色-灰白色厚层状粉晶白云岩、泥晶灰岩和灰质白云岩，下段产大量顺层分布的叠层石，厚约 108.2 m；上部雾渡河组以灰色、深灰色、灰白色厚层块状泥晶白云岩发育为特色，顶部发育硅质条带、燧石结核，厚约 121.8 m。

奥陶系厚约 270 m，分下统南津关组、分乡组和红花园组，下—中奥陶统大湾组，中奥陶统牯牛潭组，中—上奥陶统庙坡组，上统宝塔组、临湘组和五峰组。其中下奥陶统以灰岩为主，下部夹白云岩，中部夹粉砂质泥岩，上部红花园组中生物碎屑发育，局部发育生物礁灰岩；下—中奥陶统大湾组，下部为灰绿色薄-中层瘤状灰岩、生物碎屑灰岩、砂屑灰岩，中部紫红色中层状含生屑泥晶灰岩，上部为灰色薄-中层状生屑瘤状、透镜状泥晶灰岩；中奥陶统牯牛潭组—上奥陶统临湘组以瘤状灰岩发育为特色，中部庙坡组为泥岩、灰黑色含生屑粉砂质泥岩、生屑泥晶-粉晶灰岩。

奥陶系五峰组主要为黑灰色、灰黑色薄-极薄层含碳质、硅质泥岩夹硅质岩，产丰富的笔石。区内宜昌王家湾北剖面观音桥段之下 0.43 m 处，*D. extraordinaris* 的最初出现位置被定为全球上奥陶统最上部赫南特阶界线层型剖面和点（陈旭 等，2006）。

（三）志留系

区内志留系自下而上划分为龙马溪组、罗惹坪组和纱帽组。

龙马溪组分上、下两段，下段岩性主要为灰黑色薄层硅质岩、硅质页岩和碳质页岩，厚 50 m；上段以黄绿色、浅灰色极薄-薄层状含粉砂质泥岩、泥质粉砂岩为主，偶夹薄层状粉砂岩，厚 584 m。

罗惹坪组岩性主要为灰绿色瘤状或薄层状灰岩、粉砂质泥岩夹粉砂岩，厚 227 m。

纱帽组岩性主要为黄绿色泥岩、粉砂质泥岩、粉砂岩、砂岩，厚 437 m。

（四）上古生界

区内上古生界分布局限，发育一般。泥盆系发育中—上泥盆统，以滨浅海相碎屑岩沉积为主。石炭系分下部大埔组和上部黄龙组，厚约 62 m。其中大埔组主要为浅灰色、灰白色厚层块状白云岩、白云质灰岩，偶见珊瑚等化石，厚度为 2～20 m；黄龙组为灰色、浅灰色厚层块状泥晶灰岩、生物碎屑灰岩，富产蜓类。

二叠系自下而上为梁山组、栖霞组、茅口组、龙潭组、吴家坪组、大隆组。梁山组为煤系地层，厚 18.4 m。栖霞组为深灰色中-厚层瘤状灰岩，含团块状燧石，产丰富的化石，主要有珊瑚、菊石、蜓类、腕足类及双壳类等，厚 247.53 m。茅口组为灰白色厚层微晶生物屑灰岩、细晶白云岩，厚 77.25 m。孤峰组为浅灰色薄层硅质岩夹碳质硅质页岩，产菊石类，厚 9～11 m。龙潭组为浅黄色中厚层石英砂岩夹碳质页岩和煤层，厚度为 0～22m。吴家坪组为灰色薄-厚层硅质岩夹硅质灰岩、页岩，厚度约 25m。大隆组为黑色薄层硅质岩夹碳质泥岩，厚度为 22～33m。

（五）白垩系

白垩系在宜昌地区广泛发育，为厚度巨大的河湖相碎屑岩沉积。

（六）第四系

第四系在区内零星分布，主要为灰黄色、棕黄色含砾亚砂土层夹砾石层，无分选，磨圆差。

## 二、侵入岩

侵入岩露头在宜昌地区分布局限，仅分布于宜昌地区北东角（图 1-3），面积约 440 km² ，是黄陵隆起的主体部分，岩性以花岗岩为主，超基性岩、基性岩至中酸性花岗岩类均有出露。但从地球物理勘探资料显示，宜昌地区地层覆盖区存在较多的隐伏岩体，且岩浆岩带分布范围大，遍布整个宜昌斜坡带（图 1-4），构成宜昌斜坡带稳定的刚性基底。

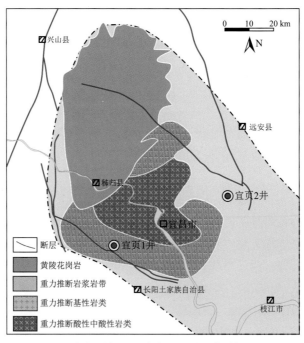

图 1-4　重力推测侵入岩分布图（潘忠芳 等，2015）

## 三、变质岩

宜昌地区内变质岩不发育，主要为动力变质岩，其次为区域变质岩、混合岩和接触交代变质岩。其分布较为局限，区域变质岩、混合岩主要分布在黄陵背斜变质基底区，出露面积小，类型较少，主要有片岩、片麻岩、长英质粒岩、石英岩及斜长角闪岩五大类型。动力变质岩呈窄带状产出于断裂带中。接触交代变质岩较少,产于较大岩体的接触变质带内。

## 四、构造

### (一)构造分区

中扬子地区自印支期以来受多期、多方向构造的叠加与复合,呈现复杂而有序的构造面貌。平面上,以南、北"对冲、叠加、干涉"为特色,形成了中扬子复合盆山体系。宜昌地区位于中扬子地区腹部,根据地质构造演化的不同阶段及构造作用特点,将该区划分为1个I级构造单元、3个II级构造单元和5个III级构造单元(图1-3,表1-1)。

**表1-1 中扬子地区构造单元划分表**

| I级构造单元 | II级构造单元 | III级构造单元 |
|---|---|---|
| 中扬子褶皱带 | 大巴山—大洪山弧形构造带 | 当阳滑脱褶皱带 |
| | 川东北—大冶对冲干涉带 | 秭归拗陷 |
| | | 黄陵隆起 |
| | | 宜昌斜坡带 |
| | 八面山—大磨山弧形构造带 | 花果坪桑植冲断褶皱带 |

**1. 黄陵隆起**

黄陵隆起位于宜昌地区西北部,主要由侵入岩组成,周边出露地层主要为震旦系—志留系,绕黄陵结晶基底分布的近南北向裙边褶皱是其主要构造样式,其中北部北东向、北西向断裂较发育。

**2. 宜昌斜坡带**

宜昌斜坡带为研究区的主体区,西北与黄陵隆起相连,东北以通城河断层为界,西南以天阳坪断层为界,面积达2 150 km²。宜昌斜坡带地表主要被白垩系覆盖,地层一般为北东走向,南东倾向。地震剖面显示,宜昌斜坡带地层产状极为平缓,大多在10°以下,断裂不发育。

**3. 当阳滑脱褶皱带**

当阳滑脱褶皱带位于研究区的东北部,其北部以阳日湾断层与巴洪冲断带相接,东侧以南漳—荆门断层为界,西侧以通城河—远安走滑断层与宜昌斜坡带相隔,南界以问安寺—纪山寺—潜北断层为界。地表主要出露三叠系和白垩系。

**4. 秭归拗陷**

秭归拗陷位于研究区的西北部,北接神农架隆起,东邻黄陵隆起,南为花果坪桑植冲断褶皱带,为中生代海陆交互相—陆相沉积为主的沉积盆地。

**5. 花果坪桑植冲断褶皱带**

花果坪桑植冲断褶皱带位于研究区的西南部,以天阳坪断裂为界与宜昌斜坡带相隔，背斜通常由下古生界组成，高陡紧闭，褶皱强烈，断裂发育，局部有倒转现象；向斜通常由二叠系和三叠系组成，宽阔低缓，构造相对简单。

（二）褶皱和断裂

宜昌地区发育近南北向及北西向断裂（图 1-3），自东向西主要区域性断裂有通城河断裂（F1）、雾渡河断裂（F2）、天阳坪断裂（F3）和仙女山断裂（F4），这些断裂不仅规模巨大、具多期活动特征，而且多构成次级构造单元的划分边界，并对区域构造样式具明显的控制作用。

通城河断裂（F1）：位于研究区的东北部，呈北北西向展布，北起神农架背斜南翼的后坪，舒缓波状向南东延伸至宜昌地区，于远安王家桥西被白垩系掩盖。根据地球物理资料综合解释，该断裂可继续向南延伸。该断裂为一条切穿基底的深大断裂，具有早期压扭、中期张扭和晚期压扭的特征，为当阳滑脱褶皱带的西部边界。

雾渡河断裂（F2）：位于研究区的东北部，呈北西向展布，沿雾渡河—当阳一线横切黄陵背斜，并延伸进入江汉盆地，总长度约 560 km，为扬子地台内部规模宏大的基底断裂，区内北西切割黄陵基底，向南东切穿南华系—白垩系，被通城河断裂截切。雾渡河断裂具有多期活动特征，形成于晋宁期，古生代正逆交替活动，燕山期复活，左旋压剪性平移，喜马拉雅期仍有继承性活动，在晚更新世活动不明显（甘家思 等，1996）。

天阳坪断裂（F3）：位于研究区的西南部，呈北西向展布，与雾渡河断裂几乎平行，经红花套、高家堰，向北西西延伸，北西端被仙女山断裂截断，红花套以东被白垩系覆盖，为一条区域性大断裂。天阳坪断裂具有多期活动特征，以挤压活动为主，也见张性活动特征，新近纪末—早更新世活动强烈，中更新世活动稍弱（李愿军，1991）。二维地震解释成果显示，在天阳坪断裂以南的高家堰地区，地层呈倒转现象，早古生代地层推覆于白垩纪之上。

仙女山断裂（F4）：位于研究区的西南部，呈北北西向展布，北起秭归县荒口，斜切长阳背斜出研究区。仙女山断裂主要展布在古生代—中生代地层中，控制了白垩纪红层的发育。自燕山运动形成以来，仙女山断裂经历了多次活动，白垩纪初期表现为张扭活动，晚期为压扭活动，全新世以来无明显的活动迹象（张峰 等，1999）。

（三）构造-沉积演化

宜昌地区自基底形成以来，经历了加里东期—海西期稳定的扬子克拉通沉积、沉降发展阶段和印支期以来的构造变形、变位发展阶段，早燕山期奠定了研究区中、古生界的基本构造格局，为构造主要形成时期。其主要经历的构造-沉积演化历史详述如下。

**1. 基底构造发展阶段**

宜昌地区黄陵结晶基底出露在研究区西北角，后期构造对其改造微弱，是研究扬子地块前寒武纪地质构造演化的良好窗口。

中元古代，黄陵地区从半稳定-较稳定状态逐渐向活动的裂谷沉积环境过渡，区内存在一北西西向展布的中元古代古洋壳或地幔裂谷，与黄陵基底北部北东向展布的大陆裂谷共同构成三叉形裂谷。随着裂陷槽的进一步扩大，发育一套大洋中脊构造环境形成的

N-MORB 型拉斑玄武岩（彭松柏 等，2010）。中元古代末期的晋宁运动，由中元古代的裂解转为汇聚，表现出较典型的板块构造运动演化特点，出现大量类科迪勒拉 I 型花岗岩（即区内广泛分布的新元古代石英闪长岩-石英二长岩-斜长花岗岩-花岗闪长岩-二长花岗岩组合）和 S 型花岗岩。构造变形上，以强烈的塑性变形为特点，至青白口纪基性岩脉的侵入，标志着晋宁运动的结束、扬子陆块固结、罗迪尼亚（Rodinia）超级古陆形成。进入南华纪，罗迪尼亚（Rodinia）超级古陆开始裂解进入原特提斯演化阶段，随后宜昌地区经历长期的沉积抬升剥蚀作用（魏运许 等，2012）。

**2. 构造-沉积演化阶段**

宜昌地区南华纪以来进入相对稳定的构造-沉积阶段，经历了早加里东期的伸展裂解、晚加里东期的汇聚挤压、海西期—早印支期的伸展裂陷和晚印支期—喜马拉雅期的汇聚挤压抬升，分别对应着盆地演化的四个阶段，即南华纪—早奥陶世的被动大陆边缘盆地、中奥陶世—志留纪的前陆盆地、泥盆纪—早三叠世的克拉通盆地和中三叠世—早侏罗世的前陆盆地（图 1-5）（焦方正 等，2015），发育三套页岩气含气层。晚燕山期后，区内经历了强烈的变形和变位改造，地层剥蚀幅度巨大，形成如今的海相残留盆地。

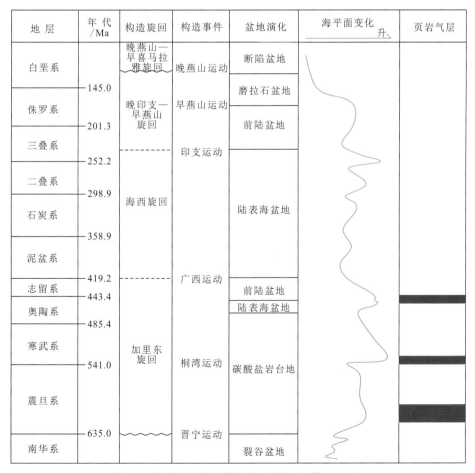

图 1-5 宜昌地区盆地演化图（焦方正 等，2015）

1）伸展裂解阶段（Nh—O₂）

南华纪时，随着晋宁造山作用的结束，宜昌地区开始接受海侵，沉积莲沱组滨浅海相碎屑岩，与下伏黄陵花岗岩呈角度不整合接触，底部发育角砾岩。到南华纪晚期，随着全球中纬度大陆冰盖的形成，宜昌地区沉积南沱组冰碛砾岩。早震旦世，随着冰期的结束，海平面快速上升，沉积陡山沱组一段具有标志性意义的"盖帽"白云岩，随着持续的海侵，出现陡山沱组二段黑色含炭质页岩夹泥质白云岩，富含硅磷质结核；之后随着长期接受沉积充填，补偿作用充分，逐渐转化为灯影组开阔海台地-局限台地碳酸盐岩沉积。

早寒武世，本区出现沉积相的分异，长江以北地区仍保持碳酸盐台地环境，形成天柱山段白云岩，局部暴露，接受风化剥蚀，与上覆水井沱组之间存在沉积间断面；长江以南地区沉积岩家河组陆棚相硅质岩、硅质灰岩夹炭质页岩。随后，梅树村阶晚期—第二统南皋阶初期，整个扬子区均发生了一次大规模的海侵，形成水井沱组陆棚相黑色碳质页岩、灰泥岩；其后，随着相对海平面逐渐降低，依次沉积石牌组浅水陆棚相细碎屑岩、天河板组台地相薄层灰泥岩及台缘鲕状灰岩、石龙洞组—三游洞群台地相白云岩与灰岩。

早奥陶世早期，中扬子地区发生区域性的海侵，宜昌地区由局限台地转变为开阔台地相，沉积南津关组生物碎屑灰岩及分乡组含笔石页岩；早奥陶世晚期，随后海平面的下降，沉积了红花园组开阔台地-台地边缘礁滩相生物灰岩。中奥陶世，海平面再次上升，宜昌地区开始处于陆棚沉积环境，依次沉积大湾组灰绿色中-薄层瘤状灰岩夹泥岩、牯牛潭组紫红色中厚层瘤状灰岩、庙坡组杂色泥岩夹生物碎屑灰岩、宝塔组中-厚层龟裂纹灰岩和临湘组薄层瘤状灰岩。

2）汇聚挤压阶段（O₃—S）

中奥陶世，受华夏地块挤压作用的影响，构造动力环境由早期的拉张裂陷环境向挤压环境转化，华夏块体因挤压而隆升形成古陆，并向华南残留洋盆提供充足物源，扬子板块南部边缘发生拗陷挠曲，于中—晚奥陶世—早志留世形成前陆盆地。在宜昌地区，晚奥陶世—早志留世，接受前陆盆地演化过程中的隆后盆地沉积（图1-5），沉积五峰组富含笔石的硅质页岩、硅质岩，以及龙马溪组笔石页岩，早志留世中晚期，前陆盆地进入碎屑物质快速充填时期，沉积厚达千米的泥页岩和粉砂岩。到早志留世末期，中扬子基本整体抬升为陆，不再接受沉积，前陆盆地的演化也相应结束。

3）伸展裂陷阶段（D—T₁）

晚古生代，中扬子进入古特提斯洋演化阶段，区域构造环境由晚加里东的挤压环境转换为拉张环境。在宜昌地区，自中志留世—早泥盆世隆起成古大陆，未接收沉积，在中—晚泥盆世时即已发生沉积回春，开始了新生盆地的旋回过程。中泥盆世吉维特阶发生的海侵自南向北扩展，泥盆纪沉积也自南向北超覆，厚度向北减薄，区域上泥盆纪最低层位向北逐渐提高。纵向上表现为相对海平面的持续加深，南部由底至顶接受前滨相石英砂岩（云台观组）—近滨相砂页岩（黄家蹬组）—远滨相泥质条带生物灰岩（写经寺组），形成丰富的宁乡式铁矿和硅石矿床。

宜昌地区早石炭世地层缺失，晚石炭世海侵范围略有扩大，接受大埔组与黄龙组台地-局限台地相生物灰岩和白云岩沉积。早二叠世仍然延续前期震荡沉降和沉积调整过程,出现全区沉积间断,沉积梁山组滨海沼泽相碎屑岩。至中二叠世,宜昌地区进入了稳定的热沉降阶段,接受栖霞组与茅口组厚层碳酸盐岩沉积,由于碳酸盐岩的快速补偿作用,宜昌地区始终保持浅水台地或陆棚环境,区域上构成巨大的陆表海台地缓坡;中二叠世晚期开始出现深水盆地环境,盆地沉降加剧趋于成熟。中—晚二叠世之交的东吴运动致使前期稳定沉降并趋于成熟的盆地发展过程突然中断,形成了广泛的升隆剥蚀不整合界面,形成大面积的隆起剥蚀区。

4)汇聚挤压抬升阶段(T₂—Q)

到中三叠世,区域构造应力环境向挤压环境转化,并于印支运动主幕隆升成陆结束中扬子的海相沉积历史。晚三叠世—侏罗纪,当阳复向斜和秭归盆地继承性发育因印支运动形成的拗陷盆地,形成湖沼-河流相黑色页岩、砂泥岩沉积;白垩纪—新生代,燕山早期燕山运动十分强烈,由褶皱和断裂共同组成,形成了区内主体构造之一,以东—北北东向为主,次为北北西向及近南北向。脆性断裂构造发育,北北西向一组规模较大,密集成带,呈左行斜列,常迁就和利用先成构造的不同成分发展而成。主干断裂具多期活动性,作为主要活动期的燕山早期以压性或压扭性为主。褶皱变形为北东向,叠加改造早期东西向褶皱,形成一系列似箱状、穹状短轴横跨褶皱,在工区以西建始县一带构成十分醒目的联合弧形构造,从而基本上奠定了本区及邻区的区域构造格架。同印支运动类似,在燕山运动褶皱与断裂发展过程中,局部出现地壳调整和伸展作用,在黄陵断隆东侧的宜昌市附近发生边缘块断-拗陷盆地,接受山麓洪积及辫状河砂砾岩沉积(石门组和五龙组)。燕山晚期,挤压逐渐向松弛的弹性回落阶段转化,工区表现出伸展裂陷作用特点,并使得早期压(扭)性断裂再次活动,转化为晚期张扭性质。工区北缘表现为北北西向断堑和断隆并置的特点,其他局部地区则形成北北东向箕状断陷盆地,控制了晚白垩世红色盆地的发育。其后地壳不均匀升降运动的进一步加剧,工区东部江汉盆地过渡为稳定沉降阶段,局部幔隆作用而导致玄武岩喷溢,也进一步促进了拗陷的发展。由此造成了数个洪冲积-河湖相沉积旋回,与下伏基底间为角度不整合关系。喜马拉雅期,环太平洋构造域持续发展和喜马拉雅运动强烈活动时期,盖层区表现为扬子地块古生代地层由南向北逆冲推覆至白垩纪—古近纪红色盆地沉积物之上。

# 第二章 页岩气发现与突破

宜昌地区位于扬子板块中部，黄陵隆起的东南斜坡带，是我国开展地质研究较早、研究程度较高的地区之一。早在 20 世纪 20 年代，李四光和赵亚曾（1924）完成了长江两岸秭归—宜昌段地层和构造的调查，确立了调查区地层构造格架。中华人民共和国成立后，先后有数十个单位和部门在该区进行了比较深入系统的地质调查或矿产勘探工作，中国地质调查局武汉地质调查中心（原宜昌地质矿产研究所）自 20 世纪 70 年代，在宜昌地区深入开展了地层、沉积、构造等基础地质研究工作，特别是近 10 年来加强了对页岩的地层格架、古海洋学、古环境与生命的协同演化研究，通过精细的地层对比及古地理研究准确预测覆盖区富有机质页岩展布，通过对古海洋、古环境的探讨研究明确了页岩储层的成因及演化过程，通过古生物学研究揭示页岩气来源与物质基础，成功地将中扬子地区基础地质研究成果运用到油气、页岩气地质调查工作中，形成了以基础地质调查研究引领油气、页岩气发现和突破的油气地质调查新模式。

经过 2007~2014 年"雪峰山西侧地区海相油气地质调查""中南地区非常规油气形成地质背景与富集条件综合研究""中南地区页岩气形成地质背景与富集条件综合评价"等油气、页岩气调查项目实施，基于对宜昌地区页岩气地质条件的充分认识，中国地质调查局武汉地质调查中心于 2015 年实施"中扬子地区页岩气基础地质调查"项目，将工作重点和突破口聚焦在宜昌地区，部署实施了宜地 1 井和宜地 2 井，分别获得了上奥陶统五峰组—下志留统龙马溪组页岩气的发现和寒武系水井沱组页岩气的首次重大发现。鉴于上述成果揭示了宜昌地区巨大的页岩气资源潜力，2016 年中国地质调查局武汉地质调查中心调节资金部署实施了宜页 1 井，对寒武系水井沱组页岩储层特征及含气性进一步落实，同时兼探了震旦系陡山沱组页岩气。2016~2017 年，为了扩大中扬子地区寒武系页岩气勘探成果，又在宜页 1 井基础之上侧钻水平井，实施压裂试气工程，最终实现了中扬子地区寒武系水井沱组页岩气的重大突破。

## 第一节 前期油气勘探历程

宜昌地区油气调查工作始于 1958 年，与中扬子地区的油气勘探历程一样经历了1958~1970 年的区域普查勘探阶段、1970~1985 年的复向斜和古潜山勘探阶段、1985~1999 年勘探停滞阶段及 1999 年以来的综合勘探阶段（焦方正 等，2015）。在 1958~1970年区域普查勘探阶段以寻找威远式气田为目的，开展了以宜昌南部地区"宜都会战"为代表的宜都鹤峰复背斜地区地表和钻探调查，发现和调查油气苗数十处，初步确定了区内海相地层具备基本石油地质条件，划分出震旦系—志留系和石炭系—侏罗系两大套生储盖组合，认识到保存条件的重要性。为此，从 1970 年开始将勘探重点由高背斜带转向保存条件好的复向斜中低背斜构造地区，开展了以复向斜和潜山勘探为重点的"当阳会战"。1970～1985 年先后在当阳复向斜部署当 1 井、当 2 井、当深 3 井和方 1 井。当 1 井，当 2 井和方 1 井均未获油气显示。当深 3 井在钻达三叠系地层中发生井喷；一次喷高 0.2～3.5 m，另一次喷高 3～27 m，但未获工业产能；气样中二氧化碳含量高达 99.04%，而甲烷含量仅 0.21%，说明引起井喷的是二氧化碳气。

　　1986 年之后，中国石油天然气集团公司、中国石油化工集团公司等围绕中扬子地区海相碳酸岩地层的油气成藏地质条件进行了多轮技术和理论攻关研究，取得了一系列重要认识，其中"七五"期间，发现了中扬子具有南北对冲推覆的构造特点，建立了中扬子南缘前加里东期沉积-构造古地理演化模式，初步形成了动态评价油气藏形成过程的思路。"八五"期间加强了物探技术方法的攻关，优选了当阳复向斜建阳驿-八岭山构造带作为有利勘探区带，但未实施钻探验证。"九五"期间开始注重海相油气的评价，发现中扬子台地内部南北对冲前缘存在相互干涉的断褶带，属于构造相对稳定的变形区，首次明确江汉盆地中部的宜昌稳定带是有利的油气勘探区带之一。1999 年以来，宜昌及周边的常规油气勘探也未得到足够重视，投入不大。中石化为落实当阳-枝江的构造特征，侦查二叠系长兴组台地边缘的展布情况，对枝江-当阳区块进行了 794 km 的二维地震资料重新处理解释。中石油最近几年在荆门-当阳区块围绕志留系页岩气的勘探相继开展了二维地震勘探 29 条/689.88 km、三维地震 196.6 km$^2$ 和页岩气井 3 口（荆 102 井、荆 102 井、宜探 1 井）的钻探工作，但迄今尚未获得实质性突破。

## 第二节　基础地质调查与页岩气的发现

## 一、页岩气基础地质调查

　　对宜昌地区页岩气地质的系统调查开始于 2014 年。中国地质调查局武汉地质调查中心 2014 年组织实施的"中南地区页岩气资源调查评价与攻关示范"项目在宜昌及周边部署了"中南地区页岩气形成地质背景与富集条件综合评价""武陵-湘鄂西页岩气资源调查评价""宜昌-神农架地区页岩气资源远景调查"等项目，通过地面调查和浅井钻探，首次对宜昌地区页岩气基础地质条件进行了全面而系统的调查工作，取得了寒武系页岩气地质调查的如下进展。

　　（1）通过剖面的精细测量，初步建立了宜昌地区不同构造部位寒武系水井沱组富有机质泥岩精细剖面，基本查明了富有机质泥页岩形成的古地理、古气候和古环境特点，编制了层序地层岩相古地理图（陈孝红 等，2016；刘早学 等，2016；刘安 等，2016）。

　　（2）通过浅井钻探和剖面调查研究，初步获得了宜昌地区寒武系水井沱组富有机质泥岩的地球化学特征和物性特征，编制了宜昌及周边寒武系页岩气储层评价的系列图件。采用页岩厚度、总有机碳含量、有机质成熟度和页岩埋深等多因素叠加优选出黄陵隆起东缘寒武系页岩气重点远景区（图 2-1），为宜昌地区寒武系页岩气的勘查奠定了基础（陈孝红 等，2016；刘早学 等，2016）。

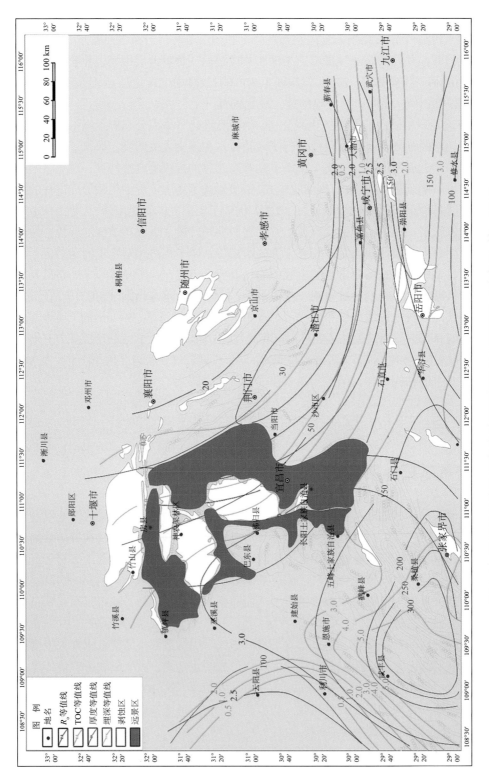

图 2-1　宜昌及周边地区寒武系页岩气远景区预测图（陈孝红 等，2016）

（3）浅井钻探过程中，部署在秭归杨林的 wzk06 井，在钻至龙马溪组底部黑色页岩时，井口发生轻微井涌，点火可燃，为宜昌地区首次发现的志留系页岩气流。部署在秭归泗溪的秭地 1 井对井深 263.10 m～360.89 m 的寒武系水井沱组 22 件页岩样品进行了现场解析。解析气含量变化于 0.001～0.567 m³/t，平均为 0.163 m³/t；总含气量为 0.234～1.047 m³/t，最高为 1.047 m³/t，解析气点火可燃，为首次在宜昌地区发现的寒武系页岩气显示（刘早学 等，2016）。但需要说明的是，秭地 1 井气体组分分析中虽然检测出甲烷、乙烷等烃类气体，但由于非烃气体 $CO_2$、$N_2$ 占比较高，平均达到 47%，最高达到 99%，总体显示出低甲烷、富氮气的特点。Liu 等（2016）认为秭地 1 井高氮气含量的存在是寒武系高演化富有机泥岩对氮气的强烈吸附能力导致页岩中甲烷气逸散的结果。因此，当时对秭地 1 井寒武系页岩气的发现并没有引起足够的重视。

为提高宜昌斜坡区页岩气重点远景区的整体认识，并为宜昌斜坡页岩气远景区的整体选区评价和战略突破部署奠定基础。中国地质调查局武汉地质调查中心在 2014 年宜昌地区页岩气调查成果的基础上，对 2015 年实施的"中扬子地区页岩气基础地质调查"项目设置了"宜昌-保康页岩气基础地质调查"子项目，加大了对宜昌斜坡地区寒武系页岩气勘查力度，部署了二维地震 100 km 和以寒武系水井沱组页岩气为主要调查目的的地质调查井——宜地 2 井（图 2-2），对宜昌斜坡页岩气有利区进行战略侦察。获得了明显效果，进一步查明了宜昌斜坡地区地层和构造格架，获得了寒武系页岩气的首次重大发现。

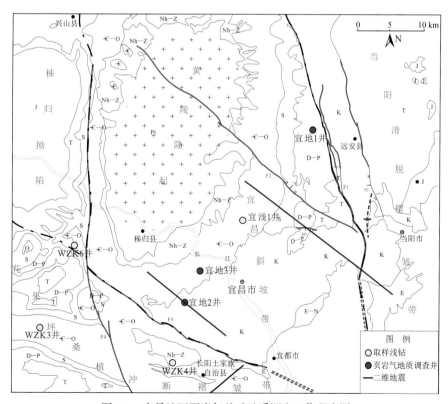

图 2-2　宜昌地区页岩气基础地质调查工作程度图

## 二、宜地 2 井寒武系水井沱组页岩气的重大发现

（一）宜地 2 井部署及实施

为调查宜昌地区寒武系页岩气形成富集的基础地质条件，按照"有利相带是基础，构造保存是关键"的页岩气勘查思路，将以寒武系页岩气调查为主要目的的宜地 2 井部署在土城乡附近。主要依据如下。

（1）相带有利，页岩厚度大。野外调查显示，宜昌地区在寒武纪早期处于台地向深水陆棚过渡相带，富有机质页岩的厚度变化较大，灯影峡一带早寒武世初期为台地边缘浅滩相的灯影组白马沱段沉积，向西至西部秭归泗溪、九曲脑和宜昌岩家河一带为斜坡相-浅水陆棚相的岩家河组下段沉积（陈孝红 等，2016）。早寒武世早期（水井沱组）的广泛海侵，导致区域内被深水陆棚广泛覆盖，在早期陆棚斜坡地带发育厚度较大的黑色岩系。

（2）构造稳定，页岩气保存条件好。黄陵地区发育花岗岩刚性基底，且有沿宜昌斜坡向东南延伸的趋势（图 2-2），由于花岗岩刚性基底的隔热保整作用，有利于区域内地层在印支期以来的构造运动中免遭断裂和褶皱的破坏，地表地质调查未见明显的断裂构造，黄陵隆起东南缘页岩气保存条件好。

（3）有机质成熟度适中。黄陵古隆起在中三叠世之后处于持续隆升过程（沈传波 等，2009），长期隆起致使水井沱组页岩的热演化程度相对较低（$R_o$ 一般为 2%～3%），合适的有机质演化阶段有利于页岩气的形成和富集。

（4）页岩埋深适中。黄陵隆起东南缘地层产状平缓，剥蚀程度自隆起向周边减弱，江汉盆地西缘长江沿岸见白垩系直接覆盖在下奥陶统南津关组之上，盆缘一带寒武系地层发育完整，顶、底界清楚，井深在地质调查井目的层埋深条件控制范围内。综上，按照相带有利、构造简单、埋深合适原则，选择宜昌土城王家坝部署实施以寒武系水井沱组页岩气为钻探目的的宜地 2 井（图 2-2，图 2-3）。

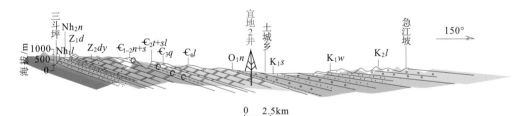

图 2-3　宜地 2 井过井剖面图

宜地 2 井于 2015 年 7 月 7 日开钻，于 2015 年 12 月 20 日钻达灯影组内部 5 m 完钻，完钻井深 1 806 m（图 2-4）。完成了配套的测井、地应力测量工作，钻取了寒武系系统的岩心材料，钻获了天河板组裂缝型天然气显示，以及覃家庙组、水井沱组页岩气。

（二）宜地 2 井含油气地层

宜地 2 井揭示了黄陵东南缘震旦系—寒武系多个储盖组合（图 2-4），寒武系岩家

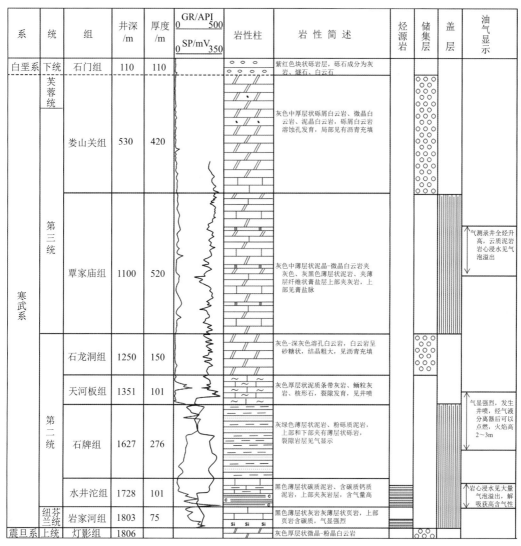

图2-4 宜地2井实钻综合柱状图

河组—水井沱组为烃源岩,震旦系灯影组为储层,同时水井沱组—石牌组泥页岩为区域性盖层,形成上生下储组合。寒武系岩家河组—水井沱组为烃源岩,石龙洞组白云岩为储层,覃家庙组云质泥岩、膏盐为盖层,形成下生上储组合;在区域上娄山关组白云岩也是重要的储层,而在宜地2井周边娄山关组上覆奥陶系和志留系盖层已被剥蚀。

**1. 白垩系**

石门组:厚110 m(0 m~110 m);紫红色砾岩层;砾石成分复杂,大小混杂,次圆-次棱角状,砾间主要为砂质充填,少量泥质,胶结疏松。

**2. 寒武系**

(1)娄山关组:厚420 m(110 m~530 m);下部为灰色-灰白色厚层状粉晶白云岩、中层状粉晶白云岩;偶夹黄绿色极薄层泥岩。上部岩性为厚层块状含砂砾屑粉-细晶白云岩、砂屑、砾屑白云岩夹厚-中层状灰质白云岩，局部层段夹硅质条带及泥质条带。砂屑白云岩针尖状溶蚀孔发育，溶蚀孔缝沥青较发育。

（2）覃家庙组：厚 570 m（530 m～1 100 m）；岩性以薄-中层状泥质白云岩、灰岩为主，见膏盐夹层；中部夹 7 m 厚的灰色厚层状细粒石英砂岩。

（3）石龙洞组：厚 150 m（1 100 m～1 250 m）；石龙洞组主体岩性为浅灰色、灰色中-厚层状至块状粉晶白云岩、含残余砂砾屑白云岩、内碎屑白云岩、亮晶鲕粒砂屑白云岩，溶蚀孔洞非常发育。缝合线及晶洞中见沥青充填。

（4）天河板组：厚 101 m（1 250 m～1 351 m）；深灰色薄-中层状泥质条带灰岩，偶夹砂砾屑泥晶灰岩，中部为深灰色薄-中层状泥质条带状灰岩，其中局部层段为核形石灰岩、鲕粒灰岩。近底部高角度缝发育，见方解石脉充填。

（5）石牌组：厚 276 m（1 351 m～1 627 m）；下部为黄绿色薄-极薄层粉砂质泥岩、粉砂岩夹少量钙质细砂岩及薄层鲕粒灰岩。上部以灰绿色、黄绿色薄层泥岩、粉砂质泥岩等偶夹薄层灰岩。石牌组垂直缝发育，以方解石脉半充填为主。

（6）水井沱组：厚 101 m（1 627 m～1 728 m）；下部为灰黑色薄层状碳质泥岩、碳质含粉砂质泥岩夹深灰色透镜状泥晶灰岩；中部黑灰色碳质页岩夹薄-中厚层灰岩；上部岩性为黑色、灰黑色薄-中层状灰岩夹薄层状泥灰岩、钙质页岩。

（7）岩家河组：厚 75 m（1 728 m～1 803 m）；底部为灰色-深灰色极薄层夹薄层粉晶白云岩；中下部为灰色-深灰色中层状含硅质白云岩、硅质岩夹硅质页岩；上部为灰色-深灰色中层状含碳质粉晶灰岩、薄层状含碳质灰岩。

**3. 震旦系**

灯影组：厚 3 m（1 803 m～1 806 m）；顶部浅黄灰色条带状-纹层状泥晶云岩，发育灰色泥晶云岩条带或纹层，高角度裂缝较发育，多被方解石和沥青充填。

**（三）宜地 2 井寒武系水井沱组页岩气的重大发现**

2015 年 10 月 3 日，在钻至 1 668.5 m 处水井沱组黑色页岩时，见强烈气显，将岩心置于清水中，气泡溢出如同沸水（图 2-5），静置水中 14 h 后观察，气泡溢出依然强烈。水井沱组页岩解吸气含量为 0.194～3.65 $m^3/t$，平均值为 1.284 $m^3/t$，损失气含量为 0.028～2.35 $m^3/t$，平均值为 0.570 $m^3/t$。总含气量为 0.364～5.570 $m^3/t$，平均值为 1.850 $m^3/t$。特

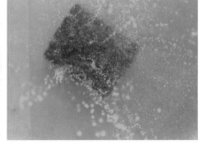

(a) 井深 1693 m          (b) 井深 1678 m

图 2-5　宜地 2 井水井沱组岩心浸水实验

别是 1 702 m～1 728 m 段近 26 m，总含气量最小值为 2.758 m³/t，最大值为 5.577 m³/t，平均值为 4.16 m³/t，该段含气性最好（图 2-6）。现场解吸收集到气样组分分析 90%以上为甲烷，气体组成与秭地 1 井寒武系页岩明显不同。

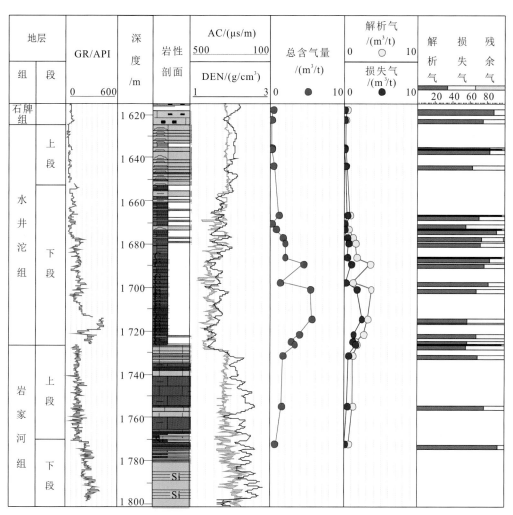

图 2-6　宜地 2 井总含气量纵向变化图

根据《页岩气资源/储量计算与评价技术规范》（DZ/T 0254—2014）页岩有效厚度大于 50 m 条件下，含气性的下限是 1 m³/t，页岩有效厚度为 30～50 m 条件下，含气性的下限为 2 m³/t，宜地 2 井的含气性数据与标准相比较远大于该标准。宜地 2 井是中扬子地区寒武系页岩气的首次重大发现，坚定了该区域页岩气勘探的信心，为该区页岩气勘探起到了引领作用。

（四）寒武系天河板组裂缝型天然气的发现及其意义

2015 年 8 月 23 日，在宜地 2 井井深 1 342 m 钻遇天河板组下段的深灰色角砾状灰岩时发生了井喷，井喷从初始的井涌逐渐加强为井喷，8 月 24 日凌晨 1：50 井喷最强时，水柱可达 20 余米（图 2-7），持续 3 h，从 8 月 23 日夜井喷至 8 月 30 日压井成功，井喷时间持续一周，井喷强度时强时弱，呈脉冲式，压井时使用的泥浆密度为 1.8 g/cm³。泥浆槽面见有大量的气泡，气测录井显示全烃含量最高可达 9%（图 2-8），气样检测气体成分 90% 以上为甲烷，另含有极少量的乙烷，未检出硫化氢。经气液分离后，对气体试点火成功，气显强烈时火焰可持续数小时不灭，火焰高度可达 2～3 m（图 2-7）。

(a) 井喷现场 (b) 气水分离后成功点火

图 2-7 宜地 2 井天河板组井喷现场及气水分离后成功点火

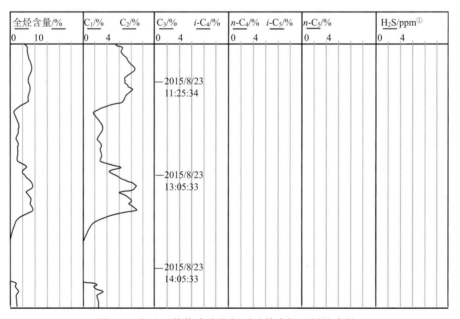

图 2-8 宜地 2 井井喷阶段气测录井全烃及甲烷含量

---

① ppm=1 × 10⁻⁶

　　天河板组下部和石牌组上部测井响应分析表明自然伽马值高，均值 224.2 API，高伽马值出现在天河板组和石牌组界限，石牌组为高伽马，对应的岩性为灰绿色泥岩、钙质泥岩、粉砂质泥岩。声波时差值在 1 335 m～1 470 m 段较高，均值为 377.3 μm/s，声波时差的变化与自然伽马、密度不同，没有受到岩性的影响，天河板组下部灰岩段—石牌组上部泥岩段声波时差值突然变高，因此从测井数据来看，声波时差值突然变大是裂缝所致，和岩层基质孔隙没有明显的关系（图 2-9）。

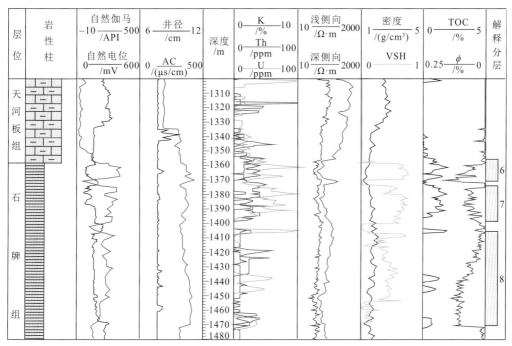

图 2-9　宜地 2 井天河板组底部—石牌组上部测井解释

　　岩心与测井资料结合分析发现天河板组下部和石牌组上部垂直裂缝极为发育而且裂缝多为半充填，裂缝宽度为 1～3 cm，沿着缝壁充填方解石，中间未充填缝的宽度一般为 0.5～1 cm（图 2-10）。石牌组裂缝以垂直方向为主，比较单一；天河板组裂缝较为复杂，部分灰岩较破碎呈角砾状，多期次方解石脉胶结，仍有晚期少量未充填的裂缝保留下来（图 2-10）。

图 2-10　宜地 2 井天河板组半充填裂缝

　　天河板组灰岩孔隙度为 0.30 %～3.00 %，平均孔隙度为 1.63 %，渗透率一般为

0.05～3 μm$^2$。石牌组岩层孔隙度为 1.60 %～2.00 %，平均孔隙度为 1.82 %。石牌组和天河板组的岩性特征表明井喷的气不是来自基质孔隙,气体急剧的外溢与裂缝的关系密切。

分析表明天河板组—石牌组气体类型为裂缝型气,石牌组发育垂直裂缝,推测为后期构造破碎所致。天河板组—石牌组裂缝型气的发现表明在宜昌斜坡地区只要存在合适的圈闭条件,就有发现常规气藏的可能性。

（五）寒武系覃家庙组膏盐盖层发现及页岩气显示

覃家庙组发育膏质白云岩、云质膏盐、膏质泥岩,另见数毫米至数厘米厚的纤维状膏盐夹层或膏盐脉（图 2-11）,是下伏石龙洞组的直接盖层,也是形区域性盖层。

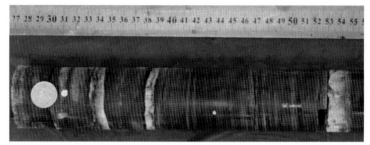

图 2-11 宜地 2 井覃家庙组顺层展布的纤维状膏盐

宜地 2 井在钻遇覃家庙组下段井深 787 m～870 m 暗色泥质白云岩有一定的气显示。气测录井显示,该段甲烷、全烃较基值有明显的上升（图 2-12）,在下钻过程中钻井液溢出时甲烷最高含量达 0.8%,全烃也有相同的变化规律,最高可达 0.9%,属于后效。将岩心置于水中可见大量串珠状细小气泡冒出（图 2-13）,而覃家庙组中所发育的多层膏盐夹层表明其盖层条件优越。

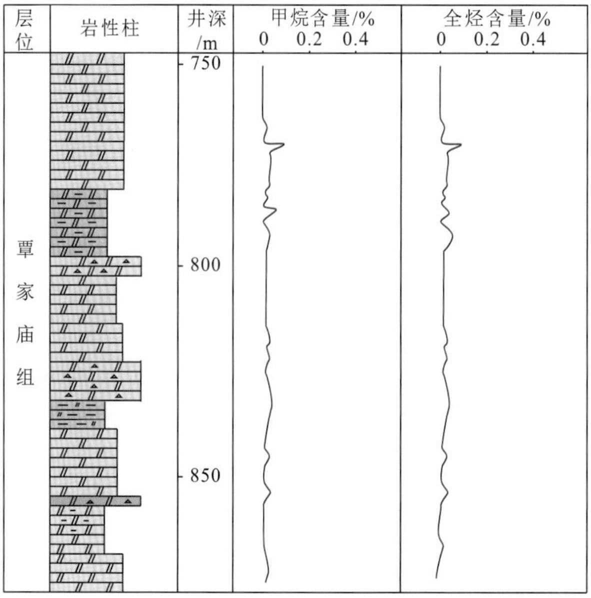

| 层位 | 岩性柱 | 井深/m | 甲烷含量/%<br>0  0.2  0.4 | 全烃含量/%<br>0  0.2  0.4 |
|---|---|---|---|---|
| 覃家庙组 | | 750<br>800<br>850 | | |

图 2-12 覃家庙组气测异常

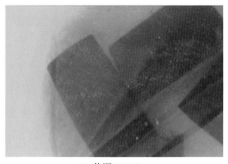
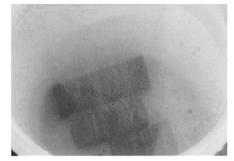

(a) 井深 780.00 m　　　　　　　　　　　　　　　(b) 井深 799.60 m

图 2-13　覃家庙组暗色岩层气显

　　覃家庙组两块暗色含泥质白云岩总有机碳含量（total organic carbon，TOC）分析的结果为 0.12%、0.20%，表明覃家庙组有机碳含量低。覃家庙组沉积环境以潮滩相和潟湖相为主，白云岩中有机质主要分布于潟湖沉积环境，水体较浅，以氧化环境为主，不利于沉积有机质的富集保存。

　　覃家庙组泥质白云岩中的气显是我国南方在该层系的首次发现，但含气量较低，在824.5 m 处标准状态下解吸气总含气量为 0.097 7 $m^3$/t。且自上而下，覃家庙组泥质白云岩中的含气量逐渐降低。

# 第三节　战略选区与目标评价

## 一、战略选区调查评价

　　为进一步扩大宜地 2 井寒武系页岩气调查成果，全面获取宜昌斜坡寒武系页岩气储层地质评价参数，优选寒武系页岩气有利区，实现宜昌地区页岩气调查的战略突破，2016年中国地质调查局武汉地质调查中心在中国地质调查局支持下，调节资金，集中地质调查专项"中扬子地区古生界页岩气基础地质调查"和"湘中拗陷上古生界页岩气战略选区调查"两个二级项目的人力、物力，进一步加大了宜昌斜坡页岩气有利区页岩气勘查力度，部署二维地震 269 km，页岩气参数井两口（图 2-14）。其中宜页 1 井主探震旦系陡山沱组和寒武系水井沱组页岩气，兼探震旦系灯影组天然气。宜页 2 井主探上奥陶统五峰组—下志留统龙马溪组页岩气。通过实施战略选区调查评价进一步落实了宜昌地区震旦系、寒武系、志留系目的层的储层特征、含气性特征、地应力、岩石力学特征，进一步圈定了页岩气的有利区分布。

## 二、宜页 1 井寒武系页岩气油气重大发现

### （一）宜页 1 井部署及实施

　　宜页 1 井部署的目的是获取震旦系陡山沱组、寒武系水井沱组页岩气储层评价参数，实现页岩气调查的重大发现。井位部署的原则主要包括：①沉积相带有利，富有机质页

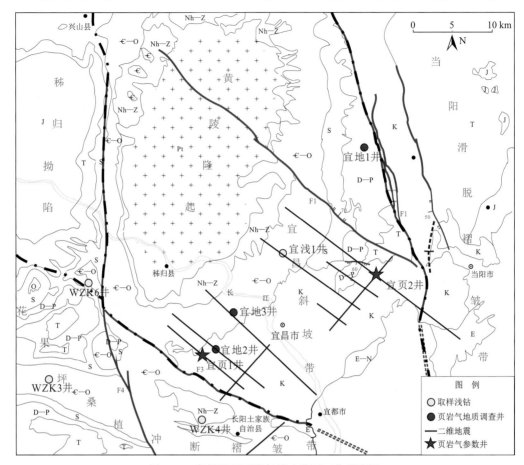

图 2-14　宜昌地区页岩气战略选区工作程度图

岩厚度大；②构造相对稳定区，远离断层；③埋深适中（2 000 m～3 500 m）；④二维地震品质好，目的层清楚；⑤地面条件好，交通便利，水源充足，远离学校、医院和铁路等场所。基于以上井位优选原则，优选出以寒武系水井沱组、震旦系陡山沱组页岩气为目的层的宜页 1 井位于宜昌市点军区土城乡茅家店村。主要依据如下。

（1）宜页 1 井位于宜地 2 井西南寒武系页岩发育有利区，富有机质页岩厚度大。二维地震线 2016HY-Z9 和 2016HY-Z1 震旦系底界拉平结果来看（图 2-15），在北东—南西向的 2016HY-Z9 地震线上，寒武系底界向北东方向超覆，宜地 2 井往东北方向灯影组有变厚趋势，指示宜地 2 井位于晚震旦世台地边缘斜坡带上，其北东方为台地，西南方为陆棚相带。在北西—南东向的 2016HY-Z1 地震线上，同样见到寒武系底界向南东方向超覆现象，显示宜地 2 井北西方向为陆棚相带。二维地震勘探的上述结果，与地表调查显示宜昌地区寒武系水井沱组页岩在长江以南以西的宜昌市点军区和秭归东部地区较为发育的结论一致。因此，宜地 2 井以西地区是寒武系页岩发育的有利区域。

（2）构造稳定，页岩气保存条件好。地震线 2016HY-Z9 和 2016HY-Z1 显示宜昌斜坡带整体为单斜构造，构造稳定，断裂较少，有利于页岩气保存。

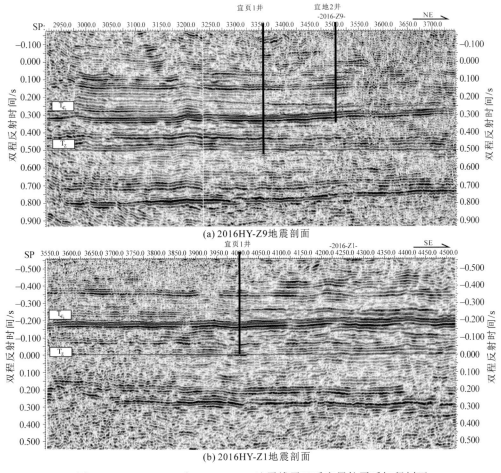

图 2-15　2016HY-Z9 和 2016HY-Z1 地震线震旦系底界拉平后解释剖面

（3）地震品质好，目地层清楚。在二维地震线 2016HY-Z9 和 2016HY-Z1 交点附近，寒武系底界二维地震同向轴清晰、稳定，证明页岩厚度大，分布稳定，便于钻探勘查和后期压裂试气施工。

（4）埋深适中。二维地震剖面显示宜昌斜坡带由北西向南东埋深逐渐增大，宜页 1 井位于宜地 2 井西南侧 1.7 km，水井沱组底界埋深约 2 000 m，较宜地 2 井有一定程度的增加。兼探的震旦系陡山沱组底界埋深在 2 500 m 附近，均在页岩气勘探的有利深度范围内，页岩埋深适中。

（5）交通便利，靠近水源，地形平坦。宜昌斜坡区在地形地貌上处于山地与平原的过渡地带，整体地势西北高、东南低，海拔普遍在 500 m 以下。优选的井位位于丘陵之间的宽缓地带，井场所在地为实验田，地势平坦，场地宽阔，离井场不到 200 m 的距离有一条小河，水源条件好。

综合考虑地质与地表施工条件，宜页 1 井部署在宜昌市点军区土城乡茅家店村，位于宜地 2 井西南侧 1.7 km，设计井深 2 537 m，开孔层位为白垩系石门组。钻探目的层为寒武系水井沱组、震旦系陡山沱组页岩气，完钻层位为南华系南沱组冰碛岩（表 2-1）。

**表 2-1 宜页 1 井基本参数列表**

| | 井号 | 宜页 1 井 | 井别 | 参数井 | | 井型 | 直井 |
|---|---|---|---|---|---|---|---|
| 基本数据 | 地理位置 | 湖北省宜昌市点军区土城乡茅家店村 | | | | | |
| | 构造位置 | 中扬子黄陵隆起南缘 | | | | | |
| | 测线位置 | 地震测线 2016HY-Z9 与测线 2016HY-Z1 的交汇点 | | | | | |
| | 大地坐标 | $X$ | 3 391 387.45 | 经纬度 | 东经 | | 111°4'59.66" |
| | | $Y$ | 19 507 959.69 | | 北纬 | | 30°38'35.34" |
| | 地面海拔 | 145 m | | 磁偏角 | | 2 偏（偏西） | |
| | 设计井深 | 2 537 m | 完钻层位 | 南沱组 | 目的层 | | 陡山沱组、水井沱组 |
| | 井身结构 | 一开钻穿白垩系，分隔地表水，井眼直径 444.5 mm（17.5″），所钻深度 125.00 m，套管外径 339.7 mm（13 3/8″），套管下深 123.42 m。二开井段钻穿寒武系天河板组，分隔浅层天然气，井眼直径 311.2 mm（12 1/4″），所钻深度 1 490.00 m，套管外径 244.5 mm（9 5/8″），套管下深 1 489.47 m。三开井段井眼直径 215.9 mm（8 1/2″） | | | | | |
| | 完井原则 | 钻穿目的层震旦系陡山沱组，留 50 m 口袋，裸眼完井 | | | | | |

宜页 1 井钻探工程由核工业二一六大队施工，2016 年 5 月 2 日开钻，9 月 24 日完钻，钻探深度达 2 418 m 完钻，完钻层位为南华系南沱组。实钻地层柱状图如图 2-16 所示。

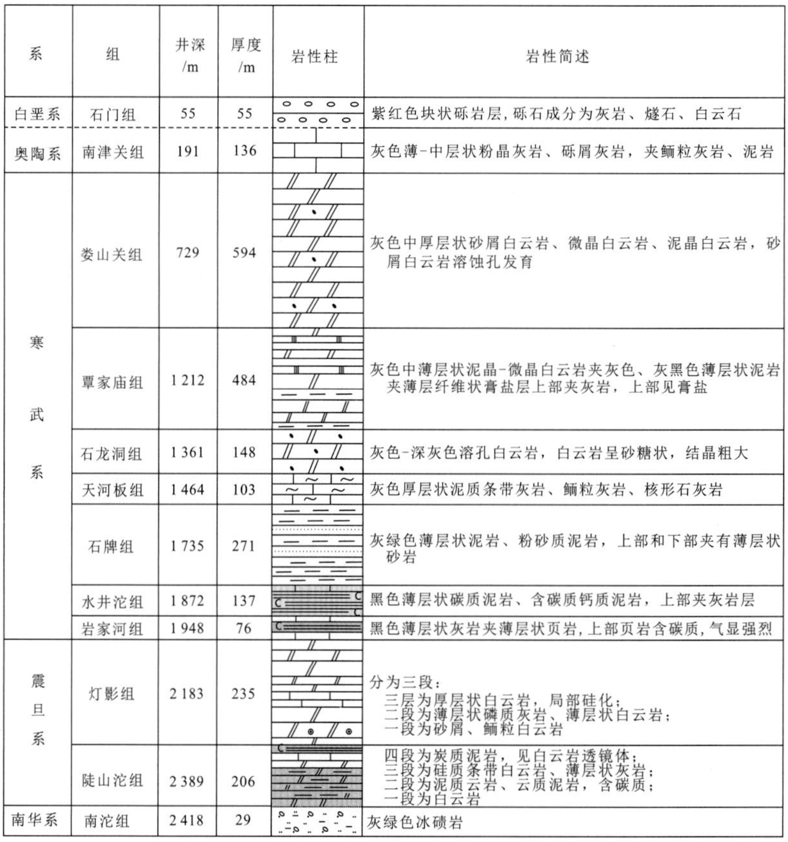

| 系 | 组 | 井深/m | 厚度/m | 岩性柱 | 岩性简述 |
|---|---|---|---|---|---|
| 白垩系 | 石门组 | 55 | 55 | | 紫红色块状砾岩层，砾石成分为灰岩、燧石、白云石 |
| 奥陶系 | 南津关组 | 191 | 136 | | 灰色薄-中层状粉晶灰岩，砾屑灰岩，夹鲕粒灰岩、泥岩 |
| 寒武系 | 娄山关组 | 729 | 594 | | 灰色中厚层状砂屑白云岩、微晶白云岩，泥晶白云岩，砂屑白云岩溶蚀孔发育 |
| | 覃家庙组 | 1 212 | 484 | | 灰色中薄层状泥晶-微晶白云岩夹灰色、灰黑色薄层状泥岩夹薄层纤维状膏盐层上部夹灰岩，上部见膏盐 |
| | 石龙洞组 | 1 361 | 148 | | 灰色-深灰色溶孔白云岩，白云岩呈砂糖状，结晶粗大 |
| | 天河板组 | 1 464 | 103 | | 灰色厚层状泥质条带灰岩、鲕粒灰岩、核形石灰岩 |
| | 石牌组 | 1 735 | 271 | | 灰绿色薄层状泥岩、粉砂质泥岩，上部和下部夹有薄层状砂岩 |
| | 水井沱组 | 1 872 | 137 | | 黑色薄层状碳质泥岩、含碳质钙质泥岩，上部夹灰岩层 |
| | 岩家河组 | 1 948 | 76 | | 黑色薄层状灰岩夹薄层状页岩，上部页岩含碳质，气显强烈 |
| 震旦系 | 灯影组 | 2 183 | 235 | | 分为三段：三层为厚层状白云岩，局部硅化；二段为薄层状磷质灰岩、薄层状白云岩；一段为砂屑、鲕粒白云岩 |
| | 陡山沱组 | 2 389 | 206 | | 四段为炭质泥岩，见白云岩透镜体；三段为硅质条带白云岩、薄层状灰岩；二段为泥质云岩、云质泥岩，含碳质；一段为白云岩 |
| 南华系 | 南沱组 | 2 418 | 29 | | 灰绿色冰碛岩 |

**图 2-16 宜页 1 井实钻岩性柱状图**

（二）宜页 1 井含油气显示

宜页 1 井气测录井共解释含气层 258 m/15 层（表 2-2），在覃家庙组见 3 m/2 层，石牌组见 8 m/3 层，水井沱组见 66 m/4 层，岩家河组见 2 m/1 层，灯影组见 51 m/3 层，陡山沱组见 128 m/2 层。泥页岩含气层 197 m/6 层合解释为含气层。

表 2-2　宜页 1 井气测显示分层统计表

| 地层 | 覃家庙组 | 石牌组 | 水井沱组 | 岩家河组 | 灯影组 | 陡山沱组 | 合计 |
|---|---|---|---|---|---|---|---|
| 含气层/（m/层） | 3/2 | 8/3 | 66/4 | 2/1 | 51/3 | 128/2 | 258/15 |
| 泥页岩含气层/（m/层） | — | 7/2 | 60/1 | 2/1 | — | 128/2 | 197/6 |

**1. 钻获寒武系水井沱组 86 m 厚优质页岩气层**

宜页 1 井水井沱组页岩气显明显[图 2-17（a），（b）]。气测录井显示，水井沱组自上而下全烃含量整体升高（图 2-18）。上部灰岩段全烃含量较低，多为 0.1%～0.2%，井深 1 744 m～1 745 m 见气测异常，全烃由 0.123% 上升到 18.965%，甲烷由 0.111% 上升到 14.143%，据岩屑分析为裂缝含气所致。1 790 m 以后全烃升至 0.5% 以上，1 837 m 以后全烃升至 1% 以上，1 855 m 以后全烃多升至 1.5%，最高达 2.71%，甲烷含量为 1.98%。

(a) 水井沱组，井深 1 864.40 m

(b) 水井沱组，井深 1 870.24 m

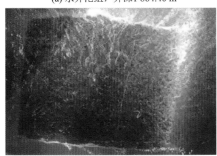
(c) 岩家河组，井深 1 930.40 m

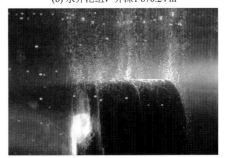
(d) 陡山沱组，井深 2 319.00 m

图 2-17　宜页 1 井页岩岩心浸水气

采用焦石坝页岩气勘探示范区同实验室、同型号仪器、相同测试方法完成的水井沱组页岩气现场解析，结果显示含气量自上而下有增高的趋势，最小值为 0.579 m³/t，最大值为 5.480 m³/t，平均值为 2.047 m³/t。其中，总含气量超过 2.000 m³/t 的泥岩累计厚度为 35.0 m（1 837 m～1 872 m），平均值为 2.780 m³/t；总含气量超过 3.000 m³/t 的泥岩累计厚

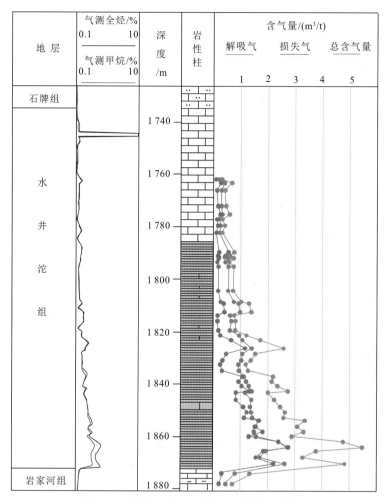

图 2-18　宜页 1 井水井沱组含气量纵向变化

度为 18.0 m（1 854 m～1 872 m），平均值为 3.860 m³/t。上扬子井研地区金石 1 井筇竹寺组页岩含气量为 1.510～2.410 m³/t，平均为 1.80 m³/t（孟宪武 等，2014），黔北地区天星 1 井牛蹄塘组（水井沱组）含气量为 1.100～2.880 m³/t，岑页 1 井牛蹄塘组（水井沱组）含气性为 0.300～1.800 m³/t（王濡岳 等，2016）；与上扬子焦石坝地区相比较，焦页 1 井五峰组—龙马溪组页岩厚度为 89.0 m，总含气量为 0.445～5.190 m³/t，平均值为 1.97 m³/t，焦页 C 井的含气量为 0.820～3.830 m³/t，平均值为 2.490 m³/t（郭彤楼 等，2014），因此宜页 1 井含气性与焦石坝地区志留系更为接近（表 2-3）。宜页 1 井页岩气的赋存特征显示游离气与吸附气几乎各占 50%，含气量较低的样品游离气低于吸附气的含量，含气量高的样品游离气略高于吸附气；有别于焦石坝地区超压井游离气含量高于吸附气的特征。

　　宜页 1 井、宜地 2 井揭示了黄陵隆起南缘地区早寒武世发育灰色、灰黑色泥质灰岩和碳质页岩，为深水陆棚沉积，宜地 2 井水井沱组厚度为 101 m，钻遇泥页岩 72 m。宜页 1 井位于宜地 2 井的西南侧 1.7 km，水井沱组厚度、优质页岩厚度要大于宜地 2 井，表明从北东至南西水井沱组页岩厚度有增大的趋势。

表 2-3　中上扬子页岩气井含气性统计表

| 井名 | 目的层 | 厚度/m | 总含气量/（m³/t） | | | 来源 |
|---|---|---|---|---|---|---|
| | | | 最小值 | 最大值 | 平均值 | |
| 宜页1井 | 水井沱组 | 86.0 | 0.579 | 5.480 | 2.047 | 本书 |
| 常德1井 | 牛蹄塘组 | 674.5 | 0.500 | 2.100 | — | 林拓（2015） |
| 恩页1井 | 牛蹄塘组 | 143.0 | 0.120 | 0.390 | 0.260 | 本书 |
| 秭地1井 | 水井沱组 | 90.0 | 0.234 | 1.047 | 0.593 | 刘早学等（2016） |
| 金石1井 | 筇竹寺组 | 100.0 | 1.510 | 2.410 | 1.800 | 孟宪武等（2014） |
| 天星1井 | 牛蹄塘组 | 60.0 | 1.100 | 2.880 | — | 王濡岳等（2016） |
| 岑页1井 | 牛蹄塘组 | 60.0 | 0.300 | 1.800 | — | 王濡岳等（2016） |
| 天马1井 | 牛蹄塘组 | 60.0 | 0.100 | 0.400 | — | 王濡岳等（2016） |
| 城口1井 | 鲁家坪组 | 570.0 | 0.090 | 3.180 | 1.000 | 马勇等（2014） |
| 焦页1井 | 龙马溪组 | 89.0 | 0.445 | 5.190 | 1.970 | 郭彤楼等（2014） |
| 焦页A井 | 龙马溪组 | 98.0 | 0.290 | 2.840 | 1.570 | 郭彤楼等（2014） |
| 焦页B井 | 龙马溪组 | 101.0 | 0.210 | 3.480 | 1.610 | 郭彤楼等（2014） |
| 焦页C井 | 龙马溪组 | 83.0 | 0.820 | 3.830 | 2.490 | 郭彤楼等（2014） |

**2. 钻获寒武系岩家河组致密气层，属于新类型**

井深 1 874 m～1 925 m 的岩家河组中部钙质泥岩、泥质灰岩气测含量稳定，为 0.60%～1.07%；解析样品 9 块，获得其含气量为 0.795～1.380 m³/t，平均为 1.06 m³/t。岩心浸水实验气泡剧烈[图 2-17（c），图 2-19]。

岩家河组下段顶部和上段顶部含硅质结核白云岩中分别产有目前中国南方寒武系最底部的第 I、II 两个小壳化石带，指示岩家河的时代与灯影组第四段，即与天柱山段相当。这个层位之前未见页岩气发现的报道，应属于新层系。钻井和区域地表资料显示岩家河组含气层段页岩不发育，以泥质灰岩夹（互）钙质泥岩为主，产丰富的菌藻类化石。明显不同于以硅泥质沉积为特色的焦石坝地区页岩气储层，应属于页岩气新类型。

**3. 钻获震旦系灯影组石板滩段致密气显示**

灯影组对应井深 1 948 m～2 183 m，斜厚 235 m，从井深 2 020 m 开始出现气测升高现象。全烃含量大于 1%，深度段在 2 102.00 m～2 148.00 m，对应于灯影组中部石板滩段深灰色灰岩，厚度共计 46 m；气测录井显示全烃为 0.477%～1.741%，平均为 1.028%；气测甲烷含量为 0.461%～1.419%，平均为 0.915%（图 2-20）。

位于宜页 1 井西北的宜地 3 井石板滩组也发现 46 m 厚（1 380 m～1 426 m）的含气岩层，岩性为深灰色灰岩，岩心水浸实验气显强烈，现场解析获得的含气量为 1.340～2.430 m³/t。宜地 3 井灯影组石板滩段属于台缘斜坡-陆棚相沉积，宜页 1 井灯影组石板滩段为陆棚相沉积，因此宜页 1 井石板滩段气显应为灰岩致密气显示。

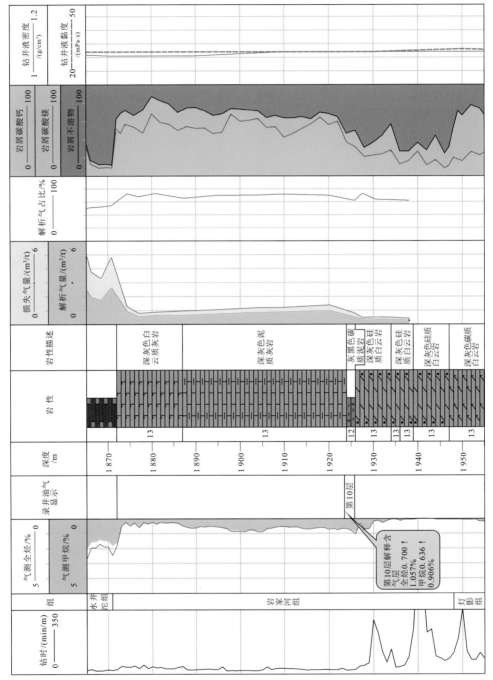

图 2-19　宜页 1 井岩家河组含气性纵向变化图

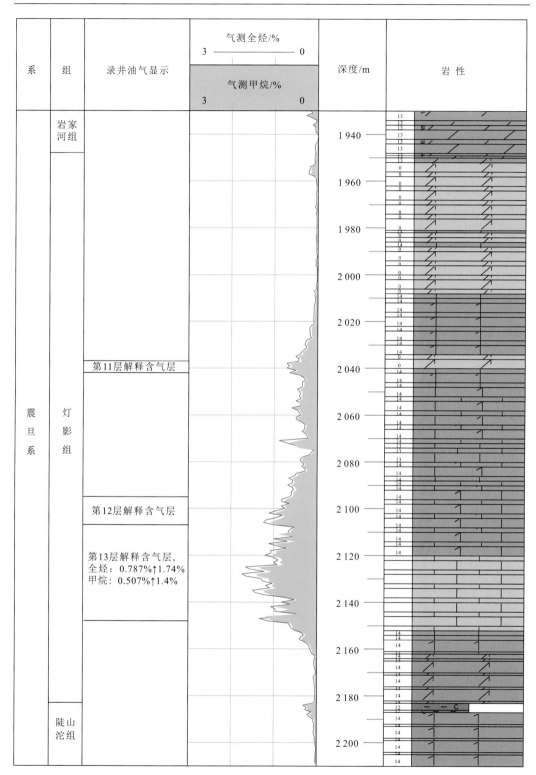

图 2-20　宜页 1 井灯影组气测录井纵向变化图

**4. 钻获陡山沱组页岩气**

陡山沱组从井深 2 244 m 开始取心，至 2 389 m 陡山沱组底界，陡山沱组累计取心进尺 145 m。

陡山沱组钻遇的页岩层较破碎，对其中的泥质白云岩、白云质泥岩做现场解析，含气量为 0.394～2.00 m³/t，总含气量平均值为 1.080 m³/t，其中井深 2 268 m～2 347 m 段（斜厚 79 m）页岩含气量普遍大于 1 m³/t（图 2-21）。岩心置于水中气显较为强烈[图 2-17（d）]。另外暗色泥岩岩心破碎，而泥质云岩相对完整，现场解析设备要求岩心相对完整，所以解吸的样品多为颜色相对较浅、较完整的泥质云岩、云质泥岩样品，也是含气量相对较低的客观原因。

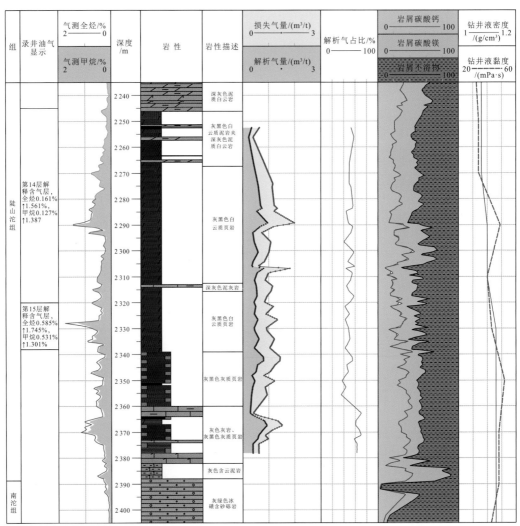

图 2-21　宜页 1 井陡山沱组含气性纵向变化图

**（三）宜页 1 井寒武系水井沱组页岩气储层综合评价**

**1. 含气页岩地层特征**

水井沱组厚 137 m（1 735 m～1 872 m），较宜地 2 井厚度有增加的趋势。水井沱组上部以灰岩为主，含气性较差。含气性好的页岩厚 52 m（1 820 m～1 872 m），测井显示整体自上而下页岩自然伽马（GR）、声波时差（AC）增大，而密度值（DEN）减小（表 2-4）。根据岩性特征，将含气性好的 52 m 页岩分为 5 个小层。1～2 小层 TOC 小于 2%，以钙质泥岩、灰岩为主；泥质、钙质含量增加，对应全井眼地层微电阻率成像测井（fullbore formation microimager，FMI）图像显示水平层理发育特征。其中 3～5 小层 TOC>2%，以硅质页岩、含钙质页岩为主，具高硅质含量特征，对应全井眼地层微电阻率成像测井（FMI）图像显示为水平纹层发育，见顺层状黄铁矿分布。

**表 2-4　宜页 1 井水井沱组测井特征分层列表**

| 小层 | 井段/m | 厚度/m | 岩性综述 | GR/API | AC/（μs/ft①） | CNL/% | DEN/（g/cm³） | 电阻率/（Ω·m） |
|---|---|---|---|---|---|---|---|---|
| 1 | 1 820.0～1 841.0 | 21.0 | 黑色碳质泥岩、泥质灰岩，夹灰质条带 | 122 | 69 | 18.0 | 2.62 | 902 |
| 2 | 1 841.0～1 851.0 | 10.0 | 黑色碳质泥岩 | 138 | 72 | 17.1 | 2.65 | 715 |
| 3 | 1 851.0～1 856.0 | 5.0 | 黑色碳质泥岩、深灰色泥质灰岩 | 288 | 74 | 17.2 | 2.62 | 692 |
| 4 | 1 856.0～1 865.4 | 9.4 | 黑色碳质泥岩夹黑灰质泥岩 | 354 | 78 | 16.8 | 2.54 | 1109 |
| 5 | 1 865.4～1 872.0 | 6.6 | 以黑色碳质泥岩为主夹灰岩条带 | 552 | 75 | 17.0 | 2.58 | 932 |

**2. 储层含气性分析**

宜页 1 井现场解析结果表明，最大含气量超过 4.00 m³/t，根据综合录井资料显示，水井沱组总气量为 0.58～5.48 m³/t，平均含气量为 2.04 m³/t；其中大于 2 m³/t 页岩厚 35 m，大于 3 m³/t 页岩厚 18 m。根据综合测井解释成果显示，该井水井沱组一段页岩储层段平均总含气量为 2.78 m³/t，4、5 小层页岩总气量为 2.90～3.50 m³/t。

**3. 储集空间及物性分析**

测井解释水井沱组 1～5 小层总孔隙度为 0.6%～3.9%，由上而下孔隙度具有增加的趋势，其中 4 小层孔隙最为发育，孔隙度平均值达 2.9%。宜地 2 井电镜照片显示，该井水井沱组储集空间主要包括微孔隙和微裂缝两种，其中孔隙包括粒间孔、粒间溶孔、胶结物内溶孔，裂缝主要包括成岩裂缝、构造裂缝和构造-成岩裂缝。

**4. 岩石矿物分析**

岩性扫描成像测井仪 Litho Scanner 岩性扫描解释自上而下矿物组分脆性矿物含量增加、黏土矿物含量减少，脆性指数增加。各个小层黏土矿物、石英矿物、脆性指数分别为：①34.5%、23%、64.6%；②30%、30%、69%；③29.8%、30.6%、68.8%；④22%、42%、77%；⑤27%、31.5%、71%。页岩碳酸盐矿物成分较宜地 2 井岩心实测低。

---

① 1ft=30.40 cm

**5. 有机地球化学分析**

非常规测井解释，水井沱组一段 TOC 为 0.1%～6.9%，平均值为 0.9%～4.0%；水井沱组一段页岩 TOC 含量明显高于中上部，其中 4、5 小层 TOC 平均值为 3.7%～4.0%，最高可达 6.9%。

**6. 岩石力学参数分析**

非常规测井解释结果表明，1～5 小层静态泊松比为 0.167～0.305，平均值为 0.24；1～5 小层静态杨氏模量为 25.21～59.97 GPa，平均值为 36.27 GPa，计算力学脆性指数为 51%。优质页岩层段（4～5 小层）静态泊松比平均值为 0.23，静态杨氏模量平均值为 34.25 GPa（表 2-5），优质页岩层段力学脆性指数为 52.3%。

**表 2-5　水井沱组岩石力学参数列表**

| 小层 | 深度/m | | | 静态岩石力学参数 | |
| --- | --- | --- | --- | --- | --- |
| | 顶深 | 底深 | 厚度 | 杨氏模量/GPa | 泊松比 |
| 1 | 1 820.0 | 1 841.0 | 21.0 | 37.92 | 0.256 |
| 2 | 1 841.0 | 1 851.0 | 10.0 | 36.15 | 0.243 |
| 3 | 1 851.0 | 1 856.0 | 5.0 | 37.67 | 0.238 |
| 4 | 1 856.0 | 1 865.4 | 9.4 | 32.66 | 0.214 |
| 5 | 1 865.4 | 1 872.0 | 6.6 | 36.90 | 0.243 |

**7. 地应力特征**

井壁崩落和钻井诱导缝成果统计显示，该井最大水平主应力方向为南东东—北西西向（北偏西 75°）。而相邻的宜地 2 井采用水压致裂测得 1 007～1 698 m 范围内最大水平主应力方向为北东东向（51°～58°）。

水压致裂测量结果、岩石力学测试结果及偶极子声波测井地应力解释结果，宜页 1 井水井沱组 1 735～1 785 m 呈逆断层地应力组合特征（SH>Sh>SV），1 785～1 872 m 呈走滑断层地应力组合特征（SH>SV>Sh）。水井沱组呈逆/走滑断层地应力组合特征。

根据测井解释地应力结果，水井沱组最小水平主应力在 29～44 MPa，页岩储层段与底板的应力差在 8～10 MPa。水平应力差为 17～25 MPa，高水平应力差对于复杂缝网的形成带来极大的困难（图 2-22）。

**8. 顶底板条件**

宜页 1 井井深 1 847～1 850 m 处水井沱组 3 小层中部发育一灰岩夹层，岩性解释碳酸质成分 50.6%。灰岩夹层与 4、5 小层最小水平应力差为 7 MPa，预测净压力约为 5 MPa。底板遮挡应力差为 8～10 MPa，具有一定遮挡作用。

**9. 天然裂缝发育情况**

FMI 成像测井资料显示，测量井段（1 731～1 964 m）中，水井沱组发育高阻缝 312 条，

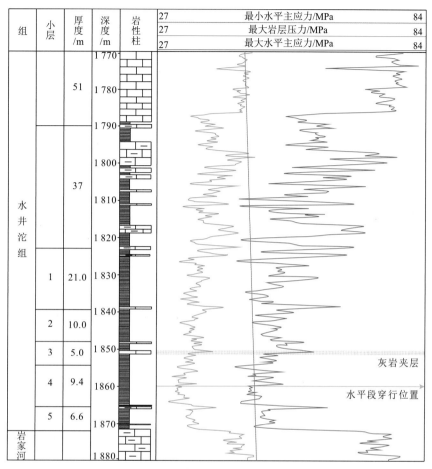

| 27 | 最小水平主应力/MPa | 84 |
| 27 | 最大岩层压力/MPa | 84 |
| 27 | 最大水平主应力/MPa | 84 |

图 2-22　宜页 1 井地应力剖面图

走向为南东东—北西西向，倾向为南南西向，倾角为 53°～89°，1～5 小层共发育高阻缝 242 条，其中 4～5 小层共发育高阻缝 71 条。

评价页岩气藏的关键地质要素主要有储层物性、储层矿物成分、有机质丰度、有机质成熟度、储层含气性、页岩力学性质、页岩气层埋深、页岩气藏厚度等。北美地区把富集、可采性的页岩气藏的基本标准主要定为有机质丰度较高（TOC>2%）、成熟度较高、一般有机质类型较好、脆性矿物含量较高，但目前尚无具体分级评价标准。

本井页岩储层划分，结合取心资料及测井与气测显示资料，参照焦石坝页岩气储层划分标准的经验（表 2-6）将本井水井沱组页岩气解释标准暂定见表 2-7。

表 2-6　涪陵地区复杂构造带页岩气储层评价标准

| 孔隙度/% | 储层评价 |
| --- | --- |
| >3.5 | I 类储层 |
| 3～3.5 | II 类储层 |
| ≤3 | III 类储层 |

**表 2-7　宜昌地区水井沱组页岩气储层划分标准**

| 储层类型 | 划分依据 |
|---|---|
| I 类页岩气层段 | TOC≥4%，Φ≥4.5%，DEN≤2.55 g/cm³；GR 明显高值，U 含量较高，脆性指数较高，具有较好的气测显示 |
| II 类页岩气层段 | 2%≤TOC<4%，3.0≤Φ<4.5%，2.55 g/cm³<DEN≤2.62 g/cm³；相对 I 类页岩气层段 U 含量略低，脆性指数略低，具有较好的气测显示 |
| III 类页岩气层段 | 1%≤TOC<2%，2.0≤Φ<3.0%，2.62 g/cm³<DEN≤2.68 g/cm³；U 含量低，脆性矿物含量中等，气测显示一般 |
| IV 类页岩气层段 | TOC<1%，Φ<2%，2.68 g/cm³<DEN；U 含量较低，脆性矿物含量较少，气测显示较弱 |

对宜页 1 井综合常规测井及 Litho Scanner、CMR、FMI、Sonic Scanner 特殊测井、录井，进行页岩气储层综合评价（图 2-23）。

1 小层：井深 1 820.0 m～1 841.0 m，厚 21 m。该段自然伽马值平均为 120.3 gAPI，泥质含量平均为 34.5%；有效孔隙度为 0.6%～2.4%，平均约 1.6%；总有机碳含量为 0.1%～2.1%，平均为 0.9%；总含气量平均约 1.0 m³/t；其中吸附气含量平均约 0.4 m³/t；自由气含量平均约 0.6 m³/t（图 2-23）。FMI 图像见 91 条高阻缝，水平层理发育，见顺层状黄铁矿。页岩气藏潜力较差，多属于 IV 储层。

2 小层：井深 1 841.0 m～1 851.0 m，厚 10 m。该段自然伽马值平均为 135.7 gAPI，泥质含量平均为 30.0%；有效孔隙度为 1.0%～2.5%，平均约 1.9%；总有机碳含量为 0.4%～2.8%，平均 1.4%；总含气量平均约 1.5 m³/t；其中吸附气含量平均约 0.6 m³/t；自由气含量平均约 0.9 m³/t（图 2-23）。FMI 图像见 40 条高阻缝，水平层理发育，见顺层状黄铁矿。页岩气藏潜力较差，多属于 IV 储层。

3 小层：井深 1 851.0 m～1 856.0 m，厚 5 m。该段自然伽马值平均为 195.4 gAPI，泥质含量平均为 29.8%；有效孔隙度为 1.1%～2.7%，平均约 2.0%；总有机碳含量 1.7%～4.1%，平均为 2.7%；总含气量平均约 2.1 m³/t；其中吸附气含量平均约 1.2 m³/t；自由气含量平均约 0.9 m³/t（图 2-23）。FMI 图像见 20 条高阻缝，水平纹层发育，见黄铁矿。页岩气藏潜力中等，多属于 III 类储层。

4 小层：井深 1 856.0 m～1 865.4 m，厚 9.4 m。该段自然伽马值很高，平均达 355.9 gAPI，泥质含量较低，平均为 22.0%；有效孔隙度为 1.8%～3.9%，平均约 2.9%；总有机碳含量为 2.1%～6.9%，平均为 4.0%；总含气量平均约 3.5 m³/t；其中吸附气含量平均约 1.9 m³/t；自由气含量平均约 1.6 m³/t（图 2-23）。FMI 图像见 42 条高阻缝，水平纹层发育，见黄铁矿。页岩气藏潜力较好，多属于 II 类储层，部分属于 I 类储层。

5 小层：井深 1 865.4 m～1 872.0 m，厚 6.6 m。该段自然伽马值极高，平均达 530.1 gAPI，泥质含量平均为 27.3%；有效孔隙度为 1.0%～3.2%，平均约 2.2%；总有机碳含量为 0.2%～5.6%，平均为 3.7%；总含气量平均约 2.9 m³/t；其中吸附气含量平均约 1.7 m³/t；自由气含量平均约 1.2 m³/t（图 2-23）。FMI 图像见 29 条高阻缝，水平纹层发育，见黄铁矿，局部可见高阻亮色结核。页岩气藏潜力相对较好，多属于 II 类储层，部分属于 III 类储层。

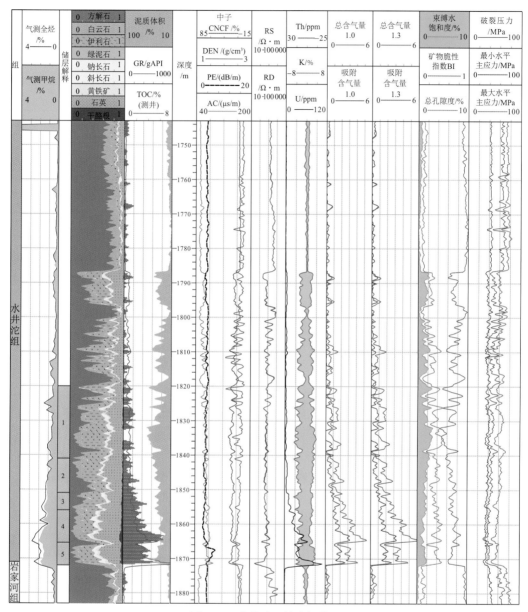

图 2-23　水井沱组综合评价图

# 第四节　宜页 1HF 井勘探突破

## 一、宜页 1HF 井钻压一体化部署及实施

宜页 1HF 井是国土资源部中国地质调查局部署的第一口页岩气水平井，也是我国迄今在中扬子地区实施的第一口寒武系页岩气水平井。其目标任务是：落实中扬子地区黄陵隆起带南缘钻完井工艺参数，获取寒武系页岩气工程评价参数，力争实现产量突破。

该工程采用钻压一体化管理模式，由中国地质调查局武汉地质调查中心组织实施，中国石化江汉石油工程有限公司负责施工。该井于 2017 年 1 月 22 日在宜页 1 井基础上定向侧钻，2 月 21 日完钻，完钻井深 3 917 m；4 月 26 日完成 26 段压裂施工，5 月 11 日放喷点火成功，取得预期效果。

宜页 1HF 井实施涉及钻探、录井、地质导向、压裂试气等多个方面，在第七章有详细论述，这里主要简述水平井目的层优选、水平井穿行方向设计和压裂试气的基本思路。

### （一）目标层优选

导眼井页岩岩心测试与现场含气性试验均表明，水井沱组页岩品质下部好于上部；其中下部 4、5 小层页岩品质为水井沱组最优质页岩层（表 2-4）。

根据岩石力学和地应力分析解释成果，水井沱组下部 4、5 小层页岩脆性矿物含量高，脆性指数达 70%，具备良好的可压条件。该段为低应力区，上下岩层能为该段提供良好的裂缝延伸环境。

结合页岩 TOC、物性、含气性、可压性和地应力等关键评价指标，设计本井水平段穿行层位为水井沱组下部，即原导眼井井段 1 856 m～1 872 m（图 2-23）。

### （二）水平井方位设计

根据宜页 1 井水井沱组成像测井显示钻井诱导缝主要发育于水井沱组中上部及灯影组中，总体走向为南东东—北西西向，FMI 动态图像上呈现剪切缝特征。本井为直井，现今最大水平主应力方向与诱导缝走向一致，为南东东—北西西向 100°～110°[图 2-24（a）]。水井沱测量段声波各向异性整体相对较低，在 1 795 m～1 820 m 井段有一定各向异性，快横波方位为南东东向，指示现今最大水平主应力方向为南东东向[图 2-24（b）]；因此宜页 1 井最小主应力方向为南南西向。

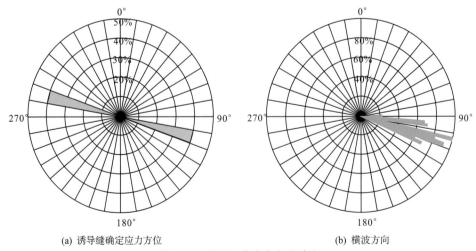

(a) 诱导缝确定应力方位　　　　　　(b) 横波方向

图 2-24　宜页 1 井应力方向确定

　　北美巴尼特（Barnett）页岩气水平井方位资料显示，页岩气产能（单井 6 个月累产）与水平段方位角关系密切，从统计结果来看，水平段垂直最大主应力方向的页岩气井获得较高的产能。涪陵一期产建区最大主应力方向为近东西向，高产井集中在垂直最大主应力方向。但总体上看，左右偏移在 40°以内也能获得较高的产能，一期产建区投产井表明与最小主应力方向夹角小于 40°的产能明显较高。

　　综合分析认为，该井水平段穿行方位应垂直于最大主应力方向，即北偏东 15°或者南偏西 15°。

　　根据地应力方向，水平井穿行有北东向（上翘型）和南西向（下倾型）两个选择，两个方向各有利弊。综合分析地质与工程因素，在确保工程安全前提下，为实现本井产量最大化，本井水平段井眼轨迹选择"下倾型"（图 2-25，图 2-26）。

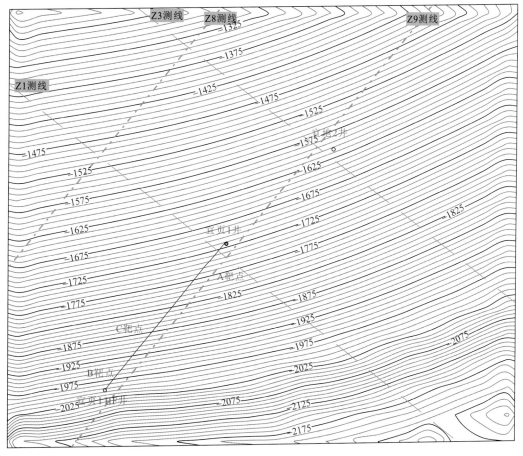

图 2-25　宜页 1HF 井水井沱组底界地震反射层构造图

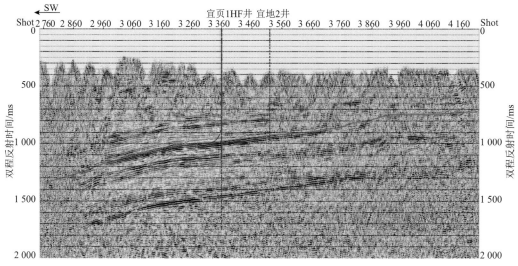

图 2-26 过宜页 1HF 井地震剖面（2016HY-Z9）

（三）储层压裂改造思路

总体上宜页 1HF 井气测显示好、轨迹好、脆性较好，但裂缝产状复杂、应力状态复杂、层理缝不发育、压力系数不高，难以形成复杂缝网，针对以上技术难点，研究国内外相关高钙、低温、低压储层之后，做了大量针对性实验，形成了如下的压裂思路：①采用"主缝+复杂裂缝"思路设计。②采用套管大排量体积压裂，分段多簇射孔工艺，有利形成体积缝网。③水平两向应力差较大（17～25 MPa），人工诱导转向难度较大；通过减少簇间距，采用变黏液体体系施工，中间增加粉砂段塞的方式，尽量增大裂缝的复杂程度。④底部高角度裂缝发育，避免纵向上过度延伸，前置液阶段采取阶梯升排量措施配合粉砂段塞控制缝高，充分借助 1 847 m～1 850 m 处灰岩夹层限制作用造主缝。⑤低温储层（55 ℃），考虑到液体对储层的降温情况，要求压裂液在≥20 ℃条件下能破胶；低压储层（地层压力系数为 1.0～1.1），为加强返排能力，一是优选性能优异的助排剂，二是在高黏滑溜水中加入破胶剂，降低返排液黏度，三是在第 22～26 段采取伴注液氮助排。⑥主压前实施小型压裂测试，根据小型压裂测试结果修改、完善泵注程序。

# 二、宜页 1HF 井钻探成果

宜页 1HF 井是中扬子地区第一口页岩气水平井，在低勘探程度、构造复杂区安全、高效实施水平井钻探，取得了工程、地质、一体化组织管理等方面一系列成果。

（一）宜页 1HF 井钻探工程取得的主要工程及管理成果

（1）安全优质高效地完成了中扬子地区首个寒武系水平井钻探，为寒武系页岩气勘探突破奠定了坚实基础。2017 年 2 月 21 日 16：00，宜页 1HF 井水平段施工最后一趟钻具起钻完，标志着该井已经安全、优质、高效地完成钻井施工任务。该井 2017 年 01 月 22 日 10：00 正式开钻，进尺 2 389.5 m，水平段长 1 875 m，完钻井深 3 917.00 m，平均机械钻速 8.15 m/h，钻井周期 30.25 d，较设计提前 4.75 d。施工过程中，项目组人员严格把控各项质量，在目的层施工时，采用近钻头地质导向成功探层入靶，旋转导向稳定钻井的水平井钻井新模式。在低勘探地层钻进条件下，获得了目的层穿行率 97%，优质储层穿行率 90.2% 的优异指标（图 2-27），为中扬子地区寒武系页岩气勘探的重大突破奠定了坚实基础。

（2）探索并掌握了适应于该区域水井沱组页岩气层长水平段的钻井技术，为页岩气经济评价提供了基础数据。宜页 1HF 井水平位移 2 156.48 m、垂深 2 123.69 m、位垂比达 1.02，是中扬子地区首次实施的大位垂比水平井钻探工程。井区周边区域勘探程度低，邻井钻探资料少，页岩层中长距离水平穿行面临目的层薄，穿层难度大，易出现垮漏等施工风险。项目组从优化井眼轨迹设计，优化油基钻井液体系入手，在该区域创新采用近钻头地质导向和旋转导向钻井方式，初步探索了适应于该区域水井沱组页岩气层长水平段的钻井技术，确保了宜页 1HF 井钻探工作的顺利实施，并首次获得了中扬子地区寒武系大位垂比水平井钻探工程参数，为下一步区域钻井生产和页岩气的高效勘探提供了重要依据。

（3）创新了低勘探程度、构造复杂区地质导向技术，为页岩气的高效勘探提供了成功的范例。宜页 1HF 井作为宜昌地区第一口页岩气水平井，无三维地震资料，二维地震勘探程度低，地震资料多解性强，并且地层沉积相带复杂，无邻井控制，现有地质资料难以采用传统工艺有效指导地质导向工作，给该井钻探工程带来巨大挑战。针对这些问题，施工项目组组建地质、物探、录井、测井专家团队，搭建数据实时传输、分析平台，梳理工作流程，建立了以二维地震反射轴为主线，分段分级控制、井震剖面对比的地质跟踪导向新技术，确保了该井水平段准确入靶，实现优质储层穿行率超过 90% 的良好钻探效果（图 2-27，图 2-28），为低勘探程度和构造复杂区页岩气勘探提供了成功的范例。

（4）创新钻完井一体化工程管理，形成了地质与工程联合攻关的地调项目工作新模式。创新一体化工程管理方式，确定了以地质目标为导向，地质设计与工程施工一体化；强调钻完井工程的目标整体化下各个施工环节工作目标责任制及无缝对接管理。制定了工程设计和施工过程考核与最终地质目标相结合的双重目标责任制考核方法；以地质目标引导过程考核，以过程严格考核促进地质目标实现。

（二）宜页 1HF 井钻探工程取得的主要地质成果

（1）含气页岩地层特征：宜页 1HF 井侧钻层位为寒武系石牌组，钻遇地层为寒武系石牌组、水井沱组及寒武系岩家河组顶部。水平段 1 875 m 优质储层穿行率为 90.2%，绝大部分井段在水井沱组 4 小层中下部和 5 小层穿行（图 2-27）。目的层横向岩性无明显的变化，主要为黑灰色、灰黑色页岩，质不纯，局部含粉砂，性较硬，可塑性差；轻微污手至污手。

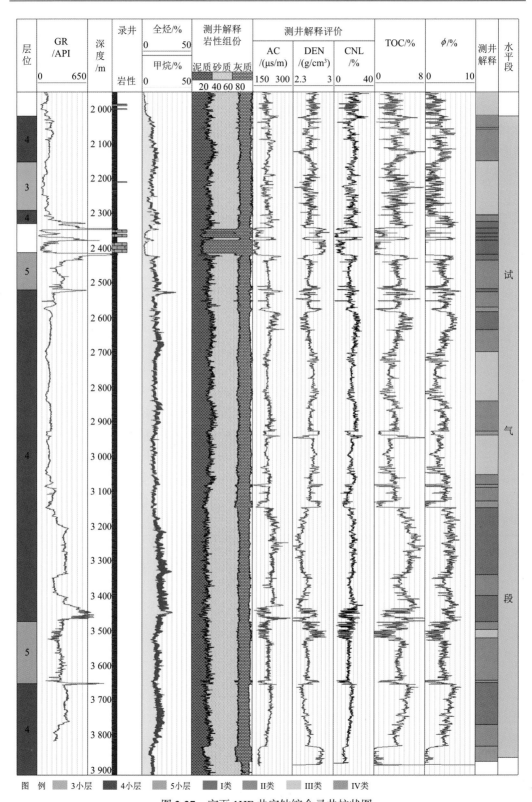

图 2-27  宜页 1HF 井实钻综合录井柱状图

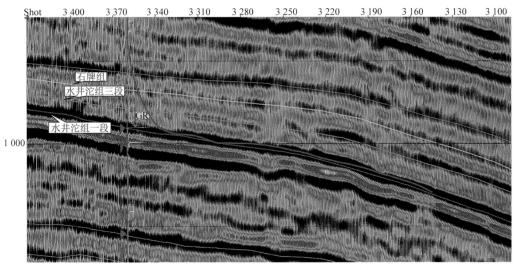

图 2-28　宜页 1HF 井水平井穿行轨迹（红线）

（2）储层含气性：宜页 1HF 井水平段钻进过程中，气测显示较为活跃。水平井段气测全烃最大为 33.89%，平均为 15.00%；甲烷最大为 21.60%，平均为 11.20%。其中 4 小层显示最好，全烃平均为 15.85%，甲烷平均为 11.50%。测井解释水平段页岩游离气平均为 2.06 m³/t，吸附气为 2.12 m³/t，总含气量 4.18 m³/t；其中 4、5 小层总含气量相当，平均为 4.29 m³/t（图 2-27，图 2-29）。

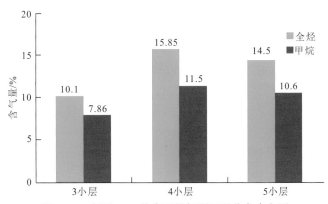

图 2-29　宜页 1HF 井水平段气测显示分布直方图

（3）储层物性特征：宜页 1HF 井水平段测井资料解释孔隙度厚度加权平均值为 3.31%，其中 4 小层孔隙度相对较好，平均为 3.56%；5 小层次之，平均为 3.15%；3 小层最差，平均为 1.38%（图 2-27，图 2-30）。

（4）储层岩石矿物组成特征：宜页 1HF 井 XRF 元素录井表明，3 小层硅元素含量加权平均为 47.9%，钙元素含量加权平均为 23.1%。4 小层硅元素含量加权平均为 57.5%，钙元素含量加权平均为 14.3%。5 小层硅元素含量加权平均为 53.3%，钙元素含量加权平均为 20.9%（图 2-31）。水平段硅元素含量加权平均为 55.9%，钙元素含量加权平均为 16.3%。

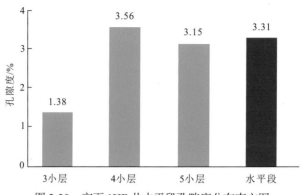

图 2-30　宜页 1HF 井水平段孔隙度分布直方图

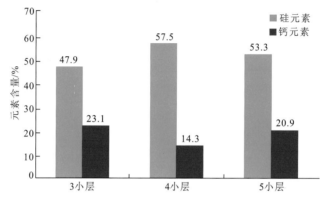

图 2-31　宜页 1HF 井水平段各小层硅元素、钙元素分布直方图

（5）储层 TOC 特征：宜页 1HF 井水平段穿行层位对应导眼井的 3～5 小层，测井资料解释 TOC 厚度加权平均值为 3.63%，地化测量 TOC 厚度加权平均为 5.49%，总体上 4 小层 TOC 相对较高，5 小层次之（图 2-32）。

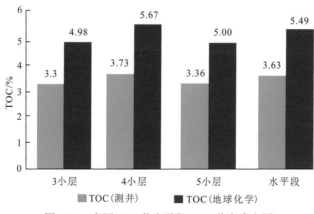

图 2-32　宜页 1HF 井水平段 TOC 分布直方图

（6）岩石力学参数分析：根据偶极声波测井结合常规测井岩石力学分析，水平段岩石力学参数分析结果显示，泊松比为 0.24～0.35，加权平均为 0.29；杨氏模量

为 $3.78\times10^4\sim8.21\times10^4$ MPa，加权平均为 $4.89\times10^4$ MPa；裂缝指数为 0.32～0.53，平均为 0.40；破裂压力梯度为 0.015～0.019 MPa/m，加权平均为 0.017 MPa/m，斯伦贝尔比为 $5.01\times10^8\sim21.52\times10^8$（MPa）$^2$，加权平均为 $7.51\times10^8$（MPa）$^2$。最大主应力为 55～70 MPa，最小主应力为 45～53 MPa。

## 三、宜页 1HF 井压裂试气成果

宜页 1HF 井是中扬子地区第一口海相页岩气压裂井，目前寒武系页岩气压裂井也非常少，因此宜页 1HF 井储层压裂改造具有探索性，取得了一系列的工程成果和地质成果。

宜页 1HF 井压裂试气的工程成果概述如下（详细成果见第七章）。

（1）完成钻井水平段 26 段压裂，对优质页岩段实现了有效的复杂缝网改造。针对本井水平层理不发育、高角度天然裂缝发育、水平应力差大等难点，从分段分簇、压裂液体系、泵注程序、助排措施、压裂模式等方面开展了针对性设计。将 1838 m 有效水平段（2042 m～3880 m）分 26 段压裂，4 月 13～26 日圆满完成了 26 段压裂施工，单段平均入井液量 1609.5 m$^3$，平均加砂量 55.7 m$^3$；入井总液量达到 42054.1 m$^3$，共计加砂 1446.9 m$^3$，压裂段数、入井液量、加砂量、造缝效果达到设计要求；为今后中扬子地区寒武系水井沱组页岩储层体积改造提供了参考。

（2）开发了适用于中扬子寒武系水井沱组常压低温页岩储层的低伤害压裂液体系。针对本井地层压力系数低、储层温度低，在压裂液技术方面主要存在低温不易破胶、常压不易返排两大难题。通过对减阻剂、助排剂和低温破胶剂等添加剂进行研究，采用配伍性实验和性能评价确定了压裂液配方。研究低温破胶剂攻克了压裂液低温破胶难技术；优化了高性能助排剂，有助于解决压裂液返排难问题；滑溜水配方体系创新加入破胶剂，进一步减小储层伤害，形成了一套适应该储层低伤害低温 FLICK 滑溜水体系和 LOMO 胶液体系。

（3）探索并初步形成了针对寒武系高水平地应力差钙质页岩储层的压裂技术。为提高宜页 1HF 井水力压裂缝复杂程度，基于复杂缝网工程控制措施分析与论证，结合实践经验，优选提高裂缝复杂程度的工程措施组合。在泵注程序优化过程中，主要通过以下几种方式来提高净压力：①采取不同压裂液组合方式，改变净压力；②中途采取粉砂动态转向，变化净压力；③整体阶梯升排量，变化净压力。在施工阶段，采取"施工一段、总结一段、优化一段"的措施，不断完善、调整，最终形成了"前置液阶段快提排量+整体阶梯升排量+中途液体转换+中途携粉砂动态转向"这一套复裂缝形成技术。通过压降测试分析、净压力历史拟合，表明压裂措施有效。

宜页 1HF 井压裂改造获得的最主要的地质成果是实现我国南方寒武系水井沱组页岩气勘探的重大突破。

（1）2017 年 5 月 11 日 11∶17 开始放喷排液求产，5 月 11 日 12∶00 井口点火成功，焰高 0.5～1.2 m；后续放喷过程中持续燃烧，焰高 0.5～4 m，焰高随反排速率和井口压力波动（图 2-33）。至 5 月 27 日地面关井，累计产气 $39\times10^4$ m$^3$，返液 7039.44 m$^3$，返排率 16.26%。期间 5 月 22 日套管 14 mm 油嘴过分离器，25 mm 孔板测试求产，井口压力 2.05 MPa，出口返液 14.42 m³/h，日气产量 $6.02 \times 10^4$ m³，无阻流量 $12.38 \times 10^4$ m³/d。宜页 1HF 井获得了寒武系页岩气高产工业气流，实现了寒武系页岩气勘探的历史性突破。

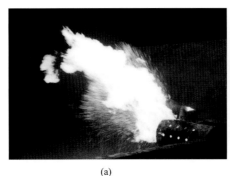 

(a) (b)

图 2-33 宜页 1HF 井放喷排液求产点火照片

（2）宜页 1HF 井压裂后井口取气获得的气体组分主要是甲烷，含有一定量的氮气，分析发现随着采样时间推后，氮气组分的含量是降低的，因此，氮气应该来源于压裂最后几段拌注的液氮，随着返排程度增高，井口页岩气氮气含量降低（表 2-8）。宜页 1HF 井岩心现场解吸气样获得甲烷的含量为 96.71%，另外含有微量的乙烷、二氧化碳，属于典型的干气。

表 2-8 宜页 1HF 井页岩气气体组分列表

| 取样时间 | 气体组分/% | | | | |
| --- | --- | --- | --- | --- | --- |
| | $CO_2$ | $N_2$ | $CH_4$ | $C_2H_6$ | $C_3H_8$ |
| 2017/5/13 | 0.848 | 9.370 | 88.721 | 0.832 | 0.022 |
| 2017/5/25 | 0.804 | 8.105 | 89.961 | 0.883 | 0.026 |
| 2017/6/26 | 0.049 | 5.655 | 92.669 | 0.790 | 0.035 |

（3）组合测井温度计所测量的井底（井筒内）的温度为 55 ℃。井温测井反映的是在某深度点测量时的井筒钻井液的温度，并不是真正的地层温度，即钻井液的循环，降低了井筒的温度，因此利用井温流体测井数据计算的是测时井温梯度。

# 第三章 页岩地质特征

富有机质页岩的发育是页岩气形成的物质基础。自震旦纪初至志留纪末，我国南方广大区域先后沉积了三套厚层的海相富有机质页岩地层，自下而上分别为震旦系陡山沱组、寒武系水井沱组及志留系龙马溪组，三套页岩均具有厚度大、分布稳定、TOC 高等特征，为我国南方页岩气勘探的重点目标。研究表明，上述三套页岩地层除在已经取得大规模突破的四川盆地发育外，在我国宜昌地区也较为发育，其中寒武系水井沱组最受关注。该套页岩作为深水陆棚沉积产物，与其他两套页岩层相比，其发育规模最大且有机质丰度最高，是宜昌地区页岩气大规模富集成藏的最有利层位。

## 第一节 区域地层沉积特征

## 一、多重地层划分与对比

### （一）岩石地层单位划分与对比

震旦纪与寒武纪地层在宜昌地区广泛发育。上震旦统顶部产管状动物化石的灯影组以中薄层状灰岩、白云岩发育为特点。以三叶虫出现为特色的寒武系下部水井沱组下部为一套富有机质泥页岩，为宜昌地区页岩气勘探的重要目的层系之一。为上述两者的震旦系—寒武系界线地层，根据岩石组合的不同可划分为两种岩石组合类型，一种类型由灯影组天柱山段所代表，另一种类型由岩家河组所代表。

天柱山段源于峡东震旦系标准剖面专题研究队（1978）所创立的天柱山组（汪啸风等，1987），是指灯影组顶部一套灰色-灰白色薄-中层状细晶白云岩，局部含硅质条带或结核，顶部产小壳化石，厚 0.7～88.8 m。天柱山段主要分布于黄陵背斜东翼，其下部为细晶白云岩、泥质白云岩、竹叶状砾屑白云岩及微晶白云岩，与下伏灯影组白马沱段顶部白云岩界线清楚。天柱山段上部在天柱山、黄鳝洞、柏木坪、泰山庙及其以北地区为硅磷质条带砾屑、砂屑白云岩；而在石牌松林坡、龙虎山、桥湾一带以砾屑白云质灰岩及灰质白云岩为主，夹磷质条带，产丰富的小壳化石。

岩家河组是由陈平（1984）依据湖北宜昌三斗坪岩家河剖面建立而来。最初的岩家河组以硅质岩夹黑色页岩的出现为底界，后陈孝红等（2002）将层型剖面上该组的底界下移 15.3 m，以薄层白云岩夹硅质白云岩的出现为底界，与下伏的灯影组上部厚层块状白云岩相区分，厚 54 m，主要出露在黄陵背斜的南翼和西翼及长阳背斜的核部。根据岩性和所含小壳化石，岩家河组可以划分为上、下两段：上段为黑色中-薄层状灰岩夹碳质页岩、灰白色中厚层状白云岩夹薄层硅质岩、砾屑灰岩，顶部含磷硅质白云岩中产丰富的小壳化石；下段为深灰色、灰白色中-薄层状硅质白云岩夹黑色硅质岩及砂岩。下与灯影组白马沱段为不整合接触，上与水井沱组为平行不整合接触。岩家河组厚度和岩石组合特点在区域上有所差异，在宜昌三斗坪镇滚子坳、岩家河、计家坡岩家河组地层剖面发育齐全。在秭归庙河沿江剖面，仅由下段白云岩夹硅质岩层及页岩和上端下部微晶灰岩夹页岩两部分组成。在长阳合子坳，其岩性特征与岩家河滚子坳剖面相似，但其顶部未发现硅磷质角砾状灰岩。在任家坪、杨家冲和伍氏祖剖面，由于覆盖严重，岩家河组仅有上段出露（图3-1）。

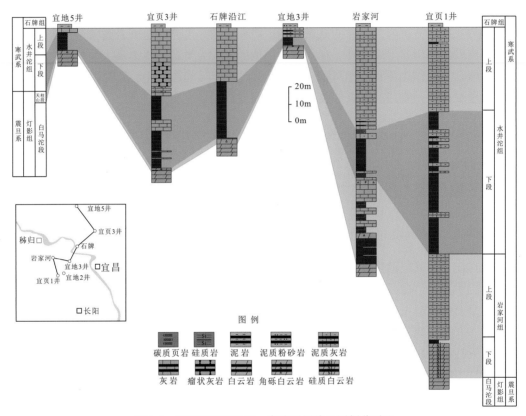

图3-1 宜昌地区震旦系—寒武系界线地层划分对比

水井沱组源于张文堂等（1957）的水井沱页岩，在黄陵背斜周缘均有分布。根据岩性，水井沱组可以划分为上、下两段：上段为深灰色中-薄层状泥质条带灰岩，夹少量黑色灰质页岩，水平层理发育；下两段为黑色含灰质页岩、含碳质页岩，见星点状黄铁矿、黄铁矿条带，发育水平层理。

宜昌地区寒武系水井沱组与下伏岩家河组或灯影组呈假整合接触。厚度横向变化大，宜昌北部地区，呈由西向东变薄趋势。其中西部神农架林区，最大厚达1000 m，在谷城县谷庙仅32 m，至大洪山主峰附近水井沱组完全缺失。在宜昌地区，水井沱组的厚度由北向南变厚，特别是土城乡—桥边镇附近，南北厚度变化突然，宜地3井显示厚度为6 m，岩家河为24 m，宜地2井为193 m（图3-1）。

（二）生物和年代地层划分

灯影组的古生物化石稀少，目前已知的化石组合主要有灯影组石板滩段中上部的 *Vendotanids-Paracharnia* 组合，石板滩段上部的 *Cloudina-Sinotublite* 组合（陈孝红 等，2015）。其中前者是典型的埃迪卡拉动物群，后者通常被认为埃迪卡拉系（震旦系）最顶部的带化石。灯影组顶部天柱山段产小壳化石的地层厚度从不足 1 m 到几米，顶部所产的小壳化石不能清楚地分出 I 组合带和 II 组合带，而只能确定为 I+II 的混合组合（薛耀松 等，2006；丁莲芳 等，1992；陈平，1984）。这一现象指示，该化石组合为异地埋藏的化石组合，至少是在 II 组合带甚至更晚时期在沉积产物。考虑到灯影组天柱山段与白马沱段之间为连续沉积，天柱山段顶部产有代表寒武纪早期的小壳化石，而灯影组白马沱底部存在一个明显的 $\delta^{13}C$ 负偏移（陈孝红 等，2015），据此，并考虑 Oman 地块上 *Cloudiniids* 的消失之后，首次碳同位素负偏离所在地层的同位素地质年代与国际地层委员会确定的寒武系底界年龄 542 Ma 一致，推测台地相寒武系界应在灯影峡灯影组标准剖面上白马沱段与石板滩段界线附近，即灯影组的白马沱段和天柱山段均属于寒武系纽芬兰统下部（晋宁阶）。

岩家河组下段顶部和上段顶部含磷白云岩中分别产有与云南梅树村阶第 I 化石组合带（*Anabarites-Protohertzina* 组合带）和第 II 化石组合带（*Paragloborilus-Siphogonuchites* 组合带）一致的小壳化石组合（陈平，1984），与上覆产 *Hupeidiscus* 和 *Tsunyidiscus* 的寒武系水井沱组页岩夹薄层灰岩的地层之间至少缺失了梅树村阶第 III 组合带和筇竹寺阶下部 *Parabadiella* 带。显然，梅树村阶与筇竹寺阶之间存在一个明显的地层缺失。按照华南寒武系纽芬兰统第二阶(梅树村阶)的底界定义在云南梅树村剖面重要的标志层之一 *B* 点（即第 I 化石组合带和第 II 化石组合带的分界线）（彭善池，2008），岩家河组上部存在有与全球寒武系纽芬兰统幸运阶之顶到第二阶之底对比的一次显著的 $\delta^{13}C$ 正漂移事件（Zhu et al.，2006）。本书认为，宜昌地区寒武系岩家河组在地质年代上也仅相当于寒武纪纽芬兰统下部第一阶，寒武系第二阶的地层不发育或缺失（图 3-2）。

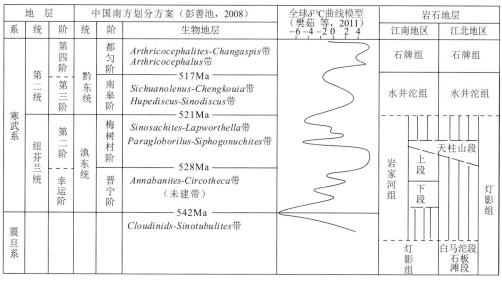

| 地层 | | | 中国南方划分方案（彭善池，2008） | | | 全球$\delta^{13}C$曲线模型<br>（樊茹 等，2011）<br>–6 –4 –2 0 2 4 | 岩石地层 | |
|---|---|---|---|---|---|---|---|---|
| 系 | 统 | 阶 | 统 | 阶 | 生物地层 | | 江南地区 | 江北地区 |
| 寒武系 | 第二统 | 第四阶 | 黔东统 | 都匀阶 | *Arthricocephalites-Changaspis*带<br>*Arthricocephalus*带 | | 石牌组 | 石牌组 |
| | | 第三阶 | | 南皋阶 | ——517Ma——<br>*Sichuanolenus-Chengkouia*带<br>*Hupedlscus-Sinodiscus*带 | | 水井沱组 | 水井沱组 |
| | 纽芬兰统 | 第二阶 | 滇东统 | 梅树村阶 | ——521Ma——<br>*Sinosachites-Lapworthella*带<br>*Paragloborilus-Siphogonuchites*带 | | 岩家河组（上段／下段） | 天柱山段 |
| | | 幸运阶 | | 晋宁阶 | ——528Ma——<br>*Annabanites-Circotheca*带<br>（未建带） | | | 灯影组 |
| 震旦系 | | | | | ——542Ma——<br>*Cloudinids-Sinotubulites*带 | | 灯影组 | 白马沱段<br>石板滩段 |

图 3-2　宜昌地区寒武系多重地层划分对比表

水井沱组下部黑色页岩以三叶虫发育为特点，从下而上划分为 *Tsunyidiscus*、*Wangzishia* 和 *Hunancephalus* 三个带。三叶虫的首现是寒武系第二统第三阶（南皋阶）的划分标志，从寒武系水井沱组三叶虫组合特点上看，水井沱组下段黑色页岩地层应大致与南皋阶对应。

# 二、层序地层划分

地层缺失、明显的暴露标志、岩性突变和沉积间断等是开展海相地层层序界面识别的重要依据。在对宜昌斜坡区页岩气井和典型地层剖面观测的基础上，以及在新的年代地层框架内，在岩家河组—水井沱组识别出五个层序界面（图 3-3）。

## （一）层序界面的识别

SB1 为灯影组与岩家河组或天柱山段之间的地层缺失面。该界面在整个宜昌斜坡带普遍发育，接触面多呈微波状。界面上、下地层岩性、古生物化石均存在明显的差别。岩性上，宜地 2 井界面之下为震旦系灯影组浅黄灰色细晶白云岩，溶孔发育，界面之上为岩家河组深灰色硅质岩，两者岩性突变；宜地 5 井和宜页 3 井界面之下为灯影组浅灰色厚层状细晶白云岩，溶孔发育，顶部见灰黑色角砾白云岩，界面之上为灰色泥晶白云岩。生物地层上，灯影组生物化石以震旦系（埃迪卡拉系）生物化石为特征，岩家河组或天柱山段组含有丰富的小壳化石。

SB2 为岩家河组内部的岩性转换面。该界面主要发育于宜昌长江以南区域，局部界面上、下岩性存在明显差别。在宜昌岩家河剖面上，界面之下为灰白色含硅磷质砾屑白云岩，含小壳化石 *Circotheca-Anabarites-Protohertzina* 组合，界面之上为灰黑色中-薄层状微晶灰岩、黑色粉砂质页岩，含小壳化石 *Lophotheca-Aldanella-Maidipingoconus* 组合（郭俊峰，2009）；在宜地 2 井上，界面之下为黑灰色硅质泥岩、硅质岩，发育水平纹层，界面之上为深灰色泥晶灰岩、黑灰色泥岩。

SB3 为水井沱组与岩家河组或天柱山段之间的地层缺失面。该界面在宜昌斜坡带清晰可见，接触面多呈微波状，在宜页 1 井，界面之上为水井沱组黑色碳质页岩，产丰富的软舌螺化石，界面之下为岩家河组硅质岩、砾屑灰岩；在宜地 5 井和宜页 3 井，界面之上为水井沱组岩性与宜页 1 井一致，为黑色碳质页岩，但所产化石有一定差异，主要为三叶虫化石，少见软舌螺化石，界面之下为天柱山段灰色泥晶白云岩，顶部含硅质角砾，硅质角砾中产小壳化石。

SB4 为水井沱组内部的岩性转换面。该界面在中扬子区域发育，但在宜昌斜坡带，界面难以识别。通常界面之下为深灰色泥晶灰岩，或深灰色泥晶灰岩夹灰黑色泥岩，界面之上为灰黑色泥岩，或灰黑色泥岩夹中-薄层状泥晶灰岩。

SB5 为水井沱组顶部界面，同时也为一岩性转换面。下部为灰色泥晶灰岩，上部为灰质粉砂岩，代表着陆源碎屑沉积物供给的增多。

（二）层序地层特征

根据层序界面的识别，将宜昌地区岩家河组—水井沱组划分为四个三级层序（SQ1-SQ4）（图3-3）。

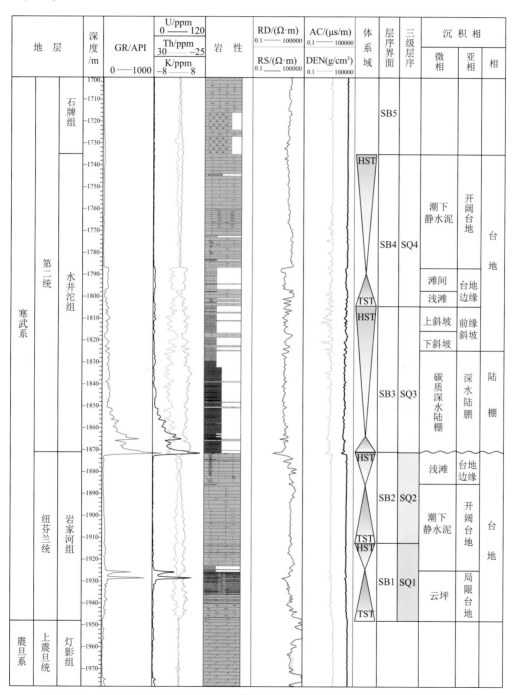

图 3-3　宜昌地区宜页 1 井寒武系水井沱组层序地层划分

SQ1：该层序在宜昌地区发育不完整，在长江以南的陆棚相区，该层序对应于岩家河组下段，其底界面与下伏灯影组白马沱段白云岩呈平行不整合接触，宜地 2 井白马沱段顶部白云岩发育皮壳构造和角砾，其形成可能与区域海平面下降导致的沉积暴露有关。下段下部的灰黑色硅质岩夹黑色页岩、细粉砂质页岩组成海侵体系域（transgressive system trace，TST），其上的灰白色中厚层白云岩夹黑色薄层硅质岩为高位域，其顶部发育含黑色硅磷质碎屑白云质灰岩，产小壳化石 Circotheca-Anabarites-Protohertzina 组合。根据生物地层研究，在长江以北的江北台地相区，该层序缺失。

SQ2：该层序在台地相区缺失。在浅海陆棚相区，该三级层序为岩家河组上部的沉积，其 TST+CS（凝缩层）沉积为黑色硅质岩、黑色碳质灰岩夹黑色碳质页岩，其底界与 SQ1 顶部的含小壳化石的硅磷质碎屑白云质灰岩接触，为整合接触。高水位体系域（high system tract，HST）为该组上部的黑色碳质灰岩与黑色钙质碳质页岩互层。

SQ3：该层序的底界为一淹没不整合，底部硅磷质碎屑白云岩发育小壳化石，其上覆黑色碳质页岩超覆在不同层位的地层之上。在台地相区宜地 5 井、宜页 3 井、宜地 3 井和宜昌莲沱剖面等处，水井沱组不整合在灯影组天柱山段之上；在浅水陆棚相区，宜地 2 井、宜页 2 井、长阳王子石剖面等处，水井沱组平行不整合在岩家河组之上。

HST 为水井沱组中上部的灰岩沉积，在宜昌莲沱剖面水井沱组中上部为黑色碳质页岩夹灰黑色薄-中厚层灰岩，在长阳鸭子口对应地层为中层状泥灰岩、泥晶灰岩夹含碳质页岩。

SQ4：本层序与 SQ3 之间为一岩性转换面，在中上扬子大部分地区，陆架边缘体系域（shelf margin system tract，SMST）与 TST 难以区分，在宜昌地区即对应于一套灰黑色薄层致密泥晶灰岩夹薄层泥灰岩或钙质页岩；在长阳鸭子口为一套中层状含碳质泥晶灰岩；在湖南永顺王村为一套含碳质页岩。

该层序的 HST 在宜地 2 井、宜页 1 井和宜昌莲沱剖面上，该体系域为水井沱组顶部灰色-深灰色薄层状泥质灰岩、泥晶灰岩的沉积，为向上灰岩渐多的一套加积、弱进积的沉积序列；同时，浮游三叶虫类化石逐渐减少，而底栖腕足类化石逐渐增多（汪啸风 等，1987），显示水体逐渐变浅的过程，底域由缺氧逐渐变为有氧。

# 三、沉积相特征

## （一）沉积相类型及特征

根据宜昌地区寒武系水井沱组的沉积岩石特征、沉积构造特征和岩石中所含古生物组合特征，结合区域沉积特征综合分析，认为宜昌地区寒武系水井沱组为陆棚-碳酸盐岩台地沉积模式（图 3-4），自北东向西南发育开阔台地、台地边缘、斜坡和陆棚沉积环境（表 3-1）。

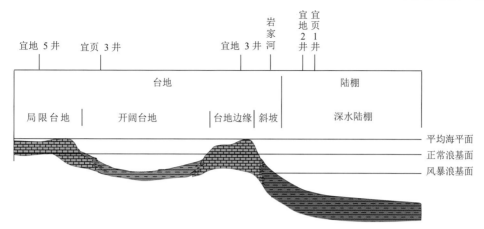

图 3-4　宜昌地区寒武系水井沱组沉积相发育模式（关士聪，1984）

**表 3-1　宜昌地区寒武系水井沱组沉积相相划分表**

| 相 | 亚　相 | 微　相 |
|---|---|---|
| 碳酸盐岩台地 | 开阔台地 | 潮下静水泥 |
| | 台地边缘 | 浅滩 |
| | | 滩间 |
| | 台地前缘斜坡 | 上斜坡 |
| | | 下斜坡 |
| 陆棚 | 深水陆棚 | 深水碳质陆棚 |

**1. 碳酸盐岩台地**

碳酸盐岩台地主要分布在平均海平面和正常浪基面之间，深度变化较大，水能量一般较弱和中等，根据宜昌地区岩石类型和沉积构造，可以划分出开阔台地、台地边缘和台地前缘斜坡等亚相，主要发育在水井沱组沉积末期。

台地前缘斜坡亚相位于台地与陆棚之间的过渡区域，分为上斜坡和下斜坡。上斜坡岩性主要为灰色泥晶灰岩、瘤状灰岩夹泥岩，在岩家河组，水井沱组上段上斜坡沉积的深灰色泥晶灰岩中发育滑塌构造［图 3-5（a）］；下斜坡岩性主要为深灰色、灰黑色页岩、碳质页岩夹瘤状灰岩［图 3-5（b）］，也见瘤状灰岩透镜体或灰岩碎块杂乱堆积。

台地边缘亚相主要是指开阔台地和台地前缘斜坡之间的地貌相对高部位，岩性主要为白云质生屑灰岩夹滩间低能的泥岩沉积。

开阔台地亚相指发育在台地边缘与局限台地之间的广阔浅海，水体较浅，与广海连通较好，盐度正常，生物繁盛，岩性主要为灰色-深灰色中层状泥晶灰岩和含泥灰岩，局部见薄层泥页岩［图 3-5（c）］，该井整体表现为潮下静水泥沉积。

（a）秭归慕阳水井沱组上段灰色薄-中厚层　　　　　（b）秭归慕阳水井沱组灰黑色-黑色薄-中厚层泥岩
灰岩，见滑塌变形构造　　　　　　　　　　　　　　　中夹大块灰色灰岩透镜体

（c）白竹坪剖面水井沱组中上部灰色中-薄层状　　　　（d）白竹坪剖面水井沱组下部碳质页岩
泥晶灰岩夹深灰色黑色薄层泥岩

图 3-5　宜昌地区寒武系水井沱组野外露头沉积相发育特征

**2. 陆棚**

深水陆棚亚相处于风暴浪基面以下的较深水区，主要发育在水井沱组下段，岩性主要为黑色、灰黑色碳质页岩、含碳质页岩，夹少量薄层状泥晶灰岩，水平纹层发育，产海绵骨针、三叶虫等化石[图 3-5（d），图 3-6]。主要发育在水井沱组下部厚层暗色泥页岩，反映安静、贫氧的还原沉积环境。局部可见散点状、顺层长条状黄铁矿发育，指示水动力弱、还原环境。

(a)　　　　　　　　　　　　　　　　　(b)

图 3-6　宜昌宜页 1 井下部黑色页岩中发育软舌螺

（二）沉积相平面展布特征

晚震旦世灯影末期发生的"惠亭运动"使湖北中部上升，形成鄂中古陆（湖北省地质矿产局，1990），此构造背景决定了宜昌地区寒武系岩家河组与水井沱组的岩相古地理特征。

寒武纪晋宁期（大致对应于岩家河组下段沉积期），研究区以台地潮坪沉积为主，岩性主要为硅质白云岩、硅磷质砾屑白云岩、白云岩夹少量粉砂岩，岩性结构稳定，厚度变化小，含有丰富的小壳化石。

寒武纪梅树村期（大致对应于岩家河组上段或天柱山段沉积期），该区古地理单元可划分为台地区和陆棚相区（图 3-7）。台地区主要沉积代表为天柱山段，岩性为细晶白云

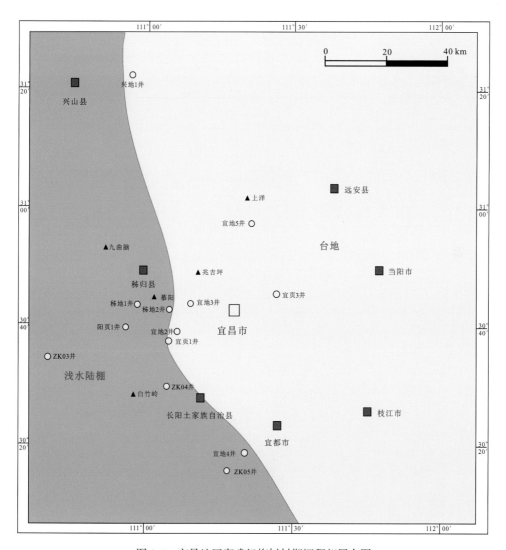

图 3-7　宜昌地区寒武纪梅树村期沉积相展布图

岩、含泥质白云岩、竹叶状白云岩和硅磷质条带砾屑、砂屑白云岩，天柱山段厚度为0.15～
6.52 m，一般为3 m，产丰富的小壳化石，主要为 *Circotheca-Anabarites-Paragloborilus* 组
合，发育于兴山—秭归—宜昌—宜都一线以东地区。浅水陆棚区紧邻隆起区，未见明显
台地边缘岩性特征，岩家河组上部岩性为黑色灰岩夹碳质页岩、浅灰色白云岩夹硅质岩、
内碎屑白云质灰岩和内碎屑灰岩。产丰富的小壳化石，包括 *Circotheca-Anabarites-
Protohertzina* 组合和 *Lophotheca-Aldanella-Maidipingoconus* 组合。主要发育在兴山—秭
归—宜昌—宜都一线以西地区。

　　总体沉积格局表现为东高西低，向西海水逐渐加深，黑色泥岩夹层逐渐发育。

　　寒武纪南皋期（大致对应于水井沱组沉积期），该区古地理单元可划分为台地相区、
台缘相区、深水陆棚相区（图3-8）。

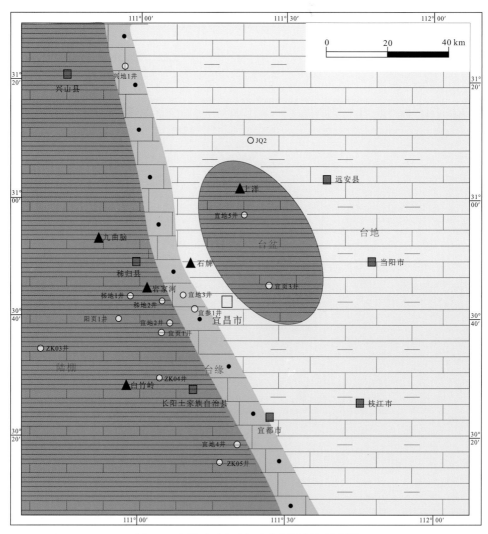

图3-8　宜昌地区寒武纪南皋期沉积相展布图

　　台地环境的发育可能与鄂中古陆地势较为平缓，提供的碎屑沉积物少而未能形成碎

屑滨岸环境有关（蒲心纯 等，1993）。主要发育于水月寺—上洋坪—兆吉坪—朱家坪—宜都一线以东区域。另外，宜地 5 井和宜页 3 井钻探显示，在该区域发育一个台盆，主要沉积一套黑色、灰黑色碳质页岩、钙质页岩。二维地震资料也显示了该区域存在一个明显的洼陷区，水井沱组黑色页岩较周边明显增厚。

台缘相区紧邻台地靠陆棚相区，在水月寺—上洋坪—兆吉坪—朱家坪—宜都一线以西区域 "S" 形的宽约 5~10 km 的狭长地带。岩性以深灰色中-薄层状含生屑灰岩，夹少量深灰色含碳质页岩。

前缘斜坡区相带较窄，反映了深水陡坡的特征，岩性主要以深灰色泥灰岩夹泥页岩为特征，内部见滑塌变形构造。

深水陆棚相区，以碳质页岩夹硅质岩和灰绿色页岩夹泥灰岩为主，但碳酸盐岩明显减少，普遍发育水平层理。生物化石除底栖、自游的三叶虫外，营漂游生活的古盘虫逐渐增多，主要发育于长阳—秭归一线以西的广阔区域。

总体上表现为由东北部隆起及滨岸向西南部海水逐渐加深，黑色泥岩逐渐发育趋势，其中以台地边缘西南部黑色泥页岩最为发育，为页岩气勘探目标区。

# 第二节　有机地球化学特征

泥页岩有机地球化学特征不但影响其自身的生烃能力，而且对岩石的储集特性（尤其是吸附能力）具有重要的控制作用。富有机质页岩中生成天然气的数量主要取决于以下三个因素：①岩石中原始沉积的有机物质的数量，即岩石中的总有机碳含量；②不同类型有机物质成因的联系和原始生成天然气的能力，即有机质类型；③有机物质转化成烃类天然气的程度，有机质热演化程度。

## 一、有机质类型

沉积岩中的有机质经历复杂的生物化学及化学变化，通过腐泥化及腐殖化过程形成干酪根，成为生成大量石油及天然气的先驱。借助光学、物理和化学方法可以有效分析干酪根的结构、组成和性质（图 3-9），并将其划分为三种主要类型：①I 型干酪根（腐泥型），以含类脂化合物为主，具有高氢低氧特征；②II 型干酪根（混合型），以中等长度直链烷烃、环烷烃和多环芳烃为主，氢含量较 I 型干酪根略低，可进一步细分出 $II_1$ 型和 $II_2$ 型两种类型；③III 型干酪根（腐殖型），以含多环芳烃及含氧官能团为主，具有低氢高氧特征。

宜昌地区寒武系页岩气钻井资料丰富，主要借助了干酪根显微组分、稳定碳同位素及天然气碳同位素三种实验分析方法，对水井沱组富有机质页岩中的干酪根类型进行了划分。

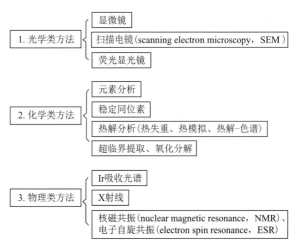

图 3-9　常用的干酪根研究方法

## （一）干酪根显微组分

长阳鸭子口白竹岭剖面中水井沱组页岩干酪根镜鉴显示出高含量的腐泥组和壳质组特征，两者含量平均值可达 73.3%，其次为镜质组，含量为 23.7%～29.0%，平均值为 23.7%；按照《透射光-荧光干酪根显微组分鉴定及类型划分方法》（SY/T 5125—1996）（表 3-2）计算的干酪根类型指数（TI）为 49～60，表明干酪根以 II$_1$ 型为主（表 3-3）。据江汉油田老井复查资料，宜都地区宜 10 井水井沱组 492～592 m 采集的 10 块深灰色、黑色碳质页岩干酪根镜鉴结果显示，腐泥组含量为 48.3%～79.7%，平均值为 69.3%；镜质组含量为 20.3%～51.7%，平均值为 30.7%；干酪根类型指数为 28.8～64.5，平均值为 50.3，表明有机质类型以 II$_1$ 型为主。

**表 3-2　干酪根类型划分标准**

|  | I 型 | II$_1$ 型 | II$_2$ 型 | III 型 |
|---|---|---|---|---|
| TI | ≥80 | 80～40 | 40～0 | <0 |

TI $= 100 \times a + 80 \times b_1 + 50 \times b_2 + (-75) \times c + (-100) \times d$；$a$. 腐泥组含量，%；$b_1$. 树脂体，%；$b_2$. 孢粉体、木栓质体、角质体、壳质碎屑体、腐殖无定形体、菌孢体的含量，%；$c$. 镜质组含量，%；$d$. 惰质组含量，%

**表 3-3　长阳鸭子口剖面水井沱组干酪根镜鉴统计**

| 剖面 | 样品 |  | 腐泥组 |  |  | 镜质体 |  |  | 类型指数 | 类型 |
|---|---|---|---|---|---|---|---|---|---|---|
|  |  |  | 无定型体 | 碎屑体 | 合计 | 无结构体 | 碎屑体 | 合计 |  |  |
| 长阳鸭子口 | $\varepsilon_1sh$12-1 | 数量/个 | 171 | 58 | 229 | 41 | 30 | 71 | 58.5 | II$_1$ |
|  |  | 百分比/% | 57.0 | 19.3 | 76.3 | 13.7 | 10.0 | 23.7 |  |  |
|  | $\varepsilon_1sh$11-1 | 数量/个 | 154 | 59 | 213 | 54 | 33 | 87 | 49.3 | II$_1$ |
|  |  | 百分比/% | 51.3 | 19.7 | 71.0 | 18.0 | 11.0 | 29.0 |  |  |
|  | $\varepsilon_1sh$10-1 | 数量/个 | 173 | 46 | 219 | 50 | 31 | 81 | 52.8 | II$_1$ |
|  |  | 百分比/% | 57.7 | 15.3 | 73.0 | 16.7 | 10.3 | 27.0 |  |  |
|  | $\varepsilon_1sh$7-1 | 数量/个 | 162 | 57 | 219 | 52 | 29 | 81 | 52.8 | II$_1$ |
|  |  | 百分比/% | 54.0 | 19.0 | 73.0 | 17.3 | 9.7 | 27.0 |  |  |

（二）干酪根碳同位素

参考黄籍中（1988）以干酪根碳同位素（$\delta^{13}C_{org}$）划分有机质类型标准（表3-4），长阳鸭子口剖面中仅 2 个样品的 $\delta^{13}C_{org}$ 为$-30‰$～$-28‰$，其余样品的 $\delta^{13}C_{org}$ 都小于$-30‰$，有机质类型以 I 型为主。在宜昌土城钻探的宜地 2 井中，大部分泥页岩样品的 $\delta^{13}C_{org}$ 都小于$-28‰$，其中 $\delta^{13}C_{org}$ 为$-30‰$～$-28‰$的样品占比为 44.45%，为 $II_1$ 型干酪根；$\delta^{13}C_{org}$ 小于$-30‰$的样品占比为 22.22%，为 I 型干酪根；有 2 个样品的 $\delta^{13}C_{org}$ 为$-28‰$～$-26‰$，为 $II_2$ 型干酪根；仅有一个样品检测为 III 型干酪根，分析判断可能为实验测试误差所致（图 3-10）。

**表 3-4　碳同位素区分烃源岩干酪根类型标准（黄籍中，1988）**

|  | I 型 | $II_1$ 型 | $II_2$ 型 | III 型 |
|---|---|---|---|---|
| $\delta^{13}C_{org}/‰$ | < 30 | $-30$～$-28$ | $-28$～$-26$ | $\geqslant -26$ |

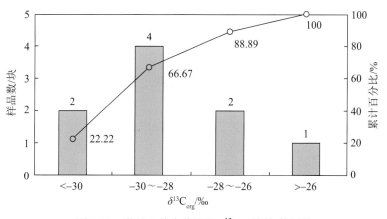

图 3-10　宜地 2 井水井沱组 $\delta^{13}C_{org}$ 统计直方图

（三）天然气碳同位素

烷烃气碳同位素值是常规和有效的研究天然气手段，乙烷碳同位素是反映母质类型的重要参数。刚文哲等（1997）研究认为，$\delta^{13}C_2$ 对天然气的母质类型反应比较灵敏，腐殖型天然气 $\delta^{13}C_2$ 大于$-29‰$，腐泥型天然气 $\delta^{13}C_2$ 小于$-29‰$。肖芝华等（2008）认为，腐泥型气的 $\delta^{13}C_2$ 一般小于$-30‰$，而腐殖型气的 $\delta^{13}C_2$ 一般大于$-28‰$。

综合前人提出的判别标准，采用 $\delta^{13}C_2$ 为$-29‰$作为腐殖型天然气和腐泥型天然气的界限。根据宜地 2 井天然气样品碳同位素分析结果（表 3-5），天然气 $\delta^{13}C_2$ 均小于$-29‰$，为腐泥型天然气。

表 3-5　天然气碳同位素区分烃源岩干酪根类型标准表

| 样品编号 | $\delta^{13}C/‰$ | | | | $\delta^{13}C_2/‰$ | 类型 |
|---|---|---|---|---|---|---|
| | $CO_2$ | $CH_4$ | $C_2H_6$ | $C_3H_8$ | | |
| YD2-1 | −2.57 | −36.46 | −40.76 | −42.40 | <−29.0 | |
| YD2-2 | −11.92 | −34.74 | −41.50 | −39.14 | <−29.0 | |
| YD2-3 | −16.12 | −34.67 | −41.06 | −40.24 | <−29.0 | |
| YD2-4 | −10.50 | −33.89 | −40.50 | — | <−29.0 | |
| YD2-5 | −15.70 | −37.55 | −40.57 | −40.08 | <−29.0 | |
| YD2-6 | −11.62 | −37.43 | −41.34 | −36.44 | <−29.0 | 腐泥型 |
| YD2-7 | −19.24 | −37.55 | −39.13 | — | <−29.0 | 天然气 |
| YD2-8 | −16.31 | −34.84 | −40.00 | −40.89 | <−29.0 | |
| YD2-9 | −18.77 | −33.40 | −39.43 | −38.02 | <−29.0 | |
| YD2-10 | −18.80 | −34.87 | −38.78 | −35.46 | <−29.00 | |
| YD2-11 | −18.52 | −34.36 | −39.96 | −38.96 | <−29.0 | |
| YD2-12 | −6.88 | −37.91 | −36.80 | −33.31 | <−29.0 | |

综上分析，宜昌地区水井沱组泥页岩的有机质类型主要为 I 型—II$_1$ 型，少量为 II$_2$ 型。

## 二、有机质丰度

有机质丰度是衡量黑色页岩生烃能力的重要地球化学指标，包括总有机碳含量（TOC）、氯仿沥青"A"、总烃含量及有机质热解生烃潜量。但在我国南方海相下古生界泥页岩的高成熟度区，氯仿沥青"A"、总烃含量及有机质热解生烃潜量等指标往往失去了其原有的地球化学指示意义。因此，下古生界海相黑色岩系的总有机碳含量成为页岩有机质丰度评价的重要指标。

区域地质调查结果显示（表 3-6），宜昌地区水井沱组有机质丰度整体品位较好，TOC 分布在 1.14%～16.10%，集中于 1.5%～5.0%，平均值为 3.63%。总有机碳含量在区域上的变化趋势受到古地理环境的空间展布控制，五峰一带靠近深水陆棚相区，泥页岩总有机碳含量最高，TOC>5.0%；向东北方向水体逐渐变浅，至秭归—长阳一带开始进入碳酸盐岩台地相区，总有机碳含量逐渐降低，TOC 一般在 2.5%～3%，至湖北宜昌—保康一带总有机碳含量进一步降低（图 3-11）。

表 3-6　宜昌主要区域寒武系水井沱组泥页岩有机碳统计

| 地理位置 | 钻井及剖面 | TOC/% | TOC 平均值/% | 资料来源 |
|---|---|---|---|---|
| 宜昌土城 | 宜地 2 井 | 0.52～5.96 | 2.38 | 中国地质调查局武汉地质调查中心 |
| 宜昌车溪 | 宜页 1 井 | 0.98～7.40 | 3.65 | 中国地质调查局武汉地质调查中心 |
| 长阳乐园 | ZK03 | 2.32～16.10 | 5.32 | 中国地质调查局武汉地质调查中心 |

续表

| 地理位置 | 钻井及剖面 | TOC/% | TOC 平均值/% | 资料来源 |
|---|---|---|---|---|
| 宜都聂河 | ZK05 | 0.99～15.60 | 3.29 | 中国地质调查局武汉地质调查中心 |
| 长阳麻池 | 长地1井 | 0.90～12.49 | 5.03 | 中国地质调查局湖北省地质调查院 |
| 宜昌乐天溪 | 黄山洞 | 1.14～3.86 | 2.48 | 中国地质调查局武汉地质调查中心 |
| 长阳龙舟坪 | 津洋口 | 0.94～7.34 | 3.50 | 中国地质调查局武汉地质调查中心 |
| 长阳鸭子口 | 白竹岭 | 3.09～8.96 | 4.78 | 中国地质调查局武汉地质调查中心 |
| 兴山县峡口 | 黄家河 | 0.26～3.58 | 3.02 | 湖北省煤炭地质勘查院 |
| 兴山县南阳 | 花坪 | 1.91～4.72 | 3.19 | 湖北省煤炭地质勘查院 |

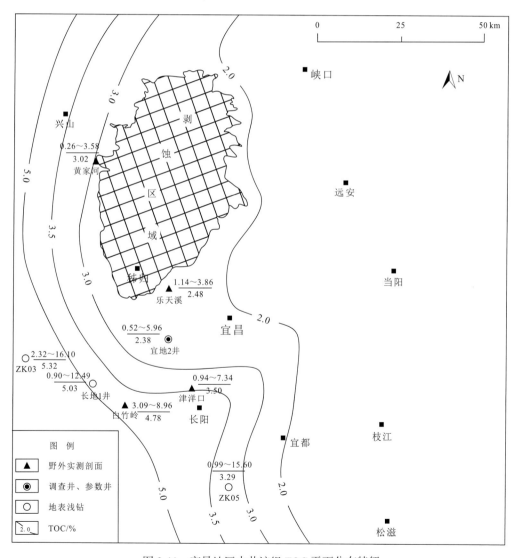

图 3-11 宜昌地区水井沱组 TOC 平面分布特征

通过宜页1井和宜地2井的对比分析,宜昌地区寒武系水井沱组页岩的总有机碳含量随埋深增大逐渐升高,水井沱组上段深灰色页岩的总有机碳含量整体偏低,为0.56%~2.04%,平均值为1.17%;水井沱组下段灰黑色-黑色页岩的总有机碳含量较高,为1.32%~8.42%,在靠近底部位置达到最大,平均值为3.49%(图3-12)。水井沱组页岩TOC大于2.0%的区间绝大部分位于水井沱组下段,其中宜页1井中TOC大于2.0%的样品占比为51.2%,水井沱组下段页岩的TOC主要为2.1%~6.4%,平均值为3.65%;宜地2井中页岩TOC大于2.0%的样品占比为36.9%,水井沱组下段页岩的TOC主要为1.45%~5.96%,平均值为3.42%。

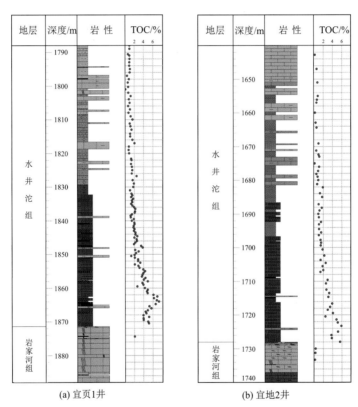

(a) 宜页1井          (b) 宜地2井

图3-12 宜昌地区宜页1井和宜地2井总有机碳含量纵向分布特征

## 三、有机质成熟度

由于南方下古生界海相地层中的沉积有机质多来源于海洋中的低等生物,有机质中缺少镜质体组分,加之长时间的埋深和热演化,很难在镜下精确区别各组分的差别。因此,在实际操作过程中都是先测得沥青反射率($R_b$)或笔石反射率($R_G$),再根据实测的反射率值($R_b$或$R_G$)与镜质体反射率($R_o$)之间的经验公式,计算得出等效的镜质体反射率来表征有机质的热演化程度。

区域地质调查结果显示(表3-7),宜昌地区水井沱组泥岩$R_o$等效值为2.4%~3.2%,

表3-7　宜昌主要区域寒武系水井沱组泥页岩成熟度统计

| 地理位置 | 钻井及剖面 | $R_o$等效值/% | 平均值/% | 资料来源 |
|---|---|---|---|---|
| 宜昌土城 | 宜地2井 | 2.26~2.37 | 2.35 | 中国地质调查局武汉地质调查中心 |
| 长阳乐园 | ZK03 | 2.96~3.36 | 3.16 | 中国地质调查局武汉地质调查中心 |
| 宜都聂河 | ZK05 | 2.46~3.15 | 2.85 | 中国地质调查局武汉地质调查中心 |
| 长阳鸭子口 | 白竹岭 | 2.56~2.67 | 2.62 | 中国地质调查局武汉地质调查中心 |
| 兴山 | 南阳 | 2.19~3.07 | 2.63 | 湖北省煤炭地质勘查院 |

主要处于过成熟晚期干气阶段。受黄陵古隆起的抬升演化和隔热作用，隆起周缘泥页岩的等效镜质体反射率值相对较低；由黄陵隆起向周缘扩展呈现逐渐增大的趋势，一方面与早期构造-沉积环境有关，另一方面与远离古隆起区域抬升强度小、深埋较大有关（图3-13）。

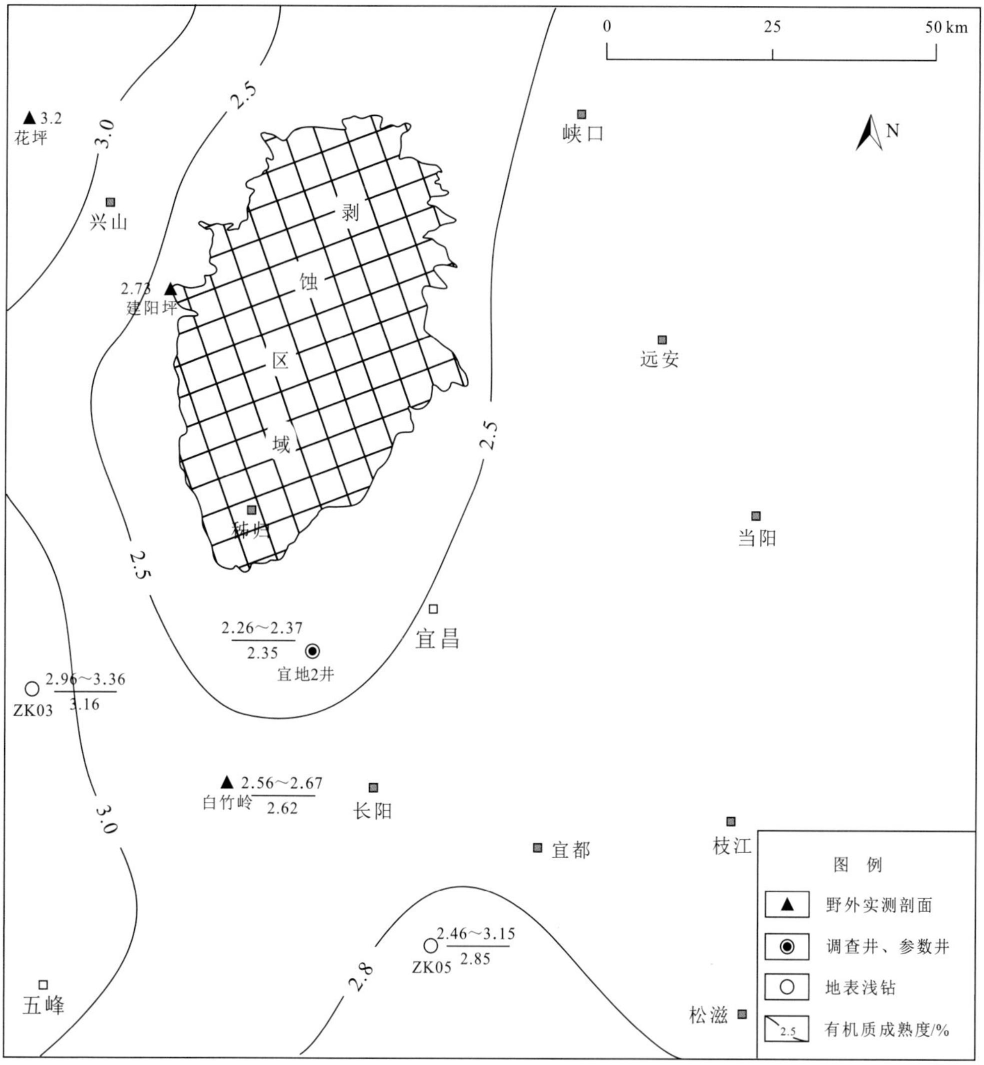

图3-13　宜昌地区水井沱组有机质热演化程度平面分布特征

# 第三节 硅质岩成因分析

确定硅质岩成因实质上是确定其硅的来源问题，一般认为，硅质主要来源于硅质生物、热液活动（与火山活动等有关）和富硅的岩石碎屑（邱振 等，2011）。硅质岩中的Al、Ti、Fe、Mn 等元素及稀土元素很少或几乎不受后期成岩作用的影响，在硅质岩成岩过程中保持稳定，可以用来示踪硅质岩中硅的来源及成因（Murray，1994）。

在前寒武纪—寒武纪转折期，多数研究已发现，中扬子地区存在热液活动，深部富硅的热液流体沿着台盆转换带处断裂上涌，以烟囱或热泉的形式在台缘海底发生卸载。然而，关于这一时期热液活动的具体时间、分布范围及其对寒武系底部富有机质页岩形成的意义仍未查清。特别是最近宜昌地区寒武系水井沱组获得了页岩气重大突破后，更加突出了上述问题的重要性和紧迫性。为了查明上述问题，本书以宜地2井岩家河组下段的硅质岩为研究对象，进行了主量元素和稀土元素的测试，分析了硅质岩的成因及沉积环境。为了更好地与宜昌地区进行比较，本书同时还考察了中扬子地区的湖南桃源叶溪塆剖面、桃源理公港剖面和张家界田坪剖面，分析了留茶坡组和水井沱组硅质岩的成因。

## 一、宜昌地区宜地 2 井岩家河组硅质岩

宜地 2 井岩家河组可分为上、下两段，下段以硅质岩、硅质白云岩夹硅质泥岩为主，厚约 33 m，上段以泥质灰岩夹碳质泥岩为主，上覆地层为水井沱组碳质泥岩。本次采样工作基本覆盖了岩家河组下段，自下而上采集了硅质岩样品 20 件。样品的主量元素、微量及稀土元素的分析测试均在国土资源部中南矿产资源监督检测中心完成。主量元素（氧化物）含量分析采用玻璃熔片法在 X 射线荧光光谱仪（AXIOS）上测定，分析精度优于6%。微量及稀土元素由电感耦合等离子体质谱仪（ICP-MS X Series II）测定，分析精度优于 5%。

### （一）主量元素判别

Boström 和 Peterson（1969）通过对东太平洋洋脊附近的高温热流沉积物研究表明，受高温热流影响的沉积物一般富集 Fe、Mn 等元素而匮乏 Al、Ti 等元素，而 Al、Ti 的富集与陆源物质的输入有关，提出一般海相沉积物中 Al/（Al+Fe+Mn）值不随时间变化，是衡量沉积物中热液组分的重要指数，其值随着远离洋脊扩张中心距离的增加而增大，即随热液沉积物的减少而变大。Adachi 等（1986）及 Yamamoto 等（1986）研究发现，位于东太平洋洋隆热液沉积物 Al/（Al+Fe+Mn）值为 0.01，深海钻探计划 Leg32 航次发现的热液硅质岩比值平均为 0.12，而日本中部三叠纪 Kamiaso 生物成因的半远洋硅质岩的比值为 0.60。

宜地 2 井岩家河组硅质岩的 Al/（Al+Fe+Mn）值在 0.30～0.68，平均值为 0.55，与

生物成因硅质岩的值较接近。Adachi 等（1986）和 Boström（1983）根据对热液成因与非热液成因的硅质岩统计研究，分别拟定了判别硅质岩成因的 Al-Fe-Mn 三角判别图解和 Fe/Ti-Al/（Al+Fe+Mn）判别图解（图 3-14，图 3-15）。在 Al-Fe-Mn 三角判别图上，宜地 2 井岩家河组硅质岩样品除 3 个样品落在非热液成因和热液成因之间外，其余 17 个样品均集中落在非热液成因硅质岩区域内。在 Fe/Ti-Al/（Al+Fe+Mn）图解上，硅质岩样品则基本落在生物成因硅质岩的一端。

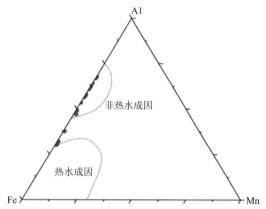

图 3-14　宜地 2 井岩家河组硅质岩样品的 Al-Fe-Mn 三角判别图解

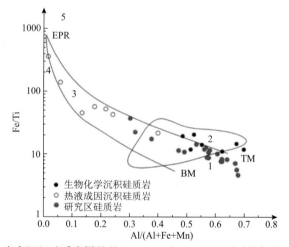

图 3-15　宜地 2 井岩家河组硅质岩样品的 Fe/Ti-Al/（Al+Fe+Mn）判别图解（王东安，1981）

1. 生物成因硅质岩；2. 远洋黏土；3. 深海热液沉积物；4.5. 热液黏土；TM. 陆源物质端元沉积物；BM. 生物物质端元沉积物；EPR. 东太平洋陆隆热液端元沉积物

综上所述，硅质岩主量元素 Al/（Al+Fe+Mn）值与 Al-Fe-Mn 三角判别图解和 Fe/Ti-Al/（Al+Fe+Mn）判别图解的分析结果一致表明，宜地 2 井岩家河组硅质岩以生物成因为主。

（二）稀土元素判别

硅质岩中的稀土元素化学性质较为稳定，受后期成岩作用的影响较弱，因此其地球化学特征一般记录了地质历史时期重要的地质信息，尤其是对于处在特殊时期或关键性层位中的硅质岩而言，其成因特征往往能够对盆地构造活动及古环境的恢复具有重要的启示意义。

稀土元素中的 Eu 异常也常被用来指示海底热液活动。世界主要热液活动场所的热水沉积物稀土研究显示，根据 Frimmel（2009）的研究，若 Eu 表现为正异常，表示与含磷的热液活动有关；若 Eu 表现为负异常，则表示与含铁锰氧化物的热液有关。宜地 2 井岩家河组硅质岩的 $\delta Eu$ 除底部 1 个样品和中部 2 个样品较高（分别为 1.35、1.43 和 1.99）外，其余样品均小于 1.10，$\delta Eu$ 为 1.00～1.19，没有明显的 Eu 异常，表明硅质岩与热液活动总体上没有明显的关系。

已有的研究认为，大陆边缘硅质岩的 $La_N/Yb_N$ 平均值为 1.1～1.4，洋脊附近的 $La_N/Yb_N$ 平均值为 0.3，深海平原硅质岩则为两者之间（杨水源 等，2008）。宜地 2 井岩家河组硅质岩的 $La_N/Yb_N$ 值为 1.01～1.81，平均值为 1.46（图 3-16），表现为明显远离洋脊的大陆边缘硅质岩特征。

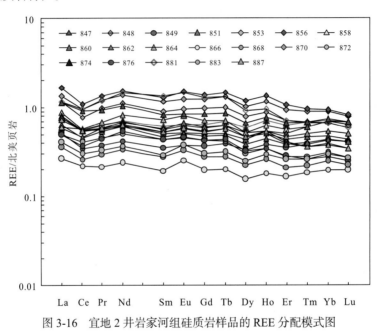

图 3-16　宜地 2 井岩家河组硅质岩样品的 REE 分配模式图

## 二、湘西地区留茶坡组—水井沱组硅质岩

为了更好地与宜昌地区进行比较，本次研究同时考察了中扬子地区的湖南桃源叶溪堉剖面、桃源理公港剖面和张家界田坪剖面，分析了留茶坡组和水井沱组硅质岩的主量元素和稀土元素，对硅质岩成因进行了初步探讨。

桃源理公港剖面震旦系留茶坡组的岩性自下而上依次为黑色中层状硅质岩与碳质页岩互层、黑色中层状硅质岩、黑色中薄层硅质岩、黑色薄层碳质硅质岩、灰色中薄层状硅质岩；寒武系水井沱组底部为黑色薄层碳质硅质岩，向上转变为黑色碳质页岩。张家界田坪剖面震旦系留茶坡组的岩性自下而上依次为灰色中层状白云质硅质岩夹碳质页岩、黑色薄层状硅质岩、灰白色硅质岩，顶部为一层黑色厚层状硅质岩；寒武系水井沱组底部为黑色薄层含碳质硅质岩，向上转变为黑色碳质页岩。

本次研究共采集硅质岩样品 24 件，其中桃源叶溪塆剖面 6 件、桃源理公港剖面 12 件、张家界田坪 6 件。样品尽量采取新鲜的硅质岩，去除了方解石脉和石英脉，粉碎至 200 目送往实验室。样品的主量元素及稀土元素的分析测试均在国土资源部中南矿产资源监督检测中心完成。主量元素（氧化物）含量分析采用玻璃熔片法在 X 射线荧光光谱仪（AXIOS）上测定，分析精度优于 6%。稀土元素由电感耦合等离子体质谱仪（ICP-MS-X Series II）测定，分析精度优于 5%。

本次研究结果显示，桃源叶溪塆、桃源理公港和张家界田坪留茶坡组—水井沱组硅质岩的 Al/（Al+Fe+Mn）值为 0.03～0.85，表明硅质岩既有热液成因，也有生物成因。进一步分析发现，界线以下的留茶坡组硅质岩 Al/（Al+Fe+Mn）值明显表现为低值，而在留茶坡组顶部及上覆水井沱组的硅质岩则为极高值，如叶溪塆剖面 6 个样品，采自留茶坡组顶部和水井沱组底部，Al/（Al+Fe+Mn）值为 0.69～0.85，平均值高达 0.77；桃源理公港剖面留茶坡组中下部 9 个样品的 Al/（Al+Fe+Mn）值为 0.03～0.19，平均值为 0.11，但留茶坡组顶部和水井沱组底部 3 个样品 Al/（Al+Fe+Mn）值分别为 0.49、0.29 和 0.46；张家界田坪剖面留茶坡组中部 2 个样品的 Al/（Al+Fe+Mn）值为 0.12、0.18，但留茶坡组顶部和水井沱组底部 3 个样品 Al/（Al+Fe+Mn）值分别为 0.58、0.20、0.36 和 0.70。上述结果明显指示了该地区晚震旦世硅质岩以热液成因为主，而震旦纪末期及寒武纪早期则以纯生物成因为主。

Al-Fe-Mn 三角判别图解（图 3-17）也能够很好地证明上述结论。从三角图上可看出，留茶坡组的样品基本落入热液成因硅质岩区，水井沱组除个别样品以外，基本位于非热液成因区上方靠近 Al 端元一侧，远离热液成因硅质岩区。

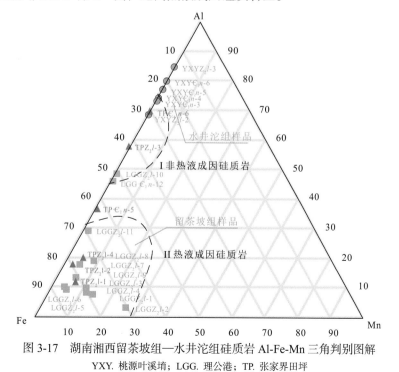

图 3-17　湖南湘西留茶坡组—水井沱组硅质岩 Al-Fe-Mn 三角判别图解

YXY. 桃源叶溪塆；LGG. 理公港；TP. 张家界田坪

　　稀土元素也可以反映这两种硅质岩在成因上的区别。稀土元素中的 Eu 异常被用来指示海底热液活动（Guo et al., 2007；Douville et al., 1999；Owen et al., 1999；Murray et al., 1991）。根据 Frimmel（2009）的研究，若 Eu 表现为正异常，表示与含磷的热液活动有关；若 Eu 表现为负异常，则表示与含铁锰氧化物的热液有关。从本次研究剖面硅质岩的稀土元素配分曲线上可以发现（图 3-18），震旦系留茶坡组中上部及以下样品几乎都表现了明显的 Eu 正异常，并且配分曲线形态均以重稀土相对富集的左倾斜为主，体现了火山-热液来源沉积物的典型特征。反之，留茶坡组顶部及寒武系水井沱组的样品，特别是叶溪埫的所有样品则 Eu 正异常不明显，且配分曲线转变为平坦模式。稀土元素的上述特征指示了该地区晚震旦世硅质岩以热液成因为主，到震旦纪末期及寒武纪早期则转换为纯生物成因。

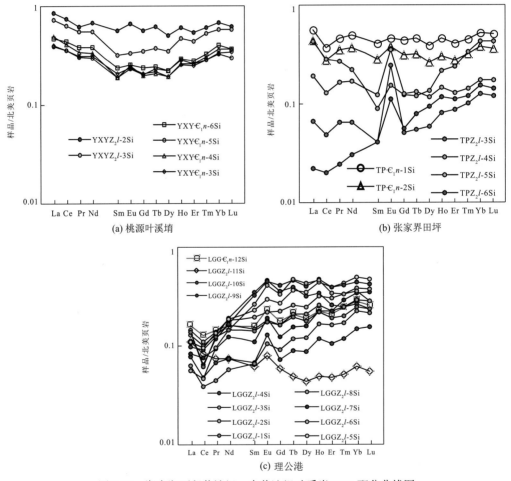

(a) 桃源叶溪埫

(b) 张家界田坪

(c) 理公港

图 3-18　湖南湘西留茶坡组—水井沱组硅质岩 REE 配分曲线图

　　宜昌地区宜地 2 井硅质岩的主量元素 Al/（Al+Fe+Mn）值、Al-Fe-Mn 三角判别图解和 Fe/Ti-Al/（Al+Fe+Mn）判别图解，以及稀土元素配分模式、$La_N/Yb_N$ 和 Eu 异常的分析结果一致表明，宜地 2 井岩家河组硅质岩以生物成因为主，与热液活动没有明显的联系。然而通过湖南桃源叶溪堉、桃源理公港、张家界田坪的对比研究发现，晚震旦世留茶坡组的硅质岩普遍具有热液成因特征，到震旦纪末期及寒武纪早期则转换为纯生物成因。

由此可推断，宜昌地区岩家河组下段（硅质岩段）应该与湘西地区寒武系水井沱组底部地层相对应，前者灯影组白马沱段则与后者留茶坡组硅质岩段相对应。在震旦纪晚期，中扬子地台广泛地发育富硅热液喷流系统，这种深部富硅热液流体是沿着台盆转换带处（如湘西地区）断裂上涌，以烟囱或热泉的形式在台缘海底发生卸载，形成"喷流岩"。富含硅质磷质的热液活动为晚震旦世末期和早寒武世海洋生物的繁盛提供了大量的磷等无机营养盐，为海洋古生产力的提高提供了物质基础，这对中扬子地区寒武系水井沱组（牛蹄塘组）富有机质页岩的形成具有重要的意义。

# 第四章 页岩储层特征及其发育控制因素

受多期沉积-构造运动和高热演化背景下各种地质因素的影响，宜昌地区寒武系页岩在空间上表现出较强的非均质特性，与涪陵焦石坝龙马溪组页岩存在显著差异。与常规油气储层不同，页岩既是生气层，也是储集层，这种自生自储的成藏特征也决定了页岩储层的特殊性。因此，通过查明页岩矿物组成、物性特征、储集空间类型及其发育主控因素，正确评价页岩作为储集层的各项地质特征，对后期的页岩气勘探开发具有重要意义。

## 第一节 水井沱组页岩类型

## 一、页岩矿物组成

页岩的矿物组成是储层研究的基础，其非均质特性对裂缝发育、气体的吸附能力及工程施工均具有重要的影响。由于露头剖面泥页岩样品多遭受过风化，本次研究主要利用宜地2井、宜页1井、宜10井和ZK03、ZK05钻孔的岩心实测和测井资料（图4-1），对宜昌地区寒武系页岩的矿物组成特征进行分析。

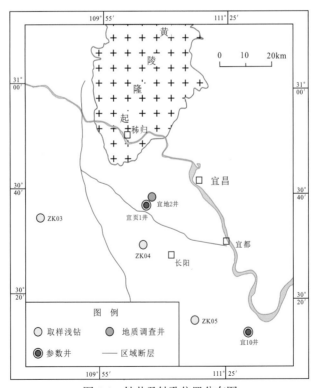

图 4-1 钻井及钻孔位置分布图

宜昌地区寒武系水井沱组岩心 X 衍射实验结果显示，页岩主要由石英、长石、方解石、白云石、黏土和黄铁矿等矿物组成，显示出高碳酸盐矿物特征，其中黏土矿物主要包括伊蒙混层、伊利石、绿泥石。据宜地 2 井水井沱组 1 627m～1 728 m 段 74 块 X 衍射实验数据，自下而上石英含量减少，碳酸盐矿物含量增加，黏土含量先增加再减少；黏土矿物中伊蒙混层相对含量增加、绿泥石相对含量减少、伊利石相对含量先减少再增加（图4-2）。

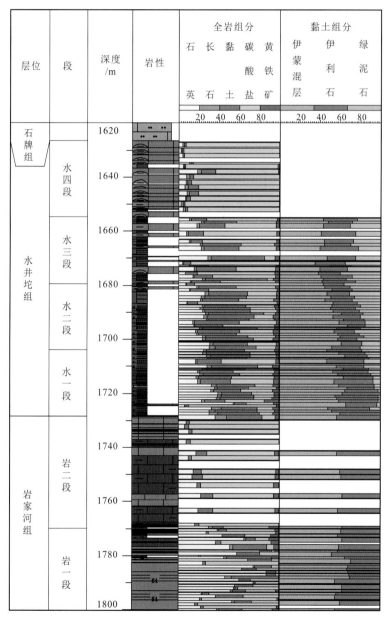

图 4-2　宜地 2 井岩家河组—水井沱组矿物组分综合柱状图

根据岩性及矿物组合特征，水井沱组在二分的基础上可进一步细分为划分出四个岩性小层。

（1）水一段：岩性以黑色碳质页岩为主，夹少量的灰质页岩。在宜地 2 井中分布在 1 704.0 m～1 728.13 m 段，该层 23 个样品的 X 衍射实验显示矿物组分以石英和黏土矿物为主，碳酸盐矿物含量次之，见少量长石（表 4-1，表 4-2）。根据宜页 1 井的特殊测井分析，该层对应 4 和 5 小层，分布在 1 856 m～1 872 m 段，页岩中的泥质与钙质含量均小于 20%，硅质含量大于 60%，FMI 动态图像显示水平纹层发育，见顺层状黄铁矿及散点状黄铁矿（表 4-3，图 4-3）。

**表 4-1　宜地 2 井水井沱组全岩 X 衍射组分统计表**

| 井号 | 岩性小层 | 样品个数 | X 衍射全岩分析结果/% | | | | |
|---|---|---|---|---|---|---|---|
| | | | 石英 | 长石 | 碳酸盐 | 黄铁矿 | 黏土 |
| 宜地2井 | 水四段 | 13 | 2.0～18.7 / 6.4 | 0～3.7 / 2.0 | 62.5～95.2 / 86.9 | 0～1.5 / 0.2 | 1.3～13.8 / 4.5 |
| | 水三段 | 16 | 3.9～28.6 / 14.5 | 0～3.7 / 1.9 | 6.4～87.9 / 52.1 | 0～5.8 / 3.3 | 7.0～61.3 / 27.3 |
| | 水二段 | 21 | 8.1～33.2 / 21.4 | 0.7～6.0 / 2.8 | 11.8～84.0 / 35.8 | 0～6.2 / 3.7 | 8.3～54.7 / 37.6 |
| | 水一段 | 23 | 16.5～39.1 / 29.2 | 1.7～11.2 / 4.4 | 13.1～86.9 / 29.6 | 2.0～14.9 / 5.0 | 2.7～46.0 / 32.7 |

注：数据格式为 最小值～最大值 / 平均值

**表 4-2　宜地 2 井水井沱组黏土 X 衍射组分统计表**

| 井号 | 小层 | 样品个数 | 黏土 X 衍射分析结果/% | | | |
|---|---|---|---|---|---|---|
| | | | 黏土总含量 | 伊蒙混层 | 伊利石 | 绿泥石 |
| 鄂宜地2井 | 水四段 | 3 | 9.6～13.8 / 11.2 | 5.7～6.6 / 6.1 | 3.6～5.1 / 4.2 | 0～2.8 / 0.9 |
| | 水三段 | 16 | 7.0～61.3 / 27.3 | 2.5～26.4 / 11.8 | 2.1～14.8 / 7.5 | 2.5～20.8 / 7.9 |
| | 水二段 | 21 | 8.3～54.7 / 37.6 | 3.6～33.3 / 20.6 | 1.7～12.6 / 8.9 | 2.4～11.9 / 8.3 |
| | 水一段 | 23 | 2.7～46.0 / 32.7 | 7.6～25.8 / 19.3 | 3.6～20.1 / 11.8 | 0.4～8.1 / 3.2 |

注：数据格式为 最小值～最大值 / 平均值

**表 4-3　宜页 1 井水井沱组岩性矿物扫描统计表**

| 井号 | 小层 | Litho Scanner 主要矿物组分含量/% | | | | | |
|---|---|---|---|---|---|---|---|
| | | 石英 | 黏土 | 方解石 | 白云石 | 长石 | 黄铁矿 |
| 鄂宜页1井 | 1 | 23.3 | 34.5 | 26.2 | 9.0 | 4.4 | 2.7 |
| | 2 | 30.2 | 30.0 | 22.5 | 11.3 | 2.8 | 3.2 |
| | 3 | 30.6 | 29.8 | 19.5 | 12.0 | 3.6 | 4.5 |
| | 4 | 42.2 | 22.0 | 12.4 | 13.0 | 6.0 | 4.5 |
| | 5 | 31.5 | 27.3 | 18.1 | 10.7 | 7.4 | 4.9 |

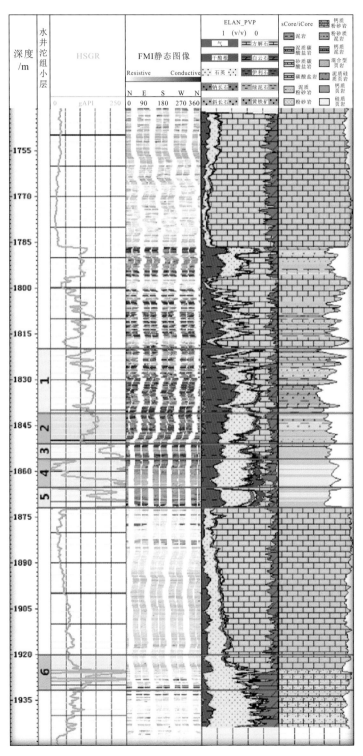

(a) 宜页1井岩性扫描测井成果图

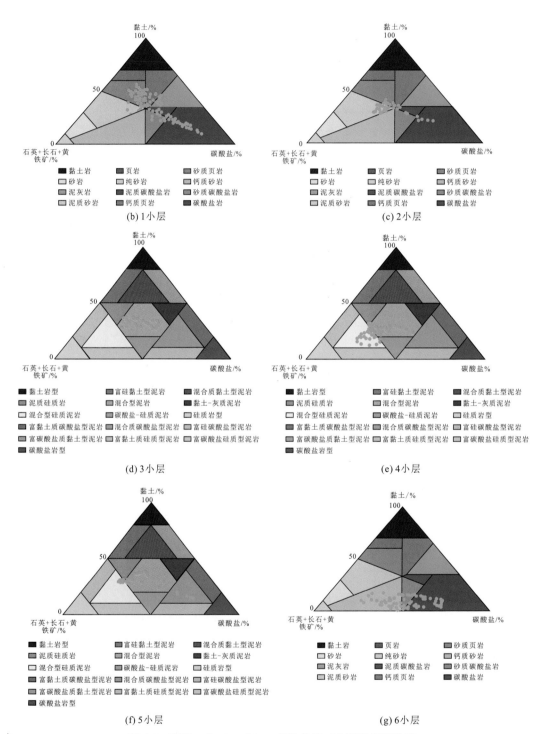

图 4-3　宜页 1 井 sCore/iCore 岩性分类三角图及岩石类型

（2）水二段：岩性为黑色碳质页岩、钙质页岩，整体的钙质含量较水一段略有升高。在宜地 2 井中分布在 1 678.0 m～1 704.0 m 段，该层 21 个样品的 X 衍射实验显示矿物组分以黏土和碳酸盐为主，石英含量次之，黄铁矿和长石含量较水一段也降低（表 4-1，表 4-2）。根据宜页 1 井的特殊测井分析，该层对应 2 小层和 3 小层，分布在 1 841 m～1 856 m 段，泥质、钙质含量较 4、5 小层增加，硅质含量、钙质及泥质含量均为 20%～50%（图 4-3，表 4-3）。

（3）水三段：岩性为深灰色钙质页岩夹泥质灰岩，整体的钙质含量较水一段和水二段明显升高。在宜地 2 井中分布在 1 653.0 m～1 678 m 段，该层 16 个页岩样品的 X 衍射实验显示碳酸盐含量平均达到 52.1%，石英和黏土含量比下伏地层减少（表 4-1，表 4-2）。根据宜页 1 井的特殊测井分析，该层对应 1 号小层，分布在 1 820 m～1 841 m 段，矿物组分以黏土和碳酸盐为主，方解石在碳酸盐中的比重明显增加，石英含量较 2～5 小层明显降低，仅为 23.3%（图 4-3，表 4-3）。

（4）水四段：岩性较为单一，主要为深灰色-灰色泥质灰岩。在宜地 2 井中分布在 1 626.5 m～1 653 m 段，该层 13 个样品的 X 衍射实验显示矿物成分主要为碳酸盐，平均值达到 86.9%，含少量的长英质和黏土（表 4-1，表 4-2）。

宜昌地区寒武系水井沱组矿物组成在纵向上总体表现出与宜地 2 井和宜页 1 井相同的变化趋势，但在平面上受沉积相带的控制表现出一定的差异性，由西向东水井沱组页岩中的碳酸盐矿物含量逐渐增大，而石英和黏土矿物含量逐渐降低。位于宜都背斜地区的 ZK05 钻孔和宜 10 井中的水井沱组都具有高碳酸盐特征，但石英含量较宜页 1 井高，两者的石英矿物含量平均值分别为 31.72% 和 43.73%（图 4-4，表 4-4，表 4-5）。此外，位于宜页 1 井西侧长阳乐园的 ZK03 钻孔中 7 块样品的 X 衍射实验结果显示，碳酸盐矿物含量明显较低，而石英矿物含量占比超过 40%（图 4-4）。

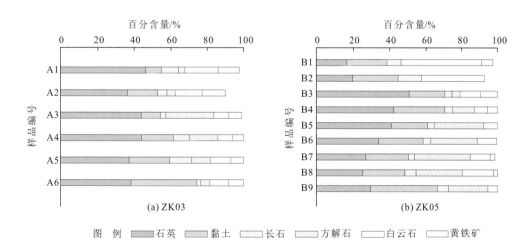

图 4-4 ZK03 和 ZK05 钻孔水井沱组黑色页岩矿物组分

表 4-4 宜 10 井水井沱组全岩 X 衍射组分统计表

| 井号 | 小层 | 样品个数 | X 衍射全岩分析结果/% | | | | |
|---|---|---|---|---|---|---|---|
| | | | 石英 | 长石 | 碳酸盐 | 黄铁矿 | 黏土 |
| 宜10井 | 水四段 | 7 | $\dfrac{9.8\sim40.4}{17.6}$ | $\dfrac{5.0\sim15.1}{7.8}$ | $\dfrac{31.8\sim82.1}{70.7}$ | 0 | $\dfrac{1.9\sim12.8}{3.9}$ |
| | 水三段 | 1 | 50.9 | 13.0 | 13.5 | 0 | 22.6 |
| | 水二段 | 3 | $\dfrac{34.9\sim45.6}{41.6}$ | $\dfrac{8.3\sim14.2}{10.3}$ | $\dfrac{28.3\sim39.7}{33.3}$ | $\dfrac{0\sim1.9}{1.0}$ | $\dfrac{12.0\sim15.1}{13.8}$ |
| | 水一段 | 5 | $\dfrac{31.2\sim49.2}{39.3}$ | $\dfrac{4.8\sim9.5}{7.5}$ | $\dfrac{41.0\sim58.0}{49.34}$ | $\dfrac{0.5\sim1.8}{1.2}$ | $\dfrac{8.0\sim11.5}{9.6}$ |

注：数据格式为 $\dfrac{最小值\sim最大值}{平均值}$

表 4-5 宜 10 井水井沱组黏土 X 衍射组分统计表

| 井号 | 小层 | 样品个数 | 黏土 X 衍射分析结果/% | | | |
|---|---|---|---|---|---|---|
| | | | 黏土总含量 | 伊蒙混层 | 伊利石 | 绿泥石 |
| 宜10井 | 水四段 | 7 | $\dfrac{1.9\sim12.8}{3.9}$ | $\dfrac{0.8\sim4.5}{1.5}$ | $\dfrac{1.0\sim5.6}{1.9}$ | $\dfrac{0.1\sim2.7}{0.5}$ |
| | 水三段 | 1 | 22.6 | 5.4 | 12.4 | 4.7 |
| | 水二段 | 3 | $\dfrac{12.0\sim15.1}{13.8}$ | $\dfrac{3.7\sim4.5}{4.1}$ | $\dfrac{5.5\sim7.7}{6.5}$ | $\dfrac{2.5\sim4.1}{3.2}$ |
| | 水一段 | 5 | $\dfrac{8.0\sim11.5}{9.6}$ | $\dfrac{3.2\sim4.7}{3.8}$ | $\dfrac{3.0\sim6.0}{4.4}$ | $\dfrac{0.8\sim2.1}{1.4}$ |

注：数据格式为 $\dfrac{最小值\sim最大值}{平均值}$

　　总体而言，相比于北美及焦石坝地区五峰组—龙马溪组页岩段矿物组分特征，宜昌地区页岩段长英质矿物（石英+长石）含量较低，黏土矿物含量基本相当，而碳酸盐矿物含量明显较高，显示出高钙质特征（表 4-6）。

表 4-6 宜昌地区寒武系水井沱组与北美、焦石坝页岩储层对比

| 主要评价指标 | 美国商业性开发的页岩气藏 | 焦石坝页岩气勘探示范区 | 宜昌地区水井沱组 |
|---|---|---|---|
| 岩石类型 | 硅质页岩、钙质页岩、碳质页岩和砂质页岩 | 硅质页岩、钙质硅质页岩、黏土质硅质页岩及碳质页岩 | 钙质页岩、碳质页岩和含硅质碳质页岩 |
| 页岩厚度 | 一般大于 30 m | 30～80 m，优质页岩约 40 m | 65～72 m，优质页岩约 35 m |
| 有机碳含量 | 大于 1.0% | 优质段 >2.0%，平均 3.58% | 优质段 >2.0%，平均 3.42% |
| 有机质类型 | I 型—$II_1$ 型为主 | I 型为主 | I 型—$II_1$ 型为主 |
| 成熟度 | 0.9%～4.2%，平均 2.05% | 2.01%～3.06%，平均 2.65% | 2.18%～2.30%，平均 2.26% |
| 脆性矿物含量 | 30%～75%，平均 50% | 石英 18%～70.6%，平均 37.3% | 石英 10.7%～54%，平均 25.1% |
| 黏土矿物含量 | 25%～48%，平均 35% | 16.6%～62.8%，平均 40.9% | 7.0%～54.5%，平均 34.5% |
| 孔隙度 | 2%～12%，平均 5.2% | 1.17%～8.61%，平均 4.87% | 0.5%～9.1%，平均 2.13% |

续表

| 主要评价指标 | 美国商业性开发的页岩气藏 | 焦石坝页岩气勘探示范区 | 宜昌地区水井沱组 |
|---|---|---|---|
| 渗透率 | 0.001～2 mD, 平均 0.049 mD | 多小于 0.3 mD, 平均 0.16 mD | 0.016～0.545 mD, 平均 0.092 mD |
| 含气量 | 1.7～9.91 m³/t | 0.63～9.63 m³/t | 0.16～5.58 m³/t |
| 埋藏深度 | 1 200 m～4 100 m | 2 250 m～3 500 m | 1 700 m～3 500 m |
| 压力系数 | 0.35～1.02 | 平均 1.55 | 平均 1.02 |
| 地温梯度 | — | 2.73℃/100 m | 2.25℃/100 m |

## 二、页岩类型划分

页岩主要是由黏土沉积经压力和温度形成的岩石，但其中混杂有石英、长石的碎屑及其他化学物质，纹层发育。富有机质页岩指有机碳含量、镜质体反射率均在 0.5% 以上的富含有机质泥页岩层系，可夹少量砂岩、碳酸盐岩、硅质岩等其他岩性，富有机质泥页岩累计厚度占层段厚度的比例不小于 60%（徐旭辉 等，2016；邹才能 等，2013）。

针对细粒沉积岩，当前国内外学者对其岩相的划分方法，根据划分依据可分为 3 类：①依据泥页岩宏观结构、构造沉积特征；②依据岩石硅质矿物、碳酸盐质矿物及黏土质矿物含量；③依据岩石中发育的古生物组合。本次研究主要依据矿物组分含量对水井沱组泥页岩岩相类型进行划分。岩矿测试方法能够获得精确的矿物组分含量，且泥页岩类矿物组分构成通常较为均一，因此该类划分方案与常规碎屑岩类以 5% 和 25% 岩石划分方案稍有差异。根据 Litho Scanner 岩性扫描测井提供的元素及矿物含量，利用页岩矿物组分（硅质矿物、黏土矿物、碳酸盐矿物）含量上的差异可将页岩类型划分为硅质类页岩、碳酸质类页岩、泥质类页岩和混合质类页岩四个大类，按组分含量的10%、20%、30%、40%、50%、80% 可将水井沱组四大类页岩进一步细分为 16 种小类页岩（表 4-7）。

表 4-7　页岩类型划分方案（Gamero-Diaz et al.，2013）

| 页岩类型 | | 硅质矿物/% | 钙质矿物/% | 黏土矿物/% |
|---|---|---|---|---|
| 硅质类页岩 | 硅质岩 | >80 | <20 | <20 |
| | 硅质页岩 | 50～80 | 10～40 | 10～40 |
| | 富黏土硅质页岩 | 50～80 | 0～10 | 10～50 |
| | 富钙硅质页岩 | 50～80 | 10～50 | 0～10 |
| 碳酸盐质类页岩 | 灰岩 | <20 | >80 | <20 |
| | 富硅钙质页岩 | 10～50 | 50～80 | 0～10 |
| | 钙质页岩 | 10～40 | 50～80 | 10～40 |
| | 富黏土钙质页岩 | 0～10 | 50～80 | 10～50 |

续表

| 页岩类型 | | 硅质矿物/% | 钙质矿物/% | 黏土矿物/% |
|---|---|---|---|---|
| 泥质类页岩 | 泥岩 | <20 | <20 | >80 |
| | 富硅泥质页岩 | 10~50 | 0~10 | 50~80 |
| | 泥质页岩 | 10~40 | 10~40 | 50~80 |
| | 富钙泥质页岩 | 0~10 | 10~50 | 50~80 |
| 混合质类页岩 | 泥质硅质页岩 | 30~50 | 0~20 | 30~50 |
| | 泥质钙质页岩 | 0~20 | 30~50 | 30~50 |
| | 钙质硅质页岩 | 30~50 | 30~50 | 0~20 |
| | 混合质页岩 | 20~50 | 20~50 | 20~50 |

依据上述划分方案，本节利用宜页 1 井的 Litho Scanner 岩性扫描测井提供的元素及矿物含量数据，对该井水井沱组页岩类型进行划分（图 4-5）。其中，水井沱组页岩钙质含量和硅质含量适中，主要发育混合质页岩，其次为硅质页岩、钙质页岩及少量泥质页岩、泥质硅质页岩，其中硅质页岩为相对最优储层类型。

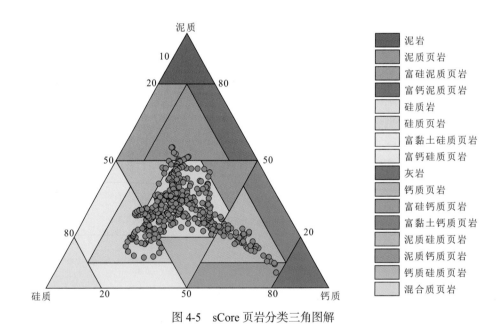

图 4-5  sCore 页岩分类三角图解

### 1. 硅质页岩

硅质页岩主要发育于水井沱组下部 4 小层、5 小层黑色页岩层中（图 4-6），硅质含量为 50%~80%，泥质与钙质含量为 10%~40%。岩心主要为黑色-灰黑色，发育水平层理，细纹层特征，见顺层状、散点状黄铁矿，有机碳含量高，总有机碳含量大于 2%，表明其沉积环境为相对低能、缺氧的还原环境；稳定的水平纹层和微沉积构造指示其安静低能的沉积环境，通常该页岩发育于较深水深水陆棚、半深海中，局部发育微裂缝。

**2. 混合质页岩**

混合质页岩主要发育于水井沱组中部，上部、下部较少发育（图 4-6），其硅质含量、钙质及泥质含量均为 20%～50%，因此显示出混合成因特点。有机碳含量较下部硅质页岩段低，但总有机碳含量均大于 2%，具有相对中等有机质丰度。发育水平纹层，纹层较细特征，见顺层状黄铁矿及高阻亮色结核，见高阻缝发育。稳定的水平纹层和微沉积构造指示其相对安静低能的沉积环境。

**3. 钙质页岩**

钙质页岩主要发育在水井沱组中上部 1 小层、2 小层中（图 4-6），泥质和硅质矿物含量均为 10%～40%，具有混合泥质和硅质成因特征，而钙质含量为 50%～80%，基础类型属于钙质。综合考虑以上矿物组分发育特征，因此将其定名为钙质页岩。该类型钙质含量相对较高，滴酸见弱起泡。

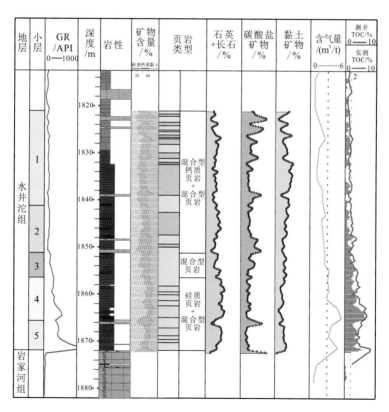

图 4-6　宜页 1 井水井沱组—岩家河组页岩类型发育特征

**4. 泥质页岩**

泥质页岩发育少，少量见于水井沱组上部发育；该类页岩钙质与泥质含量分别为

10%～40%、50%～80%，硅质含量为10%～40%，因此将其定名为泥质页岩。

**5. 泥质硅质页岩**

泥质硅质页岩发育少，零星见于水井沱组上部发育；该类页岩钙质与泥质含量分别为0%～20%、30%～50%，硅质含量为30%～50%。该类型总体属于硅质页岩，而泥质含量较高，钙质含量较低，因此综合定名为泥质硅质页岩。

宜页1井中，水井沱组主要包括5种页岩类型，其中黑色页岩主要发育在下部3～5号小层（图4-6），以硅质页岩夹混合质页岩为主，局部发育薄层钙质页岩，具高硅质含量特征，水平纹层发育，见顺层状黄铁矿及散点状黄铁矿，1865 m处见钙质结核，1865.5 m处厚0.48 m的钙质富集层，对应深度显示为1处钙质尖峰。1～2小层岩性以钙质页岩夹混合质页岩为主，TOC小于2%，水平层理发育，富钙质层中亮色层与暗色层薄互层特征明显。总体上，下部4小层、5小层中硅质页岩最为发育，含气性最好，TOC最高，为最有利目标层。

# 第二节 物性特征

页岩一般由复杂的孔隙组成，具有极大的内表面积，不仅可以吸附大量气体，而且页岩中较大孔隙中含有大量游离态的天然气。因此，孔隙度大小直接控制着游离态天然气的含量。此外，渗透率也是判断页岩气藏是否具有开发经济价值的重要参数，在不发育裂缝的情况下，大多数页岩的渗透能力也非常差，即使是同一页岩的渗透率在不同深度或压力的情况下，渗透率差异也非常明显。

## 一、孔隙度

统计了宜地2井寒武系岩家河组—水井沱组的116个孔隙度数据，结果表明页岩孔隙度主要为0～3%，占样品总数的86%，少数样品孔隙度大于5%，占样品总数的5%（图4-7）。分小层来看，岩一段孔隙度为0.1%～5.3%，平均值为1.4%，74%的样品孔隙度为0～2%；岩二段孔隙度为0.1%～4.5%，平均值为1.7%，56%的样品孔隙度为0～2%，94%的样品孔隙度为0～3%。水一段孔隙度为1.1%～9.1%，平均值为3.2%，87%的样品孔隙度大于2%，65%的样品孔隙度为2%～4%；水二段孔隙度为1.2%～6.0%，平均值为2.3%，48%的样品孔隙度大于2%；水三段孔隙度为0.5%～3.0%，平均值为1.7%，63%的样品孔隙度为0～2%；水四段孔隙度为0.6%～2.0%，平均值为1.3%，92%的样品孔隙度为0～2%。从纵向分布特征来看，水井沱组孔隙度略高于岩家河组，其中水一段孔隙度平均值最大，可达3.2%；水二段的孔隙度次之，平均值为2.3%，向上页岩孔隙度逐渐降低（图4-8）。

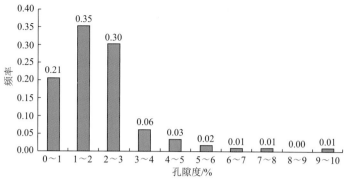

图4-7 宜地2井岩家河组—水井沱组孔隙度分布频率图

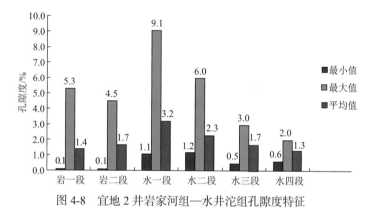

图4-8 宜地2井岩家河组—水井沱组孔隙度特征

此外，宜页1井进行核磁共振测井结果显示，2～5小层的核磁总孔隙度相对较高，但大部分为黏土束缚水，有效孔隙度相对较低，平均值为1.6%～2.9%（表4-8）。核磁测井T2谱图表明，4～5小层的中大孔比例明显多于2～3小层，表明水井沱组底部储层的孔隙发生明显改善（图4-9）。采用苏州纽迈分析仪器股份有限公司生产的NMRC12-010V60核磁共振仪，测得了宜页1井1～5小层中23个页岩样品的T2弛豫时间谱图，通过反演计算的核磁孔隙度在0.96%～3.32%，平均值为2.08%。分析发现，可能由于实验样品数量原因，实验测试结果与测井结果出现一定差异，但是总体吻合度较好，并且受钻样损伤的影响，实验测试结果略高于核磁测井结果。

表4-8 宜页1井水井沱组核磁测井孔隙度特征

| 地层 | 小层 | 深度/m | 厚度/m | 核磁测井有效孔隙度/% | 实验测试核磁孔隙度/% |
|---|---|---|---|---|---|
| 水井沱组 | 1 | 1820.0～1841.0 | 21.0 | （0.6～2.4）/1.6 | （1.48～2.24）/1.87 |
| | 2 | 1841.0～1851.0 | 10.0 | （1.0～2.5）/1.9 | （1.51～2.17）/1.98 |
| | 3 | 1851.0～1856.0 | 5.0 | （1.0～2.7）/2.0 | （1.55～2.29）/2.07 |
| | 4 | 1856.0～1865.4 | 9.4 | （1.8～3.9）/2.9 | （2.37～2.92）/2.58 |
| | 5 | 1865.4～1872.0 | 6.6 | （1.0～3.2）/2.2 | （2.23～3.32）/2.74 |

注：有效孔隙度和核磁孔隙度的数据格式为（最小值～最大值）/平均值

综上分析，宜昌地区水井沱组页岩的孔隙度为1.0%～3.0%，越靠近水井沱组下部孔隙度越大，孔隙中的中大孔比例略有增加。

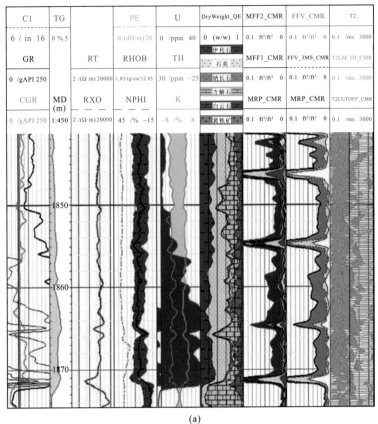

(a)

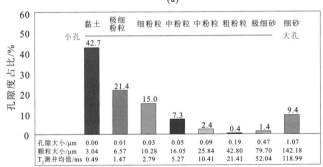

(b) 1846 m～1854 m

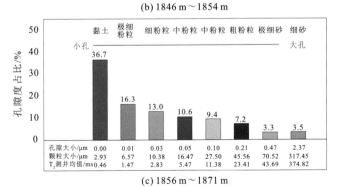

(c) 1856 m～1871 m

图 4-9 宜页 1 井水井沱组核磁测井孔隙度纵向变化

## 二、渗透率

统计宜地 2 井寒武系岩家河组—水井沱组的 89 个渗透率数据，结果显示页岩渗透率主要为 $0.01×10^{-3}$～$0.05×10^{-3}\mu m^2$，占样品总数的 69%，有 19% 的样品渗透率值大于 $0.1×10^{-3}\mu m^2$，总体显示出低渗特征（图 4-10）。

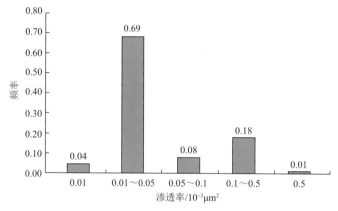

图 4-10 宜地 2 井岩家河组—水井沱组渗透率分布频率图

分小层来看，岩一段渗透率为 $0.009×10^{-3}$～$0.044×10^{-3}\mu m^2$，平均值为 $0.017×10^{-3}\mu m^2$，85% 的样品渗透率在 $0.01×10^{-3}$～$0.05×10^{-3}\mu m^2$；岩二段渗透率为 $0.014×10^{-3}$～$0.171×10^{-3}\mu m^2$，平均值为 $0.035×10^{-3}\mu m^2$，93% 的样品渗透率为 $0.01×10^{-3}$～$0.05×10^{-3}\mu m^2$；水一段渗透率为 $0.024×10^{-3}$～$0.540×10^{-3}\mu m^2$，平均值为 $0.143×10^{-3}\mu m^2$，50% 的样品渗透率大于 $0.10×10^{-3}\mu m^2$；水二段渗透率为 $0.020×10^{-3}$～$0.129×10^{-3}\mu m^2$，平均值为 $0.070×10^{-3}\mu m^2$，50% 的样品渗透率在 $0.1×10^{-3}$～$0.50×10^{-3}\mu m^2$；水三段渗透率为 $0.019×10^{-3}$～$0.459×10^{-3}\mu m^2$，平均值为 $0.132×10^{-3}\mu m^2$，75% 的样品渗透率为 $0.05×10^{-3}$～$0.10×10^{-3}\mu m^2$；水四段渗透率为 $0.016×10^{-3}$～$0.039×10^{-3}\mu m^2$，平均值为 $0.023×10^{-3}\mu m^2$，所有样品渗透率值均为 $0.01×10^{-3}$～$0.05×10^{-3}\mu m^2$。渗透率分布特征在整体上与孔隙度分布特征相似，水井沱组渗透率值略高于岩家河组，且水井沱组下部的渗透率值高于上部（图 4-11）。

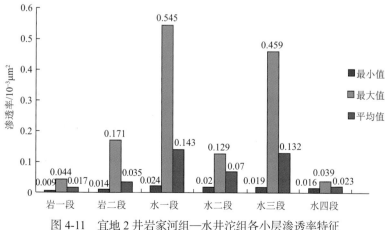

图 4-11 宜地 2 井岩家河组—水井沱组各小层渗透率特征

## 第三节 储集空间类型

根据孔隙大小分类可将页岩的孔隙分为微米级孔隙和纳米级孔隙；按照孔隙的分布发育特点可分为基质孔隙和微裂缝；基质孔隙又根据基质的类型可分为有机质孔隙和无机孔隙。其中有机孔隙属于有机质在后期热演化过程形成的孔隙，无机孔隙主要包括黏土孔隙、黏土矿物晶间孔、粒间溶孔等。

## 一、有机质孔隙

利用 IB-09010CP 型离子截面抛光仪、Helios NanoLab 660 型双束扫描电子显微镜对宜地 2 井水井沱组泥页岩孔隙特征进行观测，结果显示，宜地 2 井有机质孔隙较为发育（图 4-12），孔隙形态多样，主要发育圆形、椭圆形、不规则形状、弯月形等，

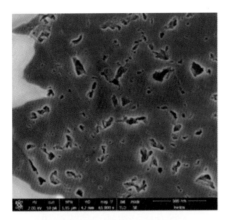
(a) 不规则状、弯月形有机质孔隙

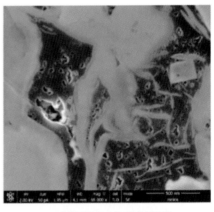
(b) 矿物颗粒间有机质内部孔隙

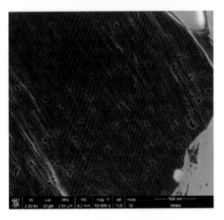
(c) 圆形、椭圆形有机质孔隙

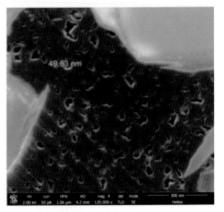
(d) 椭圆形、不规则状有机质孔隙

图 4-12 宜地 2 井水井沱组有机质孔隙

空间上形成管柱状、洞穴状等复杂内部结构，管状孔隙喉道连接纳米级孔隙。有机质孔隙孔径变化范围较大，从纳米级到微米级，且以纳米级孔隙为主，一般镜下多见数十到几十纳米，同时部分有机质与无机矿物颗粒接触边缘可见孔径在数百个纳米的有机质孔。据统计宜地 2 井水井沱组有机质面孔率一般为 5%～20%，平均面孔率为 13%。总体上宜地 2 井水井沱组页岩有机质发育丰富的有机质纳米孔，但有机质孔的发育也存在着非均质性，部分纳米有机质孔发育程度差，甚至在扫描电镜下观测不到有机质孔。

## 二、无机孔隙

扫描电镜观察发现，宜地 2 井和 ZK05 钻孔中水井沱组泥页岩发育一定量的无机孔隙，主要包括粒间溶孔、黏土矿物晶间孔和微裂隙三种类型。其中，粒间溶孔主要为不稳定的矿物（如长石、碳酸盐矿物等）的溶蚀而形成，孔径多在数十纳米至数微米，并以纳米级孔隙为主。黏土矿物间发育一定数量的晶间孔隙，孔径较小，多为纳米级。泥页岩中也见开放型微裂隙，这些孔隙一般与微沉积构造纹理伴生，同时也可见黏土矿物层间发育的收缩缝（图 4-13，图 4-14）。

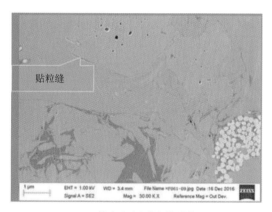

(a) 粒内孔隙和粒间微裂缝

(b) 粒内溶孔和晶间孔

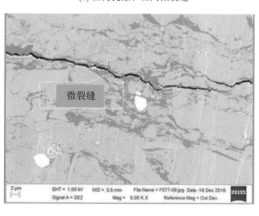

(c) 层内微裂缝

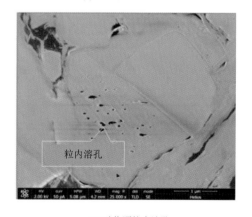

(d) 矿物颗粒内溶孔

图 4-13 宜地 2 井水井沱组无机孔隙类型

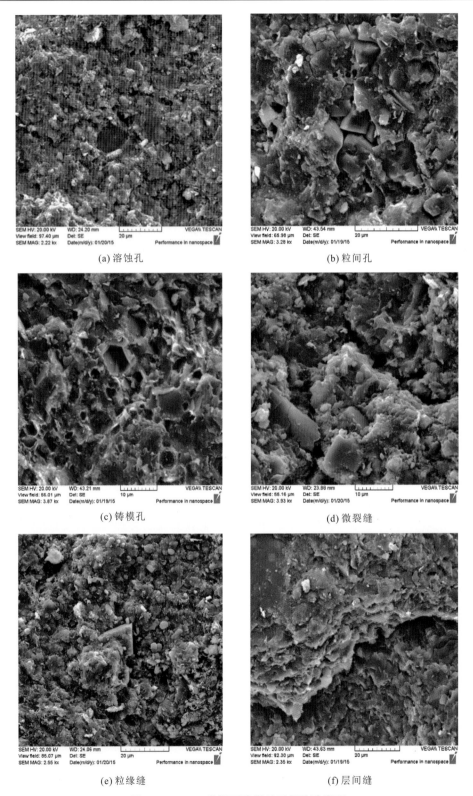

(a) 溶蚀孔　　　　　　　　　　　　　(b) 粒间孔

(c) 铸模孔　　　　　　　　　　　　　(d) 微裂缝

(e) 粒缘缝　　　　　　　　　　　　　(f) 层间缝

图 4-14　ZK05 井泥页岩样品无机孔隙类型

## 三、裂缝

根据岩心观察和氩离子抛光扫描电镜观察结果，宜地 2 井岩心中可见微观裂缝和宏观裂缝两种类型，微观裂缝在宏观岩心上肉眼无法识别，宏观裂缝则主要指缝宽达到毫米级别的构造裂缝，这里主要介绍宏观裂缝。

根据岩心观察结果显示，宜地 2 井水井沱组下段的黑色页岩中裂缝总体不发育，上段碳酸盐矿物含量较高的地层中构造裂缝较发育（图 4-15）。构造裂缝主要为高角度裂缝，少量为垂直缝和水平缝，多为方解石半充填-全充填，少数未充填（图 4-16）。

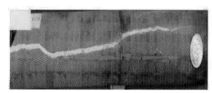

(a) 1660.76 m~1662.21 m垂直缝，方解石全充填　　(b) 1699.68 m~1701.34 m高角度裂缝，全充填

(c) 1724.2 m~1724.5 m高角度直劈缝，方解石全充填

图 4-15　宜地 2 井水井沱组岩心裂缝照片

为详细研究水井沱组中裂缝的纵向分布特征，对宜页 1 井进行了地层微电阻率扫描成像测井（FMI），测量井段所见到的裂缝类型包括高导缝、高阻缝及微断层。其中，高导缝属于以构造作用为主形成的天然裂缝，在 FMI 动态图像上往往表现为褐黑色正弦曲线，该类裂缝也具备一定的渗透性，属于有效缝[图 4-17（a）]；高阻缝属于以构造作用为主形成的天然裂缝，但裂缝间隙被高阻矿物全部充填，也可能为闭合缝，裂缝有效性差，图像特征表现为亮黄色-白色的正弦曲线色晕[图 4-17（b）]；FMI 显示断面上下盘明显位移特征，呈现正断层特征[图 4-17（c）]。

统计结果表明，天然裂缝主要分布于岩家河组灰岩地层、水井沱组页岩地层及灰岩地层中，共拾取高阻缝 428 条，高导缝 2 条及微断层 10 条。其中，水井沱组发育高阻缝 312 条，高导缝 2 条，微断层 10 条；岩家河组发育高阻缝 116 条（图 4-18）。高阻缝走向为南东东—北西西向，倾向为南南西向，倾角为 53°~89°，主要分布于岩家河组灰岩地层及水井沱组页岩及灰岩地层中；高导缝走向为北北西—南南东向、北西西—南东东向，倾向为南西西向、南南西向，倾角为 79°、81°，主要分布于水井沱组灰岩地层中；微断层走向为南东东—北西西向，倾向为北北东向，倾角为 35°~72°。本井上段高阻缝、高导缝及微断层的走向与其西南面的天阳坪断裂走向相近，推测可能一定程度上受其控制。

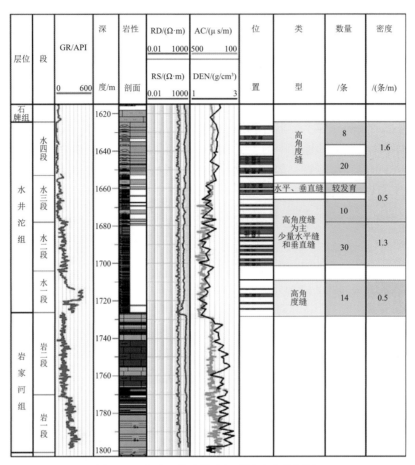

图 4-16 宜地 2 井水井沱组裂缝发育特征图

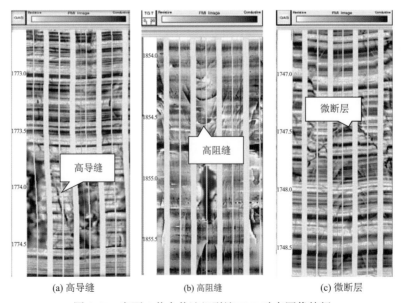

(a) 高导缝 　　(b) 高阻缝 　　(c) 微断层

图 4-17 宜页 1 井水井沱组裂缝 FMI 动态图像特征

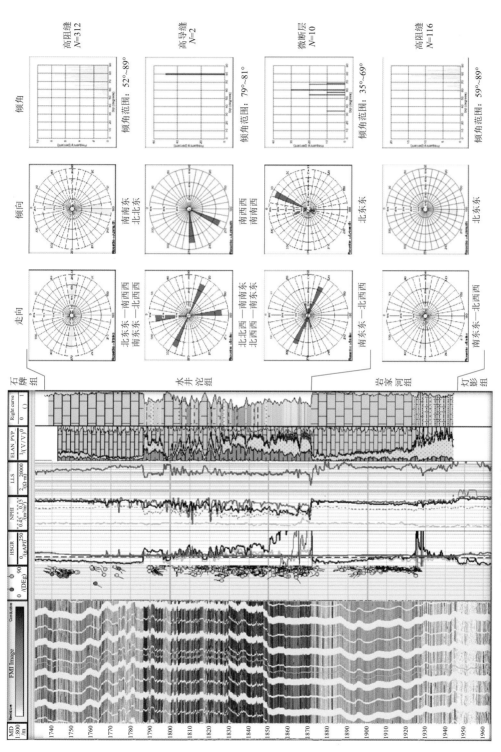

图 4-18 宜页1井岩家河组—水井沱组裂缝分布及产状特征

# 第四节　孔隙结构特征

为详细刻画宜昌地区寒武系水井沱组孔隙结构特征，主要采用氮气吸附法、高压压汞法、聚焦离子束扫描电镜（FIB-SEM）和统计学分析，对页岩孔隙结构进行测量和对比。

## 一、高压压汞法测定

页岩中除微孔、中孔外，还有大孔。吸附测试孔径适用于测试微孔与中孔，而靠液氮吸附测试的大孔可信度降低，因而采用压汞实验测试页岩中的大孔分布，即直径大于50 nm 孔隙的分布。

宜地 2 井水一段两块样品中，深度 1 728.00 m 样品大孔不发育，孔径主要为 4～10 nm；深度 1 711.41 m 的样品，50～100 nm 的孔径占总孔径的 7.4%，100～250 nm 的孔径占总孔径的 11.4%，大于 250 nm 的孔径占总孔径的 22.3%，大于 50 nm 的孔径占总孔径的43.8%（图 4-19）。

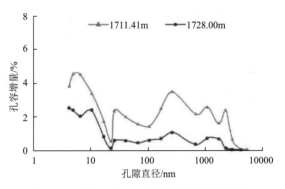

图 4-19　宜地 2 井水一段岩心页岩大孔分布

## 二、氮气吸附-脱附试验测定

对宜地 2 井两个样品进行了氮气吸附法试验，样品深度分别是 1 711.41 m 和 1 728.00 m，位于水井沱组水一段中部和底部，TOC 分别为 0.99% 和 5.66%，孔隙度为 5.5% 和 1.6%。据两块样品的氮气吸附法试验测量结果，宜地 2 井水一段中部和底部页岩的中孔分布存在 4 个峰值：0.55 nm 孔径处是一个峰值，峰值孔隙体积为 0.000 48 cm³/g；1.18 nm 孔径为一个峰值，峰值孔径体积为 0.000 24～0.000 69 cm³/g；13.7 nm 孔径为一个峰值，孔隙体积为 0.000 42～0.000 58 cm³/g；247 nm 孔径为一个峰值，孔隙体积为 0.000 29～0.000 4 cm³/g。峰值最大的为 1.18 nm 孔径，其次为 13.7 nm 孔径处的峰值，247 nm 孔径处的峰值最小。累积页岩孔体积为 0.01～0.015 cm³/g。氮气吸附法测累加孔隙体积中小于 1.18 nm 孔径时，页岩孔隙快速增加；大于 1.18 nm 孔径时孔隙增长速率变缓，但其对页岩总的孔隙体积贡献比小于 1.18 nm 的孔径大（图 4-20）。

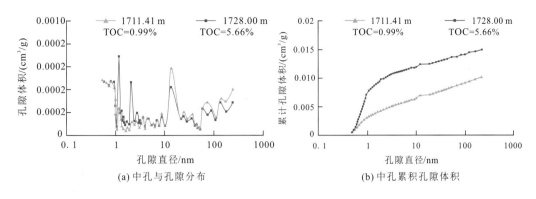

图 4-20　宜地 2 井水一段岩心页岩中孔分布特征

从宜昌 ZK03 钻孔和 ZK05 钻孔水井沱组泥页岩样品的低温液氮比表面的吸附和脱附曲线可知（图 4-21），所有样品均发生了明显的脱附迟滞现象，形成了未能完全闭合的环形空间，且在脱附曲线分支上具有明显的下降拐点，这表明泥页岩样品的孔隙空间有多种孔隙组成的复杂系统。根据国际纯粹与应用化学联合会（International Union of Pure and Applied Chemistry，IUPAC）1985 年的分类标准都是属于 H3 型迟滞环，其特点是在相对压力较小时，吸附速率呈缓慢上升趋势；当相对压力达到一定值时（$P/P_0$ 多在 0.6 之后），吸附速率明显加快；当相对压力（$P/P_0$）为 0.9～1.0 时，吸附速率急剧增大，吸附量呈现无法饱和的状态。随着相对压力的降低，脱附速率又逐步从 1.0 开始降低，$P/P_0$ 在 0.9～1.0 内脱附速率较大；$P/P_0$ 为 0.5～0.9，脱附速率明显降低，发生较强的滞后效应；$P/P_0$ 为 0.4～0.5，脱附速率又快速增加；$P/P_0$ 在 0.4 之后，脱附速率明显降低。脱附曲线与吸附曲线虽然接近，但始终无法闭合，仅在少量样品中出现闭合较好现象。

由吸附-脱附曲线的特征来看，所有样品的吸附曲线在下、脱附曲线在上，说明退氮速度比进氮速度慢，反映随着压力的升高，泥页岩样品中并没有产生新的裂隙和孔隙使退氮速度加快，仍保留原来的孔隙系统。在吸附时，吸附曲线的前半段上升比较平稳并且呈向上微凸起的形状，表明该时期为由单分子层逐渐向多分子层吸附过渡的阶段；而在后半段，特别是相对压力接近 1 时，曲线上升速度加快，表明在泥页岩中较大孔径的孔隙里发生了毛细凝聚现象，从而造成了气体吸附量的快速增大（图 4-21）。

进一步分析发现，宜昌地区水井沱组样品的液氮吸附-脱附曲线在 $P/P_0$=0.5 附近发生"强制闭合"现象，位于长阳乐园 ZK03 钻孔中泥岩样品的脱附曲线在压力拐点之前，液氮的退出量较多，位于宜都地区 ZK05 钻孔中水井沱组泥岩样品的"迟滞环"明显较大，且在强制闭合拐点附近的液氮脱附量明显增加，而脱附曲线在压力拐点之前的液氮退出量明显较少。这说明该地区的水井沱组泥岩样品的中开放孔隙系统中的最小孔径值基本一致，并且 ZK03 钻孔中水井沱组泥岩开放孔隙系统中孔径较大的孔隙与外界的连通性质较好（图 4-21）。

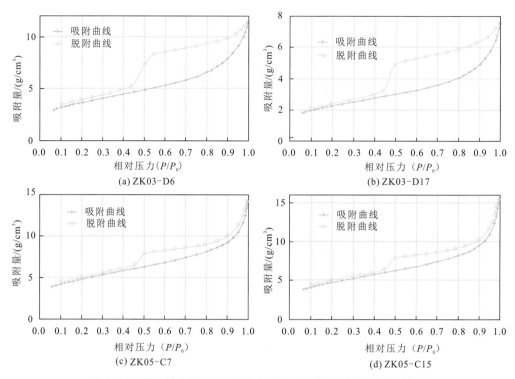

图 4-21　ZK03 钻孔和 ZK05 钻孔水井沱组黑色泥岩液氮比表面曲线

## 三、压汞-氮气吸附联合测定

压汞法主要适用于大孔隙的结构分析，而气体吸附法对于大孔隙无法测定，但却是分析微小的纳米级的孔隙结构的最好方法。因此可以结合压汞法和氮气吸附法对孔隙结构进行联合测定，将两种方法测定的不同孔径分布范围内的孔径分布结果进行归一化处理和计算，通过物理量的变换和衔接，才能得到完整的页岩孔径分布曲线。

根据氮气吸附、压汞测试这两种测试方法，将两种方法测定的不同孔径分布范围内的孔径分布结果进行归一化处理和计算，通过物理量的变换和衔接，可得到宜地 2 井水井沱组水一段完整的页岩孔径分布曲线（图 4-22）。

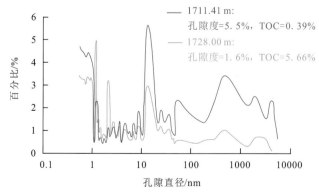

图 4-22　宜地 2 井水一段岩心页岩孔径分布图

　　结果显示，宜地 2 井水井沱组水一段的页岩主要发育微孔和中孔，发育少量的大孔，小于 2 nm 的孔隙占 40%～70%，2～50 nm 孔径的孔隙占 25%～40%。从孔径分布曲线来看，主要存在 4 个峰：第一个峰位于小于 1 nm 的孔径处，第二个峰位于 1.18 nm 孔径处，第三个峰位于 13.7 nm 孔径处，该峰是整个页岩样品中的最高峰，第四个峰位于 500 nm 孔径附近（图 4-23）。

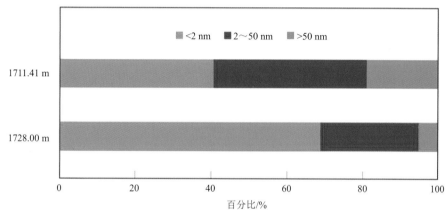

图 4-23　宜地 2 井水一段页岩孔径统计直方图

## 四、聚焦离子束扫描电镜统计

　　首先，借助 IB-09010CP 型离子截面抛光仪，用氩离子束轰击页岩样品表面，得到一个非常平整的表面。其次，把氩离子抛光好的样品用导电胶固定在样品台上，喷金处理。最后，进行扫描电镜（Helios NanoLab 660 型聚焦离子束扫描电子显微镜）观察、拍照，将获取的图像导入 Image-Pro Plus 进行定量处理及孔隙定量数据提取，通过统计学综合分析页岩孔径分布特征。结果表明：①扫描电镜下可观测到的有机质孔径为 3～350 nm，孔径峰值集中在 10～20 nm，以介孔为主，大于 100 nm 的有机质孔较少；②有机质面孔率为 6%～20%，平均为 13.07%；③虽然两个样品的孔隙度和 TOC 差异较大，但有机质孔隙的孔径大小峰值保持一致，表明下寒武统水井沱组页岩有机质孔径的大小相差不大；④与焦石坝五峰组有机质孔隙对比，有机质孔径分布范围、有机质孔径峰值差异不大，但有机质面孔率差异较大，有机质面孔率仅为焦石坝地区五峰组—龙马溪组有机质孔隙面孔率的 1/3 左右。

　　综合以上几种方法对宜地 2 井水井沱组页岩孔隙结构特征的研究可知（图 4-24）：页岩孔隙孔径分布范围广，小至小于 1 nm，大至数微米，主要存在 3 个峰值：1 nm、13.7 nm、500 nm 附近，其中 13.7 nm 处是整个页岩样品中的最高峰；而聚焦离子束扫描电镜+统计学分析表明有机质孔孔径为 4～350 nm，10～20 nm 存在峰值。

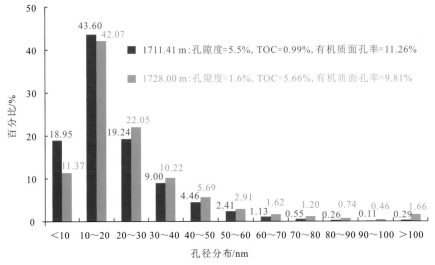

图 4-24　宜地 2 井水一段页岩有机质孔孔径分布

# 第五节　储层发育控制因素

## 一、沉积环境

不同的富有机质泥页岩类型形成于不同的沉积环境，古水深、沉积类型、古气候等直接影响其发育特征，而沉积环境是影响研究区富有机质泥页岩发育的主控因素。富有机质泥页岩在横向、纵向上明显受沉积相带变迁的控制，即在不同的沉积相带中富有机质泥页岩的发育不同。

在早寒武世时期宜昌区块处于台地边缘向陆棚转换的相带，页岩厚度为 50~100 m。据宜地 2 井钻探情况，水井沱组地层厚度 101.8 m，岩性为暗色泥质条带灰岩、灰质灰岩、灰质页岩、碳质页岩，其中页岩厚度为 66.05 m，占地层厚度 64.88%。水一段、水二段位于深水陆棚相带，是页岩发育的主要层段，测试数据显示水一段、水二段 TOC 平均值分别为 3.42% 和 1.46%，孔隙度平均值分别达到 3.2% 和 2.3%，整体页岩品质较好；水三段和水四段分别位于浅水陆棚和台前斜坡带，页岩品质较差。以上情况表明宜昌地区下寒武统沉积相带对页岩储层发育的控制作用明显，深水沉积环境对有机质的保存和富集更为有利。此外，沉积环境控制的黑色泥页岩的厚度是页岩气产生和富集的基础，加之页岩气是短距离运移，在较厚的页岩层中更易富集成藏。

此外，将 ZK03 和 ZK05 两钻孔进行了对比，长阳乐园 ZK03 钻孔中以 1 块/2 m 的采样密度对 199.45 m~263.45 m 进行了系统采样，共计 30 块，残余总有机碳含量（TOC）分布在 2.32%~16.1%，主要集中于 2.91%~8.29%，平均值为 5.32%；页岩以石英矿物为主，基本都在 37% 以上，黏土矿物含量为 8.4%~35.8%，长石矿物含量为 2.1%~12.1%，方解石含量为 3.4%~25.7%，白云石矿物含量为 7.9%~18.2%，黄铁矿含量为 6.3%~12.8%。宜都聂河 ZK05 钻孔中以平均 1 块/3m 的采样密度对 221.0 m~341.2 m 进行了系统采样,共计40块,残余总有机碳含量(TOC)分布在0.99%～15.6%,主要集中于1.89%～4.68%,平均值为3.29%;页岩石英矿物含量相对较低,16.7%～50.6%,黏土矿物含量为19.9%～37.2%,长石矿物含量为3.4%～12.8%,方解石含量为0～27.5%,白云石矿物含量为5.6%～44.7%,黄铁矿含量为0～10.9%(表4-9)。

表 4-9　ZK03 钻孔和 ZK05 钻孔有机碳及矿物组分统计

| 井名 | 有机碳含量/% | 矿物组分/% | | |
|---|---|---|---|---|
| | | 石英 | 黏土 | 碳酸盐 |
| ZK03 | (2.32～16.1)/5.32 | (36.4～46.4)/41.2 | (8.4～35.8)/18.4 | (15.1～34.7)/22.2 |
| ZK05 | (0.99～15.6)/3.29 | (16.7～50.6)/31.7 | (19.9～37.2)/24.8 | (15.4～44.7)/32.1 |

注:数据格式为(最小值～最大值)/平均值

分析认为,处于相对浅水区域的 ZK05 钻孔中的碳酸盐矿物含量较 ZK03 钻孔明显较高,而黏土矿物含量较低;并且 ZK05 钻孔较 ZK03 钻孔的有机碳含量明显偏低。

## 二、有机质

研究表明宜昌地区下寒武统岩家河组—水井沱组有机质类型以 I—II$_1$ 型为主,少量 II$_2$ 型,具有发育大量有机质孔隙的潜力。对宜地 2 井水井沱组的 4 块样品进行沥青反射率测定,换算的 $R_o$ 分布在 2.18%～2.29%,平均为 2.25%;岩家河组 4 块样品的 $R_o$ 分布在 2.23%～2.3%,平均为 2.29%,都处于有机孔隙生成的最佳阶段。通过氩离子抛光结合扫描电镜观察结果证实宜地 2 井水井沱组页岩储层段发育大量的有机质孔隙。对宜地 2 井岩家河组—水井沱组 TOC 与孔隙度之间相互拟合关系发现,岩家河组—水井沱组页岩储层 TOC 与孔隙度之间相关性不明显,但总体上随着 TOC 的增加孔隙度有略微增大的趋势(图 4-25),同时孔隙度大于 2% 的样品 TOC 大多数大于 1%。以上表明,宜地 2 井下寒武统岩家河组—水井沱组有机质丰度较高的层段(水一段、水二段),发育的有机质内微孔较多,增加了储层的储集空间,提高了孔隙度。

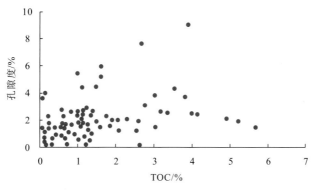

图 4-25　宜地 2 井岩家河组—水井沱组页岩 TOC 与孔隙度关系图

# 三、黏土矿物含量

页岩中的黏土矿物与石英和方解石相比，具有较多的微孔隙和较大的比表面积。特别是伊利石、伊蒙混层等，其晶形大多呈片状、层状、纤维状，晶粒间发育大量的纳米级无机晶间孔。根据对宜地 2 井下寒武统岩家河组—水井沱组页岩黏土矿物含量与孔隙度关系分析（图 4-26～图 4-28），宜昌地区下寒武统岩家河组—水井沱组页岩黏土矿物含量与孔隙度呈弱的正相关关系，孔隙度大于 2% 的样品黏土矿物含量大部分超过 20%，进一步研究表明伊利石含量、伊蒙混层含量与孔隙度也呈弱的正相关关系。在成岩阶段晚期，随着埋深增加，当孔隙水偏碱性、富钾离子时，蒙脱石向伊利石转化，体积减小，增加了孔隙空间，提高了储层的孔隙度。因此，下寒武统岩家河组—水井沱组纵向上黏土矿物含量较多的层段，储集空间类型中黏土矿物（主要是伊利石）晶间孔相对较多，孔隙度受黏土矿物含量及类型的影响。

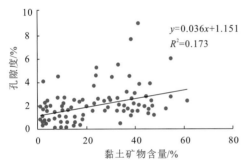

图 4-26　宜地 2 井孔隙度与黏土矿物含量关系

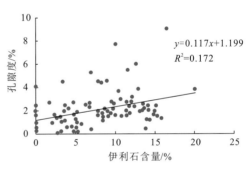

图 4-27　宜地 2 井孔隙度与伊利石含量关系

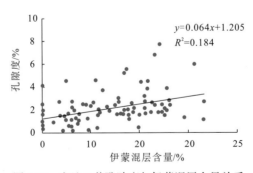

图 4-28　宜地 2 井孔隙度与伊蒙混层含量关系

此外，通过对 ZK03 钻孔和 ZK05 钻孔对比研究发现，页岩的比表面积和孔体积与黏土矿物含量呈现明显的正相关关系，并且随着伊蒙混层矿物含量的增加，页岩的比表面积和孔体积也呈现明显的增加趋势，表明黏土矿物对页岩的孔隙空间具有重要的贡献作用（图 4-29）。

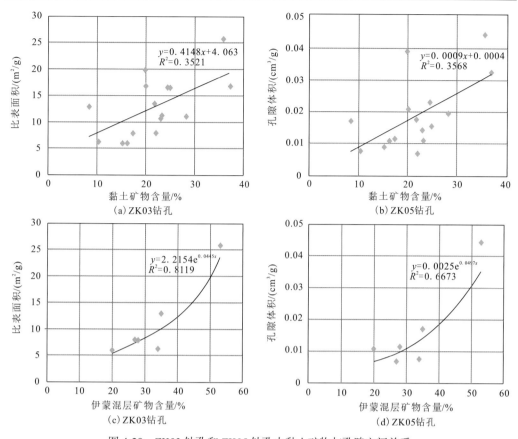

图 4-29　ZK03 钻孔和 ZK05 钻孔中黏土矿物与孔隙空间关系

## 四、脆性矿物含量

当泥页岩中硅质、碳酸盐等矿物含量较多时，岩石脆性较大，容易在外力作用下形成天然裂缝和诱导裂缝，有利于渗流。通过对宜地 2 井下寒武统岩家河组—水井沱组页岩各类脆性矿物含量与实测孔隙度的拟合关系表明，孔隙度与石英含量、碳酸盐矿物含量均不具备相关性，仅与长石含量呈微弱的正相关关系（图 4-30～图 4-32）。同时发现，孔隙度大于 2% 的样品石英含量一般不超过 50%。

Barnett 页岩气生产实践证实，断层附近的微裂缝密度很高，但基本都被碳酸盐所封堵，因而碳酸盐矿物的增加会对泥页岩的孔隙产生阻塞作用导致孔隙度降低。长石和碳酸盐矿物在页岩有机质生烃过程中产生的有机酸溶蚀作用下形成次生溶蚀孔隙，而宜地 2 井位于黄陵隆起周缘，在早寒武世时期靠近碳酸盐台地边缘，页岩碳酸盐矿物含量较高（整体高于焦石坝五峰组—龙马溪组），岩家河组和水井沱组局部层段甚至碳酸盐矿物含量超过 90%。因此在长石、碳酸盐等易溶矿物的溶蚀作用和碳酸盐岩的胶结作用综合作用下，宜昌地区下寒武统岩家河组—水井沱组脆性矿物含量与孔隙度关系不显著。

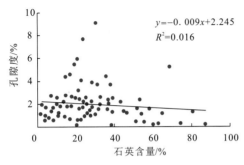

图 4-30　宜地 2 井孔隙度与石英含量关系

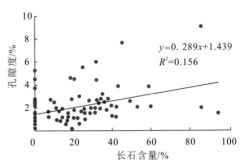

图 4-31　宜地 2 井孔隙度与长石含量关系

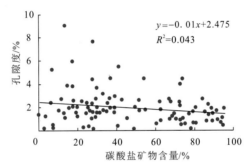

图 4-32　宜地 2 井孔隙度与碳酸盐矿物含量关系

　　郭旭升等（2014）运用王道富等（2013）提出的孔隙度岩石物理计算模型求取了焦页 1 井龙马溪组页岩脆性矿物、黏土矿物和有机质三者单位质量内微孔隙体积，并在此基础上，根据各测点矿物成分和 TOC 对各类孔隙所占的比例进行了测算，结果表明：有机质孔和黏土矿物间孔对孔隙度的贡献最大，两者共占总孔隙的 90%，脆性矿物间孔仅占 10%；并且随 TOC 增大、黏土矿物含量减少，具有机孔比例逐渐增大、黏土矿物间孔逐渐减少的趋势。这与宜昌地区下寒武统岩家河组—水井沱组页岩储层孔隙的变化趋势一致。

　　此外，通过对 ZK03 钻孔和 ZK05 钻孔对比研究发现，页岩的分形维数与石英矿物含量呈负相关关系，与碳酸盐矿物和长石含量呈正相关关系，表明页岩储层的物质组成对孔隙空间具有一定的影响；分析认为石英具有特定晶体形和硬度，可以抵抗外力作用，或在外力作用下保持一定的定向排列，可以在一定程度上保持原有孔隙形态，而碳酸盐矿物多以化学沉淀和后期充填为主，受环境改变影响较大，且充填多为不规则状，会导致相对完整和连通性较好的孔隙空间复杂化（图 4-33）。

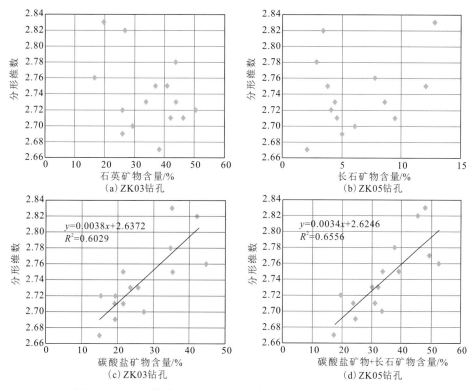

图 4-33　ZK03 钻孔和 ZK05 钻孔中脆性矿物与页岩孔隙结构关系

## 五、页理缝

根据宜昌地区宜地 2 井寒武系水井沱组岩心样品的实测水平渗透率数据来看，整体上渗透率较低，分布在 $0.02×10^{-3}$～$0.55×10^{-3}μm^2$，同时具备微裂缝的样品测试渗透率普遍高于不具备微裂缝的样品的渗透率，表明页理缝的发育可造成页岩储层渗透性能的显著增强。通过对裂缝点和非裂缝点孔隙度与渗透率分析发现，页理缝本身对于储层储集性能的贡献作用并不明显，但页理缝的发育可以连通更多的无机孔隙和有机孔隙，从而使总的有效孔隙体积增加，这对页岩气的赋存和开发起到积极作用。

# 第六节　页岩储层综合评价

在早寒武世时期宜昌区块处于台地边缘向陆棚转换的相带，泥页岩具有明显的非均质特性。由于宜地 2 井和宜页 1 井整体资料较充分，将以该两口井为例对水井沱组页岩储层进行综合评价。

宜地 2 井水井沱组水一段、水二段 TOC 平均值分别为 3.24% 和 1.39%，绝大多数样品的 TOC 都超过 1%。同时，在纵向上水井沱组水一段物性最好，孔隙度、渗透率平均值分别为 2.83%、$0.143×10^{-3}μm^2$，是宜昌地区下寒武统最为有利的页岩气勘探开发层段（图 4-34）。按涪陵地区复杂构造带页岩气储层评价标准，属于 II 类储层；水二段物性条件次之，孔隙度、渗透率平均值分别为 2.7%、$0.070×10^{-3}μm^2$，属于 III 类储层。

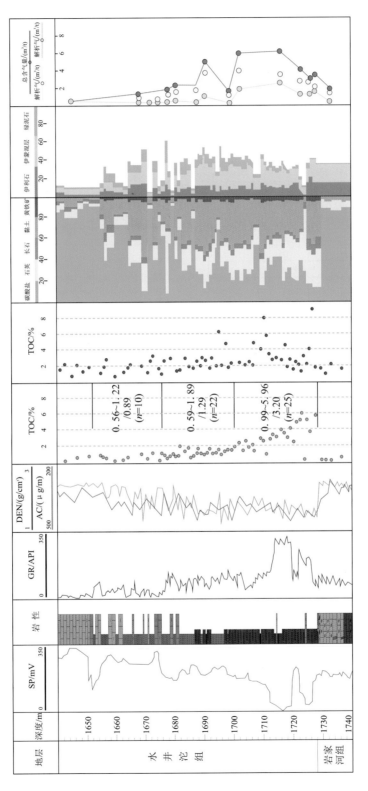

图 4-34　宜地2井寒武系水井沱组页岩综合评价图

宜页 1 井有常规测井、自然伽马能谱测井，以及 Litho Scanner、CMR、FMI、Sonic Scanner 等特殊测井，在这些单项处理解释的基础上，进行了页岩气储层综合评价。其中，水井沱组解释页岩储层 5 层/52 m，深度为 1 820 m～1 872 m（图 4-35）。分析认为，

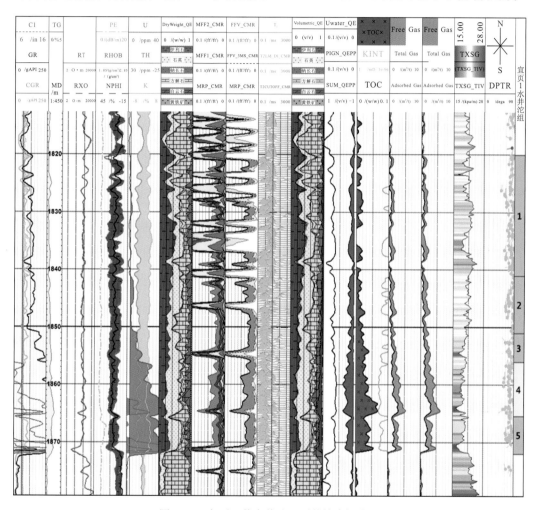

图 4-35　宜页 1 井水井沱组测井综合评价图

宜页 1 井中岩家河组页岩储层段厚度较小，TOC 较低，含气性高值段不连续，页岩气储层品质较差。以下将主要对水井沱组页岩储层分五个小层进行详细阐述（图 4-36）。

1 小层：在 1 820.0 m～1 841.0 m 处，厚 21 m。该段自然伽马值平均为 120.3 gAPI，泥质含量平均为 34.5%；有效孔隙度范围 0.6%～2.4%，平均为 1.6%；总有机碳含量为 0.8%～2.57%，平均为 1.6%；总含气量平均为 1.69 m³/t，其中解析气含量平均为 1.08 m³/t，损失气含量平均为 0.61 m³/t。FMI 图像见 91 条高阻缝，水平层理发育，见顺层状黄铁矿［图 4-36（a）］。

2 小层：在 1 841.0 m～1 851.0 m 处，厚 10 m。该段自然伽马值平均为 135.7 gAPI，泥质含量平均为 30.0%；有效孔隙度范围为 1.0%～2.5%，平均为 1.9%；总有机碳含量为

2.01%～2.73%，平均为 2.4%；总含气量平均为 2.35 m³/t，其中解析气含量平均为 1.33 m³/t，吸附气含量平均为 1.03 m³/t。FMI 图像见 40 条高阻缝，水平层理发育，见顺层状黄铁矿［图 4-36（b）］。

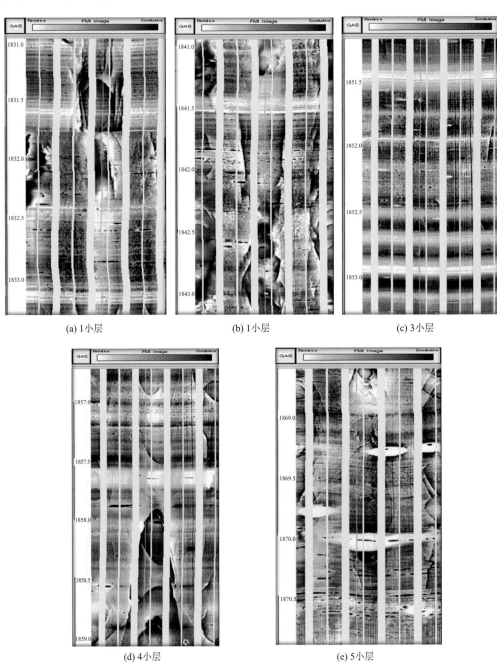

(a) 1 小层　　　　　　　　　(b) 1 小层　　　　　　　　　(c) 3 小层

(d) 4 小层　　　　　　　　　(e) 5 小层

图 4-36　宜页 1 井水井沱组 1～5 小层 FMI 电成像特征

3 小层：在 1 851.0 m～1 856.0 m 处，厚 5 m。该段自然伽马值平均为 195.4 gAPI，

泥质含量平均为 29.8%；有效孔隙度范围为 1.1%～2.7%，平均约 2.0%；总有机碳含量为 2.57%～3.36%，平均为 2.91%；总含气量平均为 2.85 m³/t，其中解析气含量平均为 1.51 m³/t；吸附气含量平均为 1.35 m³/t。FMI 图像见 20 条高阻缝，水平纹层发育[图 4-36（c）]。

4 小层：在 1 856.0 m～1 865.4 m 处，厚 9.4 m。该段自然伽马值很高，平均达 355.9 gAPI，泥质含量较低，平均为 22.0%；有效孔隙度范围为 1.8%～3.9%，平均约 2.9%；总有机碳含量为 2.88%～5.48%，平均为 3.91%；总含气量平均为 3.91 m³/t，其中解析气含量平均为 1.94 m³/t；自由气含量平均为 1.97 m³/t。FMI 图像见 42 条高阻缝，水平纹层发育，见黄铁矿[图 4-36（d）]。

5 小层：在 1 865.4 m～1 872.0 m 处，厚 6.6 m。该段自然伽马值极高，平均达 530.1 gAPI，泥质含量平均为 27.3%；有效孔隙度范围为 1.0%～3.2%，平均约 2.2%；总有机碳含量为 3.28%～4.83%，平均为 3.96%；总含气量平均为 3.96 m³/t，其中解析气含量平均约 2.09 m³/t；吸附气含量平均约 1.87 m³/t。FMI 图像见 29 条高阻缝，水平纹层发育，见黄铁矿，局部可见高阻亮色结核[图 4-36（e）]。

综上分析，宜页 1 井水井沱组 4～5 小层（对应宜地 2 井的水一段）页岩黏土含量平均为 25%；TOC 平均为 3.8%，最高可达 6%以上；有效孔隙度平均约 2.6%；含气量平均约 3.3 m³/t，页岩储层品质较好。3 小层页岩储层品质中等（对应宜地 2 井的水二段下部），1～2 小层（对应宜地 2 井的水二段上部—水三段）页岩储层品质差。

# 第五章 页岩气富集规律与成藏模式

我国页岩气进入大规模勘探开发以来，前人对已发现的页岩气田地质条件和富集高产规律进行了系统分析和解剖，总结出页岩气富集成藏具有以下特征：①页岩岩性多为沥青质或富含有机质的暗色、黑色泥页岩和高碳泥页岩；②源储一体，页岩既是气源岩，也是储集体；③页岩储层低孔、超低渗；④页岩气成因类型多样（热成因、生物成因、热裂解成因和混合成因）；⑤页岩气组分以甲烷为主；⑥页岩气藏具有隐蔽性特点；⑦成藏机理具有递变过渡特点；⑧页岩具有广泛的饱含气性；⑨相对较短的碳氢化合物运移距离；⑩页岩气分布不受构造控制，没有圈闭界限，含气范围受成气源岩面积和良好封盖层控制；资源聚集规模大，但丰度低。

前人对页岩气成藏模式方面也提出了多种理论，如郭旭升等（2016）针对四川盆地内已发现的超压高产页岩气田，提出了海相页岩气"二元富集"规律；王志刚（2015）针对涪陵页岩气提出"三元富集"理论。这些总结的规律具有相似性，典型的"三元富集"理论包括：深水陆棚相优质页岩是页岩气富集的基础，适中的热演化程度有利于海相页岩有机质孔的形成，保存是海相页岩气富集高产的关键。上述研究成果为盆内高压页岩气勘探开发提供了借鉴和指导，但针对中扬子地区经历多期构造运动改造、保存条件遭受破坏、地层压力系数较低的海相常压页岩气富集规律还缺少系统研究。本章将从页岩气含气性影响因素出发，通过大量的实验分析研究，结合勘探实践，分析宜昌地区页岩气的富集主控因素和富集规律。

## 第一节 页岩气分布与成因

### 一、区域含气页岩分布概况

鄂西地区各时代地层发育齐全，发育震旦系陡山沱组、下寒武统水井沱组、上奥陶统五峰组—下志留统龙马溪组等多套富有机质页岩层系。经过多年勘探实践，本区尽管地质构造复杂，仍取得了油气、页岩气显示。

（一）宜都-鹤峰复背斜南部咸丰-来凤地区

（1）来地1井是来凤地区首口发现龙马溪组页岩气显示的地质调查井，岩心浸水实验冒泡强烈，现场解析含气量高达 $1.8 \text{ m}^3/\text{t}$，解析气成功点燃。

（2）位于鄂湘渝交界处的来凤-咸丰页岩气区块的来页 1 井，全井气测显示共计 46.50 m/4 层，其中 925.0 m～953.0 m 为目的层五峰组—龙马溪组黑色笔石页岩，全烃含量由 0.31%上升至 9.40%，甲烷含量由 0.29%上升至 8.78%。下部的 935 m～953 m 井段的自然伽马、相对高声波时差、相对高电阻率的"三高"特征明显，总体展示了该区下古生界页岩气具有良好的勘探前景。来页 1 井在直井压裂后,井口点火可间续燃烧。

(3)来页 2 井和来页 1 井同位于来凤-咸丰页岩气区块,钻井揭示龙马溪组富有机质泥页岩厚近 50 m,现场解析含气量 0.81 $m^3/t$,总含气量为 1.21 $m^3/t$,含气量大于 1 $m^3/t$ 的页岩厚度仅有 3 m。

(4)位于宜都-鹤峰复背斜带之新塘向斜上的河页 1 井,在井深 2 150 m~2 167.34 m 的龙马溪组处钻遇厚 17.34 m 的含气富有机质页岩,页岩岩心见针孔状气泡,气泡直径最大可达 3 mm,浸水实验无气泡溢出。经现场解析测试,含气量 0.14~1.61 $m^3/t$。对 2 150.00 m~2 173.00 m 井段龙马溪组综合解释产层 25.60 m/2 层。说明该区龙马溪组页岩具备基本的页岩气成藏条件。

(5)位于湘鄂西地区的河 2 井在下志留统 528.71 m~584.01 m 井段测试,产水量和产气量分别为 25.58 $m^3/d$ 和 3.0 $m^3/d$,完井 40 余年后井口仍可见天然气。

(二)中央复背斜

位于湘鄂西地区中央复背斜南部的恩页 1 井,在井深 475 m~590 m 段龙马溪组中见明显气测异常,全烃由 0.31%上升至 5.86%,甲烷由 0.29%上升至 4.24%。恩页 1 井水井沱组富有机质泥页岩厚 175.5 m,TOC 为 1.02%~11.5%,平均值为 6.09%。遗憾的是,受断层破坏等因素影响,在钻遇水井沱组时未见明显气显或气测异常。

(三)利川复向斜地区

(1)建深 1 井位于石柱-方斗山复向斜的建南气田,该井在志留系中钻获 5.13×$10^4$ $m^3/d$ 的工业气流。

(2)利页 1 井位于利川复向斜南部,该井揭示龙马溪组富有机质泥页岩厚约 50 m,TOC 为 1.49%~10.9%,平均为 3.65%,在井深 2 780 m~2 830 m 段见明显气测异常。

(四)宜昌黄陵隆起周缘

(1)秭地 1 井是宜昌地区在水井沱组、陡山沱组目的层中首次发现页岩气显示的地质调查井。对水井沱组黑色页岩现场解吸、残余气分析及气体组分等共测试 22 件。其含气量为 0.234~1.047 $m^3/t$,最高为 1.047 $m^3/t$。气体组分分析仅检测出甲烷、乙烷两种烃类气体,非烃气体主要是 $CO_2$、$N_2$,甲烷占比为 15.8%~92.57%,总体显示低甲烷、富氮气的特点。陡山沱组测试 19 件。含气量为 0.473~1.496 $m^3/t$,平均为 0.95 $m^3/t$,解析气点火成功,火焰呈蓝色,为后续勘查提供了借鉴和重要参考。

(2)秭地 2 井的陡山沱组富有机质泥页岩厚度近 120 m。其中在井深 1 295.46 m~1 431.06 m 处钻遇陡山沱组黑色碳质泥质白云岩时获显著的页岩气显示,目的层全层段水浸实验均剧烈起泡,现场解析含气量 0.210~1.333 $m^3/t$,平均为 0.534 $m^3/t$,解析气点火成功,火焰呈蓝色。

(3)宜地 2 井是宜昌地区首次获得寒武系页岩气重大发现的地质调查井。位于黄陵隆起东南缘的宜地 2 井在水井沱组下段获取了连续优质的黑色页岩,厚度达 72 m,获得解析气含量最高达 5.58 m³/t，平均为 1.85 m³/t。

（4）宜地 1 井是宜昌地区首次获得志留系页岩气重大发现的地质调查井。位于黄陵隆起东缘的宜地 1 井在五峰组—龙马溪组获取了连续厚度达 24 m 的黑色页岩，总含气量为 1.33%～3.67%。

（5）宜页 1 井位于宜地 2 井西南约 1 000 m 处，是宜昌地区首次钻获寒武系页岩气藏和震旦系陡山沱组页岩气藏的油气参数井。

（6）阳页 1 井，在陡山沱组钻井过程中见气显示层 7 层，气测全烃超过 1.0% 的水井沱组页岩层厚 77 m，气测全烃超过 2.0% 的页岩厚 69.5 m，页岩实测总有机碳含量最高达 3.82%，平均超过 1.8%。该井在水井沱组连续取心 83.17 m（2 983.63 m～3 066.80 m），现场解析气最高达 2.16 m³/t，总含气量最高达 4.48 m³/t，岩心浸水后气泡剧烈，收集气点火可燃。

（五）荆门-当阳复向斜

位于当阳复向斜中南部的荆 101 井、荆 102 井揭示龙马溪组富有机质泥页岩厚 52 m，压裂试气点火成功燃烧，焰高 3 m。荆 101 井和荆 102 井两口参数井现场解析含气量为 2～4.2 m³/t，平均为 3 m³/t；天然气组成均表现为以甲烷为主，甲烷含量为 90.64%～96.54%，平均含量为 93.48%。

上述对鄂西地区油气、页岩气的勘探表明，龙马溪组页岩具备基本的页岩气成藏条件，但页岩气显示地区较为局限，如石柱-方斗山复向斜地区。鄂西地区中央复背斜的寒武系页岩气勘探无发现。大量的研究表明，较高的热演化程度、强烈的构造活动制约了富有机质页岩的含气性。随着调查逐步向黄陵隆起聚焦，围绕宜昌周缘的部署实施了一系列页岩气调查工作，在寒武系、志留系等取得了页岩气勘探的重大突破，如宜昌黄陵隆起周缘的宜地 2 井、宜地 1 井、宜页 1 井和宜页 2 井、阳页 1 井等。

资料显示，中扬子地区常页 1 井牛蹄塘组（水井沱组）总含气量为 0.5～2.1 m³/t（周庆华 等，2015；林拓 等，2014），且高值数据点非常少。秭地 1 井水井沱组总含气量可达 0.234～1.047 m³/t，平均为 0.593 m³/t，且富含氮气（刘早学 等，2012）。因此宜页 1 井的含气性效果要明显好于其他几口井。

与上扬子地区相比，鄂西宜昌地区页岩气含量较高（表 2-3）。上扬子川西井研—键为地区井研地区金石 1 井筇竹寺组页岩总含气量为 1.51～2.41 m³/t，平均为 1.8 m³/t（孟宪武，2014），黔北地区天星 1 井牛蹄塘组（水井沱组）总含气量为 1.1～2.88 m³/t，岑页 1 井牛蹄塘组总含气量为 0.3～1.8 m³/t，天马 1 井总含气量为 0.1～0.4 m³/t（王濡岳 等，2016）。川东北城口 1 井寒武系鲁家坪组（与水井沱组同层位）含气量多在 1.0 m³/t，最小为 0.09 m³/t，最大为 3.18 m³/t，且含气规律性不强，高值局限在糜棱化破碎体系内（马勇 等，2014）。由表 2-3 可知，宜页 1 井含气性明显高于中扬子地区及上扬子地区的寒武系页岩含气性。

# 二、典型页岩气井分析

围绕宜昌周缘部署的寒武系页岩气调查井，取得了一系列的重大突破，为人们认识页岩气的地质特征提供了极大地便利。本节将介绍宜昌地区以寒武系水井沱组页岩为目的层的相关钻井，简述沉积及页岩发育特征、页岩有机地球化学特征、页岩矿物组成及物性特征、构造特征、含气性显示等。

（一）宜页 1 井

宜页 1 井位于湖北省宜昌市点军区土城乡茅家店村，二维地震测线 2016HY-Z1 与 2016HY-Z9 交汇处。在古地理上位于台地边缘斜坡向深水陆棚过渡区，页岩厚度较大，有机质成熟度适中，地震反射同向轴连续，寒武系底界反射面清晰。

**1. 沉积及页岩发育特征**

宜页 1 井水井沱组下段以黑色碳质页岩夹黑色灰岩透镜体为主，为深水陆棚沉积。宜页 1 井水井沱组厚度为 137 m，优质页岩厚度为 86 m，从北东至南西水井沱组页岩厚度有增大的趋势。对页岩类型分析表明，岩家河组—水井沱组主要包括 5 种页岩类型，其中黑色页岩主要发育在下部，以硅质页岩、混合型页岩为主，夹薄层钙质页岩，具高硅质含量特征，水平纹层发育，见顺层状黄铁矿及散点状黄铁矿，1 865 m 处见钙质结核，1 865.5 m 处见厚 0.48 m 的钙质富集层，灰岩均以透镜状产出。水井沱组上部岩性以混合型钙质页岩、混合型页岩为主，TOC 小于 2%，水平层理发育，富钙质层中亮色层与暗色层薄互层特征明显。总体上，下部硅质页岩最为发育，含气性最好，TOC 最高。

**2. 有机地球化学特征**

宜页 1 井中，水井沱组下部泥页岩的 TOC 分布在 0.98%～7.4%，主要分布在 2.1%～6.4%，平均值为 3.65%。邻井宜地 2 井中泥页岩的 $R_o$ 等效值分布在 2.26%～2.37%，平均值为 2.35%。

**3. 页岩矿物组成及物性特征**

水井沱组页岩下部（1 850 m～1 872 m）岩性以碳质页岩为主，夹少量灰岩。岩石矿物组分中黏土矿物含量略降低，平均为 25.3%；方解石含量降低较明显，平均为 17.3%；白云石含量平均为 12.1%；石英含量较高，平均为 35.1%；长石含量较低；黄铁矿含量有所增多，平均为 4.5%。总体上，碳酸盐矿物含量由下至上逐渐升高，石英含量逐渐降低，黏土矿物含量变化不大。

**4. 构造特征**

黄陵隆起南缘地区为一北东走向、南东倾向的单斜构造，地层产状舒缓，倾角在 10° 左右，断层不发育。地层受构造改造作用弱，保存条件优越，是中扬子地区寒武系非常规天然气勘探突破的理想地区。

**5. 含气性特征**

宜页 1 井在寒武系水井沱组获得页岩气重大突破，其含气性特点较为典型。宜页 1 井水井沱组气测录井显示，水井沱组自上而下全烃含量整体升高。上部灰岩段全烃含量较低，多为 0.1%～0.2%，井深 1 744 m～1 745 m 见气测异常，全烃由 0.123%上升至 18.965%，甲烷由 0.111%上升至 14.143%，据岩屑分析为裂缝含气所致。1 790 m 以后全烃升至 0.5% 以上，1 837 m 以后全烃升至 1% 以上，1 855 m 以后全烃多升至 1.5%，最高达 2.71%，甲烷含量为 1.98%。

采用焦石坝页岩气勘探示范区同实验室、同型号仪器、相同测试方法完成页岩气现场解析。宜页 1 井共解析泥岩样品 59 个，其中水井沱组 45 个，岩家河组 14 个；深度在 1 762.24 m～1 938.27 m，厚度共计 176.03 m；页岩含气量为 0.314 6～5.48 m³/t，平均为 1.57 m³/t。水井沱组上部泥质灰岩段含气性较差，含气量为 0.315～0.675 m³/t，平均为 0.443 m³/t，岩心浸水实验气泡较微弱。水井沱组下段连续含气页岩段（1 786 m～1 872 m）厚 86 m，最小值为 0.579 m³/t，最大值为 5.48 m³/t，平均为 2.047 m³/t（图 5-1，表 5-1），岩心浸水实验气泡强烈。

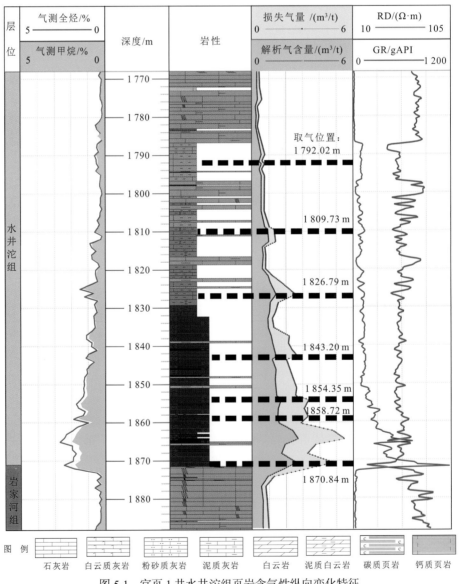

图 5-1　宜页 1 井水井沱组页岩含气性纵向变化特征

表 5-1　宜页 1 井现场解析含气量统计表

| 含气量/（m³/t） | 深度/m | 页岩厚度/m | 解析气含量/（g/cm³） | 最小值～最大值平均值（个数） | 备注 |
|---|---|---|---|---|---|
| 见气显示 | 1 762.24～1 938.27 | 176.03 | | 0.314 6～5.48 | 现场解析深度段 |
| | | | | 1.570（59） | |
| >1 | 1 809.14～1 920.20 | 111.06 | | 1.0～5.48 | 水井沱组、岩家河组 |
| | | | | 2.095（39） | |
| >2 | 1 826.79～1 870.84 | 44.05 | | 2.0～5.48 | 水井沱组、岩家河组 |
| | | | | 2.783（23） | |
| >3 | 1 854.35～1 870.84 | 16.49 | | 3.0～5.48 | 水井沱组、岩家河组 |
| | | | | 3.863（11） | |
| >4 | 1 862.43～1 870.84 | 8.41 | | 4.0～5.48 | 水井沱组 |
| | | | | 4.427（5） | |

纵向上，随着埋深的增加，水井沱组页岩解析气含量和气测全烃含量呈增大的趋势（图 5-1）。现场解析的页岩含气量大于 1 m³/t 的厚度有 111.06 m，大于 2 m³/t 的厚度有 44.05 m，大于 3 m³/t 的厚度有 16.49 m，大于 4 m³/t 的厚度有 8.41 m，最大含气量为 5.48 m³/t，深度为 1 864.60 m。统计还表明，解析气含量占总含气量的 49.53%～81.43%，当含气量大于 2 m³/t 时，解析气含量占比为 61.544%，表明宜页 1 井水井沱组页岩中吸附气含量占主要地位。

（二）宜地 2 井

宜地 2 井为 2015 年于由中国地质调查局武汉地质调查中心在宜昌地区钻探的一口页岩气地质调查井。该井开孔层位是白垩系石门组，完钻层位为震旦系灯影组，完钻井深 1 806.97 m。

**1. 沉积及页岩发育特征**

宜地 2 井位于上震旦统—下寒武统台地-台内裂陷盆地过渡带（图 5-2），水井沱组

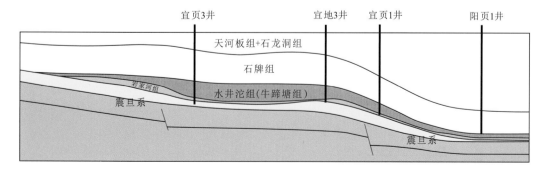

图 5-2　宜昌地区宜页 3 井—宜页 1 井—阳页 1 井沉积对比剖面图

页岩发育，厚度达 76.7 m，且富含有机质，总有机碳含量平均达 2.3%。其下伏岩家河组以灰黑色硅质岩和灰色、深灰色泥质灰岩沉积为主，渗透性差；水井沱组上部以泥质条带灰岩沉积为主，纵向上构成一套优质的页岩气成藏"封存箱"组合（图 5-3）。

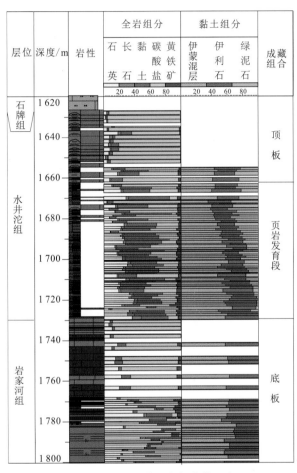

图 5-3　宜地 2 井页岩气成藏组合

### 2. 有机地球化学特征

宜地 2 井水井沱组页岩段厚 76.7 m。该段有机质丰度为 0.52%～5.96%，平均值为 2.26%。水井沱底部 TOC>2%的优质页岩段厚 28 m，该段有机质丰度平均为 3.2%。宜地 2 井水井沱组镜质体反射率共分析样品 4 块，$R_o$ 为 2.18%～2.29%，平均为 2.25%，热演化程度适中。对宜地 2 井寒武系水井沱组共 9 块灰黑色页岩和黑色碳质页岩进行干酪根碳同位素检测，干酪根碳同位素在-31.26‰～-25.86‰，平均为-28.8‰。小于-28.0‰的干酪根碳同位素占总样品数的 66.67%，有机质类型为 I 型—II₁ 型为主。总体来讲，宜地 2 井富有质页岩厚度超过 25 m，有机质热演化程度适中，有机质类型较好。

### 3. 页岩矿物及物性特征

X 衍射全岩分析水井沱组页岩段储层主要包括石英、长石、碳酸盐矿物、黄铁矿、黏土矿物,其中石英+长石含量为 5.1%～55.7%,平均为 25.6%;碳酸盐矿物含量为 6.4%～87.9%, 平均为 36.9%;黄铁矿含量为 1.9%～14.9%, 平均为 4.49%;黏土矿物含量为 2.4%～61.3%, 平均为 33.3%。TOC 大于 2%的优质页岩段, 石英+长石含量为 7.8%～55.7%, 平均为 32.9%, 黏土矿质含量为 2.7%～46%, 平均为 33.1%,碳酸盐矿物含量为 13.1%～86.9%, 平均为 29.1%。碳酸盐矿物含量平均高于 30%, 为高钙质页岩。

宜地 2 井主要页岩发育段页岩孔隙度为 1.1%～9.1%, 平均为 2.83%。其中孔隙度为 1%～3%的样品占总样品的 77%, 其次是孔隙度大于 3%的样品, 占总样品的 19.7%(图 5-4)。用压汞和氮气吸附联测,观察页岩中纳米孔径的分布。宜地 2 井页岩主要发育微孔和中孔,发育少量的大孔。孔径主要为 0.5～1 nm 和 13～15 nm, 小于 2 nm 的孔隙占 40%～70%, 2～50 nm 孔径的孔隙占 25%～40%(图 5-5)。

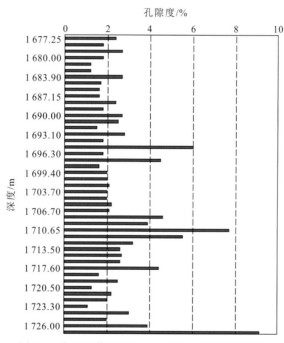

图 5-4　宜地 2 井 1 677 m～1 726 m 孔隙度分布图

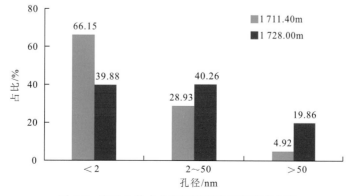

图 5-5　宜地 2 井水井沱组页岩孔径统计直方图

利用 IB-09010CP 型离子截面抛光仪抛光、Helios NanoLab 660 型双束扫描电子显微镜对宜地 2 井水井沱组泥页岩孔隙特征进行观测，结果显示，宜地 2 井有机质孔隙总体上较为发育，形态多样，主要发育圆形、椭圆形、不规则形状、弯月形等。空间上形成管柱状、洞穴状等复杂内部结构，管状孔隙吼道连接纳米级孔隙。有机质孔隙孔径变化范围较大，从纳米级到微米级，且以纳米级孔隙为主；一般镜下多见数十到几十纳米，同时部分有机质与无机矿物颗粒接触边缘可见孔径在数百纳米的有机质孔，据镜下估算有机质孔面孔率一般为 10%～50%，平均面孔率为 30%。

扫描电镜观察发现宜地 2 井水井沱组泥页岩发育一定量的无机孔隙。主要包括粒间孔、黏土矿物晶间孔和微裂隙三种类型。其中，粒间溶孔主要为不稳定的矿物（如长石、碳酸盐矿物等）的溶蚀而形成，孔径多在数十至数千纳米，并以纳米级孔隙为主。扫描电镜下发现部分碳酸盐矿物具微米级的粒间溶孔，而长石等其他矿物的粒间溶孔孔径多为数十至数百纳米。

宜地 2 井矿物组成中碳酸盐矿物含量平均高于 30%，与焦石坝地区富含生物硅质岩具有明显差异，除后期压裂改造具有一定差异外，还使页岩储集特征具有明显差异性。宜地 2 井水井沱组与焦石坝地区龙马溪组对比来看，页岩孔隙大小均以微孔和介孔为主，大孔少量发育，但面孔率前者一般为 13%，而后者多达到 30%，具有明显差异。另外宜地 2 井水井沱组页岩孔径达到数百至数千纳米，超过了最大的有机孔径大小，表明无机孔是其大孔的主要贡献者。宜地 2 井水井沱组页岩孔隙度通常小于 3.0%，地层压力为常压，在埋深相对较大的区带，随着地层埋深的加大地层压力增加，水井沱组页岩可能会更好。

### 4. 构造特征

宜地 2 井位于黄陵隆起南缘，该区总体表现为向北西抬升的单斜构造（图 5-6），地震波组连续，过宜地 2 井的地震剖面上无深大断裂切割，地层向北西方向抬升，至黄陵隆起抬升到地表，下古生界地层平缓，倾角 10°左右。

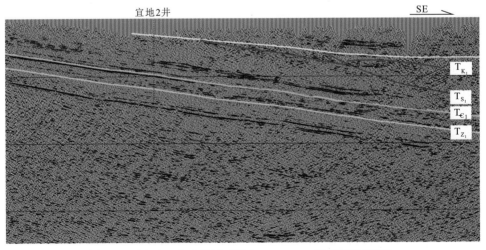

图 5-6　过宜地 2 井地震剖面图（2015HY-Z3 地震解释剖面）

**5. 含气性特征**

宜地 2 井水井沱组页岩段现场解析含气量样品 13 块，含气性特征详见第二章第二节。从宜地 2 井实测含气量来看，尽管该井水井沱组埋深仅为 1 650 m～1 720 m，埋藏深度相对较浅，但其最高含气量达 5.58 m³/t。从钻井泥浆和气测录井显示推测该井处于常压地层区，随着水井沱组埋藏深度的加大，不排除会具有更好的含气性。

（三）阳页 1 井

**1. 沉积及页岩发育特征**

阳页 1 井水井沱组埋深 2 659 m～3 069 m。

**2. 有机地化特征**

阳页 1 井水井沱组页岩有机地球化学测试分析表明，TOC 为 1.0%～5.2%，平均为 2.2%，其中 TOC>1% 的水井沱组暗色页岩厚度为 141 m。水井沱组页岩 $R_o$ 平均为 2.7%，处于过成熟阶段。

**3. 页岩矿物及物性特征**

与宜地 2 井相比，阳页 1 井的岩家河组相变为灰黑色含磷结核钙质页岩、碳质页岩。水井沱组下部优质页岩段的厚度增大，矿物成分以石英为主，平均含量为 37%；其次为碳酸盐平均含量为 23%；其中，方解石平均含量为 14%；白云石平均含量为 15%；黏土（伊利石＋绿泥石）平均含量为 19%；钾长石、钠长石含量比较低；黄铁矿含量较高，平均可达 3%。储层物性方面，水井沱组天然裂缝发育，2 980 m～3 066 m 岩心肉眼可识别裂缝达 50 条，且以高角度裂缝为主。水平井测井解释最优质层页岩孔隙度为 1.8%～3.7%，含气饱和度为 29.1%～63.9%，总含气量为 1.15～3.49 m³/t。

**4. 含气性特征**

从实钻来看，阳页 1 井揭示水井沱组岩性组合与宜地 2 井基本一致，水井沱组顶界埋深为 2 659 m，底界埋深 3 069 m。暗色泥岩厚度相对较厚，达 141 m。在钻井过程中见气显示层 7 层，气测全烃超过 1.0% 的水井沱组页岩层厚 77 m，气测全烃超过 2.0% 的页岩层厚 69.5 m，页岩实测有机碳含量最高达 3.82%，平均值超过 1.8%。该井在水井沱组连续取心 83.17 m（2 983.63 m～3 066.80 m），现场解析气最高 2.16 m³/t，总含气量最高达 4.48 m³/t，岩心浸水后气泡剧烈，收集气点火可燃，进一步证实天阳坪断裂下盘具有良好的保存条件，下古生界页岩具有较好的含气性。

页岩段测井方面，阳页 1 井自然伽马为 305.5API，电阻率为 6 115.8 Ω·m，页岩密度为 2.57 g/cm³，声波时差为 218.7 μs/m，总体表现出高自然伽马、高电阻率、低密度、低声波时差的相应特征。

**5. 构造特征**

阳页 1 井位于宜地 2 井西部略偏北约 16.5 km 处，该井与宜地 2 井最大差别是该井位于天阳坪断裂上盘，目的层水井沱组位于断层的下盘。天阳坪断裂位于黄陵隆起的西南端，裂面沿倾向具舒缓波状，总体向南西陡倾，石炭系—二叠系逆冲于白垩系红层之上。从横穿仙女山—天阳坪断裂的地震剖面可以看出，天阳坪断裂下盘整体变形较弱小，地震波组连续，断点清晰，下古生界地层产状平缓，水井沱组页岩地层倾向南西，倾角10°～15°，预示着该井具有较好的保存条件。

### （四）宜页3井

#### 1. 沉积相及页岩发育特征

宜页3井寒武系水井沱组实钻埋深为2 969 m～3 054 m，共计85 m。岩性分上下段，上段（2 969 m～3 006 m）主要为浅灰色含泥质灰岩、深灰色瘤状灰岩等岩性，为台缘斜坡相沉积；下段（3 006 m～3 054 m）主要为黑灰色泥灰岩、泥质灰岩、碳质泥岩夹深灰色含泥质灰岩，为斜坡至深水陆棚相环境，结合周边地质调查判断宜页3井总体上应属台内洼陷环境。

#### 2. 有机地化特征

水井沱组TOC上下差异极大，上段最大TOC不超过1%，而下段最大可达3.99%，平均为2.37%。有机质类型同样存在类似的情况，上下段差异化突显，上段主要为$II_1$型，而下段主要为I型，综合来看水井沱组上段有机地球化学条件一般较差，而下段则较为优越。

#### 3. 页岩矿物及物性特征

矿物含量方面，上段黏土矿物含量相对较低，为10%～20%；石英+长石含量低，约10%；碳酸盐矿物含量高，平均接近80%；含少量黄铁矿，平均为2.6%。下段黏土矿物含量明显增加，为40%～60%；硅质矿物含量平均约20%，碳酸盐矿物含量平均为30%，含量最高处可接近80%，含微量黄铁矿；此外下段底部（3 044.00 m～3 054.00 m）黏土矿物含量略有下降，平均约27%，硅质矿物含量平均约26%，碳酸盐矿物含量平均约40%，黄铁矿含量有所增加，平均约5%。

#### 4. 构造特征

根据区调报告资料及宜昌地区近年部署的二维地震剖面，均指示宜昌斜坡带整体为稳定的单斜构造，从基底到地表产状较为一致，地层基本没有明显起伏，地表出露的地层产状也比较平缓，倾角都在9°之内，寒武系水井沱组底部埋深为1 000 m～4 500 m。此外，宜页3井的地区基本无断裂，页岩气保存条件好（图5-7），实际的钻井结果也证实了地震资料的准确性，设计地层与实钻地层之间误差88 m，预测精度高。

#### 5. 含气性特征

宜页3井钻至井深2 969 m寒武系水井沱组时见气测异常，全烃从0.2%上升至1.83%（图5-8），共计钻获含气层段85 m/2层，其中上部层位厚38 m为深灰色-灰黑色瘤状灰岩，下部层位47 m为灰黑色-黑色页岩夹瘤状灰岩，富含三叶虫和腕足类化石，该层底部15 m为优质页岩段，岩性为黑色碳质页岩，富含黄铁矿。总含气量最大值为0.94 m³/t，底部优质页岩段含气量平均为0.33 m³/t，表现不甚理想，对比分析邻井，并根据有机地球化学资料与现场岩心观察判断，造成这种情况的首要原因应该与岩性致密有关。

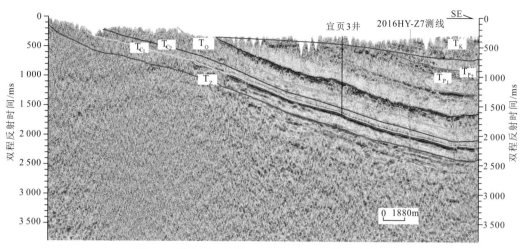

图 5-7　过宜页 3 井的 2016HY-Z5 号二维地震剖面

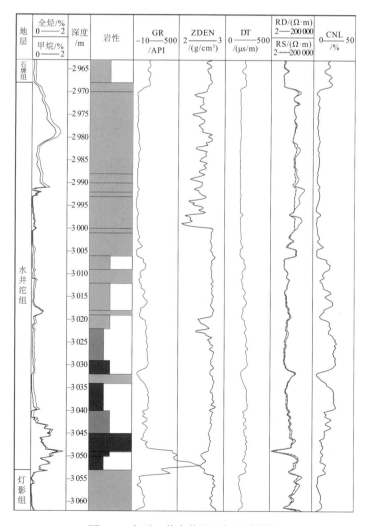

图 5-8　宜页 3 井水井沱组解释成果图

（五）宜地 3 井、宜地 4 井

宜地 2 井、宜页 2 井、阳页 1 井均位于陆棚相带，页岩厚度大。宜地 3 井水井沱组位于台地相，实钻厚度为 56.4 m，埋深 780 m～836.4 m；上部水井沱组二段厚 51.9 m，岩性主要为灰色泥灰岩；下部水井沱组一段厚 4.05 m，岩性主要为灰色-深灰色泥岩。宜地 3 井水井沱组页岩较薄，同样具有高自然伽马、低密度的测井特征（图 5-9）。由于

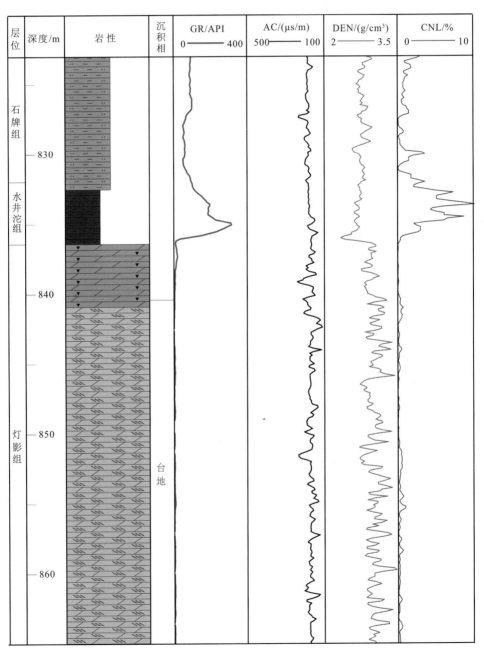

图 5-9　宜地 3 井水井沱组综合柱状图

台地相页岩厚度薄、品质差，不具有开发价值，但宜地 3 井钻获灯影组石板滩段、白马沱段顶部优质天然气储层，以及震旦系陡山沱组页岩气藏，深部资源具有很大勘探潜力。

宜地 4 井位于宜都地区马鞍山复向斜的南翼，该井自寒武系娄山关组下部开孔，至南华系南沱组冰碛砾岩终孔，井深 1 933.15 m。水井沱组实钻厚度 155.61 m，埋深 1 178.81 m～1 334.42 m，水井沱组上部厚 74.48 m，岩性为深灰色泥质灰岩，夹灰黑色钙质页岩；水井沱组下部页岩厚度大，最大单层厚 24 m，页岩总厚度达 81.13 m，岩性以黑色碳质钙质页岩为主，发育星点状黄铁矿颗粒。整体上为一套向上变粗变浅，由深水陆棚向台地边缘相过渡的沉积序列，为页岩气形成富集的有利相带。

实钻寒武系水井沱组黑色页岩累计厚度可达 80 m；气测录井资料显示，在井深 1 283 m～1 309 m 水井沱组中下部气测异常明显，全烃含量最高可达 11%，以甲烷为主；在气测异常相对应层位，采用燃烧法对水井沱组黑色页岩 12 个样品进行现场解析，其解吸气含量平均值为 1.54 m³/t，最大可达 3.13 m³/t（不含损失气和残余气）。宜地 4 井寒武系水井沱组黑色页岩经现场解析获得了含气量较高的页岩气，表明宜都地区水井沱组具备良好的页岩气潜力。宜地 4 井的钻探，对落实宜都地区页岩气资源潜力提供了重要依据。

上述宜页 3 井、宜地 2 井、宜页 1 井、阳页 1 井等不同古地理部位典型页岩气井优质储层特征对比表见表 5-2。构造上这些井分属于黄陵隆起地区和五峰-鹤峰复背斜区，并受到区域西部北西走向的天阳坪断裂的分割。从埋深上看，黄陵隆起周缘下寒武统富有机质页岩均有出露，远离隆起核部埋深增大，古隆起区和台地相区水井沱组页岩厚度迅速减薄。从沉积相上看，宜地 3 井—宜页 3 井—宜地 2 井和宜页 1 井—阳页 1 井和宜地 4 井，分别位于台地相—台缘斜坡相—台内洼陷相—深水陆棚相，处于台地边缘斜坡-陆棚相带的沉积水体逐渐加深，优质页岩沉积厚度依次增加。例如，位于台地相宜地 3 井水井沱组页岩厚度仅为 4.05 m，深水陆棚相带的阳页 1 井页岩厚度达 115 m。页岩品质方面，自台地相—台缘斜坡相—台内洼陷相—深水陆棚相，除富有机质页岩厚度增大外，同样存在石英含量增加，黏土矿物含量减少，TOC 增加，页岩品质变好的趋势。例如，深水陆棚沉积相阳页 1 井水井沱组黏土矿物含量为 15.5%、石英含量为 39.3%；至斜坡相的宜页 1 井黏土矿物增加为 31.3%、石英含量减小为 29.3%；台内洼陷相的宜页 3 井，石英含量进一步减小为 32.6%。此外位于深水陆棚相的阳页 1 井硅质含量高于斜坡相带的宜页 1 井。总体条件上看，寒武系水井沱组页岩气在深水陆棚相、台缘斜坡相区域页岩气显示好、含气性高、资源潜力最大，具有勘探、开发价值；在台内洼陷及台内隆起区页岩气资源潜力小。

**表 5-2　宜昌地区典型页岩气井优质储层特征对比表**

| 典型单井 | | 宜页 3 井 | 宜地 2 井 | 宜页 1 井 | 阳页 1 井 |
|---|---|---|---|---|---|
| 基础地质参数 | 构造位置 | 宜昌斜坡 | | | 宜都-鹤峰复背斜 |
| | | 天阳坪断裂下盘 | | | |
| | 古地理位置 | 台内洼陷 | 台缘斜坡 | | 深水陆棚 |
| | 埋深/m | 3 044 | 1 728 | 1 860 | 3 055 |
| | 优质页岩厚度/m | 15 | 28 | 36.7 | 41 |

续表

| 典型单井 | | 宜页 3 井 | 宜地 2 井 | 宜页 1 井 | 阳页 1 井 |
|---|---|---|---|---|---|
| 测井曲线相应 | 自然伽马/API | 263 | 436.95 | 355.9 | 305.5 |
| | 声波时差/（μs/m） | 230 | 399.4 | 245.3 | 218.7 |
| | 电阻率/（Ω·m） | 1 150 | — | 1 097.1 | 6 115.8 |
| | 密度（g/cm³） | 2.66 | — | 2.55 | 2.57 |
| 储层静态参数 | 成熟度（$R_o$） | | 2.26～2.37/2.35 | 2.18～2.30/2.26 | 2.5～3.7/2.7 |
| | 总有机碳含量/% | 0.78～3.99/2.37 | 0.52～5.96/2.26 | 0.98～7.4/2.65 | 1.0～5.5/2.2 |
| | 孔隙度/% | 0.47～4.95/3.12 | 0.5～9.1/2.3 | 0.6～3.9/2.83 | 0.2～4.5/2.8 |
| | 石英含量/% | 32.6 | 5.2～55.7/25.6 | 19.3～43.4/29.3 | 30.2～50.2/39.3 |
| | 黏土矿物含量/% | 22.5 | 2.7～61.3/33.7 | 21.6～47.3/31.3 | 9.5～25.8/15.5 |
| | 碳酸盐矿物含量/% | 32.3 | 6.4～87.9/36.9 | 5.6～39.0/20 | 9.5～25.8/15.5 |
| 含气性 | 录井全烃/% | 0.17～1.84/0.75 | — | 0.11～14.13 | 0.5～8.31 |
| | 解析/（m³/t） | 0.11～0.94/0.33 | 0.36～5.57/1.85 | 0.58～5.48/2.05 | 0.32～4.48/2.3 |

注：数据格式为最小值～最大值/平均值

# 三、页岩气成因

气体组分和碳同位素特征是表征页岩气特征最重要的参数。在高-过成熟页岩地层，页岩气地球化学特征常表现为其组分和碳同位素组成的异常，包括异构烷烃与正构烷烃组分比值的倒转，乙烷和丙烷同位素的倒转，乙烷和丙烷同位素较轻导致甲烷、乙烷和丙烷同位素的倒转（戴金星，2016，1993）。在页岩晚期封闭的流体系统中，相对较低的排油效率，干酪根、滞留原油和重烃裂解生成的气体混合是页岩气地球化学特征异常的原因。另外，页岩气化学和碳同位素组倒转与页岩气高产具有相关性（盖海峰 等，2013），这种相关性可被应用于指示页岩气核心区，指导页岩气地质勘探。

目前公认或已知的页岩气形成机理或途径无外乎两种：浅层生物成因和深部热成因。深部热成因气有 3 种来源：干酪根裂解、沥青裂解和原油裂解。热成熟度对页岩气的形成、富集有至关重要的作用。当 $R_o > 1.0\%$ 时，滞留在烃源岩中堵塞孔隙的石油开始裂解，生成天然气或凝析油，早期阶段的裂解气来源于干酪根或沥青的催化裂解。

天然气的 $\delta^{13}C_1$ 变化较大（图 5-10），在 $-10‰ > \delta^{13}C_1 > -105‰$。一般低温浅层中形成的天然气（生物甲烷）中富集 $^{12}C$，具有较低的 $\delta^{13}C_1$（$>-105‰ \sim -55‰$）；而深层和年代较老，在较高温度下形成的天然气，则具有较高的 $\delta^{13}C_1$（$>-55‰ \sim -10‰$）。油型气有 $-30‰ > \delta^{13}C_1 > -55‰$，$\delta^{13}C_2 < -28.8‰$，$\delta^{13}C_3 < -25.5‰$；煤成气有 $-10‰ > \delta^{13}C_1 > -43‰$，

$\delta^{13}C_2$>–25.1‰，$\delta^{13}C_3$>–23.2‰；无机成因气一般 $\delta^{13}C_1$>–30‰。有机成因烷烃气有正碳同位素系列（戴金星，2016），即 $\delta^{13}C_1$<$\delta^{13}C_2$<$\delta^{13}C_3$<$\delta^{13}C_4$，当有机成因烷烃气遭受生物降解或不同成因和成熟度的天然气混合时，将会出现局部倒转或逆转。无机成因烷烃气有负碳同位素系列，即 $\delta^{13}C_1$>$\delta^{13}C_2$>$\delta^{13}C_3$。

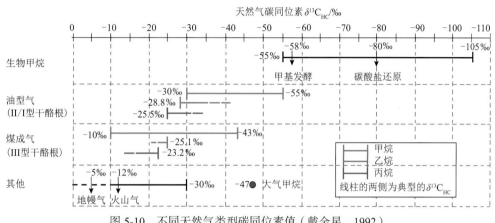

图 5-10 不同天然气类型碳同位素值（戴金星，1992）

随着埋深的增加，温度、压力增大，泥页岩中大量的有机质受产甲烷菌的代谢作用发生化学降解和热裂解（埃默里，1999）。干酪根降解过程中，首先产出可溶的有机质沥青，然后是原油，最后是天然气。在沉积物的整个成熟过程中，干酪根、沥青和原油均可以生成天然气，对于有机质丰度和类型相近或相似的泥页岩，成熟度越高，形成的烃类气体越多。富有机质泥页岩在热成熟度阶段（$R_o$=0.4%～1.88%）可以连续生成天然气。在成熟作用的早期，天然气是主要通过干酪根经降解作用形成；在晚期阶段，天然气是主要通过干酪根、沥青和石油裂解作用形成的。与生物成因气相比，热成因气生成于较高的温度和压力下，因此，在干酪根热成熟度（镜质组反射率 $R_o$）增加的方向上，热成因气在盆地地层中的体积含量呈增大趋势。另外，热成因气也很可能经过漫长的地质年代和构造作用从页岩储层中不断泄漏出去。

页岩气碳同位素反转现象一般出现在 $R_o$>1.5%以后，具有碳同位素反转的产气区往往对应着页岩气富集区（盖海峰，2013），也促进学者对页岩气同位素的关注。宜页 1 井水井沱组页岩气甲烷碳同位素（$\delta^{13}C$）为–33.185‰；乙烷碳同位素（$\delta^{13}C_2$）为–40.04‰；丙烷同位素（$\delta^{13}C_3$）为–35.46‰～–40.89‰，平均为–38.65‰。二氧化碳的碳同位素（$\delta^{13}CO_2$）为–23.42‰～–19.23‰，平均为–21.42‰，数值变化范围小。研究区寒武系页岩气表现出 $\delta^{13}C_1$>$\delta^{13}C_2$<$\delta^{13}C_3$，发生了甲烷和乙烷碳同位素倒转（图 5-11）。

按照干酪根生烃理论，烃源岩干酪根及其生成产物的碳同位素 $\delta^{13}C$ 存在干酪根>沥青质>非烃>芳烃>饱和烃>烷烃气的特点。水井沱组 8 块页岩岩心样品的干酪根碳同位素值为–29.325‰±1.935‰，表现出 $\delta^{13}C_{org}$ = $\delta^{13}C_1$>$\delta^{13}C_2$<$\delta^{13}C_3$的特点，符合碳同位素分馏方向，表明水井沱组烃源岩为页岩气的源岩。

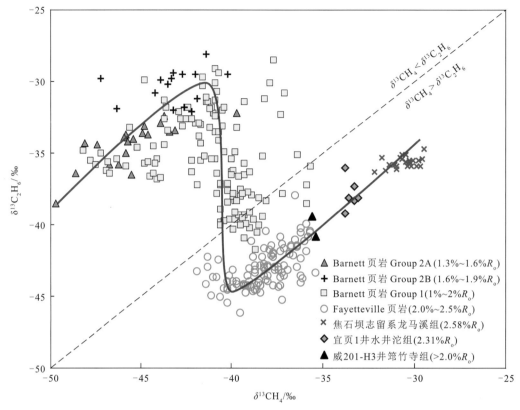

图 5-11　不同地区天然气 $\delta^{13}CH_4$ 与 $\delta^{13}C_2H_6$ 相关图

Barnett 页岩气数据来源文献 Rodriguez 等（2010）和 Zumbergel 等（2012），其中 Group1 为干气，Group 2A 和 Group 2B 为湿气；Fayetteville 页岩气数据来源文献 Rodriguez 等（2010）和 Zumberge 等（2012）；焦石坝龙马溪组数据来源文献 Dai 等（2016），威 201-H3 井筇竹寺组数据来源文献吴伟等（2014）

　　利用 $\delta^{13}CH_4$ 与 $\delta^{13}C_2H_6$ 相关图可以对天然气成因进行判识，低成熟度样品烷烃气碳同位素属正碳同位素系列（Barnett 页岩气 Group2A、2B），仅有个别为碳同位素发生倒转（图 5-12）。高成熟页岩气烷烃碳同位素普遍发生倒转（Fayetteville shale、焦石坝龙马溪组），而且随着成熟度增加，气体干燥系数增加、倒转程度增强。Fayetteville shale 和焦石坝龙马溪组页岩气中烃类气体稳定碳同位素倒转发生在干燥系数大于 95% 的成熟烃源岩区，威远地区威 201-H3 井筇竹寺组、宜页 1 井水井沱组页岩气稳定碳同位素均发生倒转，且气体干燥系数大于 98%。参考 Telley 对天然气热演化阶段划分，研究区寒武系水井沱组页岩气具有 $\delta^{13}C_2H_6<\delta^{13}C_3H_8<\delta^{13}CH_4$ 的特征，现处于反转后阶段早期。轻烃稳定同位素的倒转，表明水井沱组页岩气具有多源复合热成因气的特点。

　　烃类气体 $\delta^{13}CH_4$ 与 $C_1/\sum$（$C_2\sim C_5$）交汇图显示（图 5-12），宜页 1 井水井沱组页岩气与北美 Illinois 盆地 New Albany 页岩生物-热混合成因气、Fort Worth 盆地 Barnett 页岩热成因气、Arkoma 盆地 Fayetteville 页岩和 Appalachian 盆地南部志留系—奥陶系深盆气存在明显差异，而与同一时代的四川盆地筇竹寺组页岩气相似。水井沱组页岩气具有重碳同位素和干气两个特征，表明其来源于原油二次裂解气的混合。在高过成熟演化

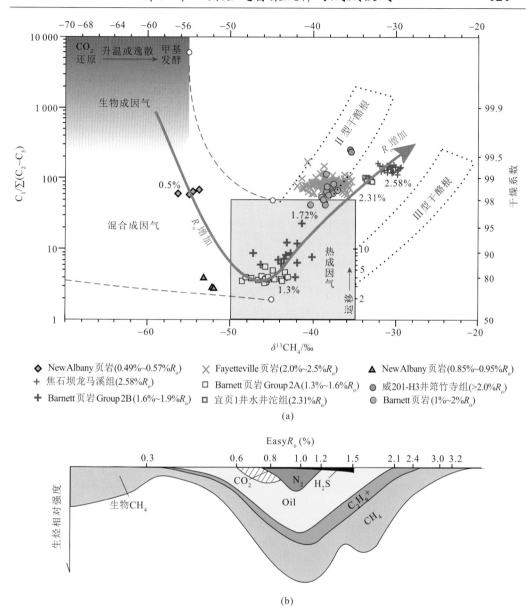

图 5-12　天然气成因判识 $\delta^{13}CH_4$ 与 $C_1/\sum(C_2 \sim C_5)$ 相关图（Culver et al.，2010；　Bernard，1978）

阶段，原天然气中的乙烷含量已经很少，油的二次裂解可产生具轻碳同位素的乙烷，造成烃类气体碳同位素发生倒转。

　　宜昌地区寒武系、志留系以Ⅰ型干酪根为主，但是图解投点在两种不同类型的干酪根之间。对其解释，一种可能是早古生代的页岩气生气时间早，经历长时间的保存后发生局部逸散，导致气体的成分和碳同位素发生变化。另一种可能是与宜昌地区寒武系、志留系特殊的生烃母质的特性有关。研究区下寒武统水井沱组页岩形成于分层的硫化环境中，海底甲烷菌发育。水井沱组有机质母源为经强烈菌解的藻类和甲烷菌，有机分子结构中以短脂肪链占优势,油气潜力分布于一个很窄的活化能范围内,其有机组分的衰竭远比通常的油相阶段($R_o$=1.3%)发生的晚,与 III 型干酪根的生油门限相近,生油所需的能量较高。因此下寒武统水井沱组页岩中有机质的后续生气特征与 III 型干酪根具有可比性。

## 四、页岩气赋存机理

与常规油气不同,页岩既是生气层,也是储集层,页岩气多具有原地成藏、近源成藏的特点。由于页岩本身具有较强的非均质性,储集空间多表现出明显的多孔介质特性,再加上受到多期构造运动和高热演化背景下各种地质因素的影响,页岩气在富集成藏过程中的赋存相态和比例会不断发生变化。

### (一)页岩气赋存状态

通常认为,页岩中的气体有吸附、游离和溶解三种状态,以吸附态和游离态为主,溶解态最少。在地质历史时期特定的物理-化学条件下,这三种状态的页岩气会能够保持一定的比例,形成动态平衡体系。

#### 1. 吸附气

吸附气是指以吸附状态保存在有机质或矿物颗粒表面的气体。国内外的页岩气勘探实践显示,页岩产层中开采出的页岩气总量远超过了其自身孔隙的容积,表明吸附态页岩气在页岩中的重要意义。据宜页 1 井的现场解析数据,吸附气占比在 45.21%～81.44%,主要集中在 52.23%～76.01%,平均值为 63.55%(表 5-3)。

表 5-3　宜页 1 井现场解析数据

| 编号 | 深度/m | 解吸气含量/(m³/t) | 损失气含量/(m³/t) | 总含气含量/(m³/t) | 游离气占比/% | 吸附气占比/% |
|------|--------|----------------|----------------|----------------|------------|------------|
| CY-1 | 1 762.38 | 0.221 | 0.0937 | 0.315 | 29.78 | 70.22 |
| CY-2 | 1 763.78 | 0.404 | 0.271 | 0.675 | 40.10 | 59.90 |
| CY-3 | 1 766.57 | 0.297 | 0.127 | 0.424 | 29.90 | 70.10 |
| CY-4 | 1 772.54 | 0.294 | 0.169 | 0.463 | 36.53 | 63.47 |
| CY-5 | 1 775.74 | 0.334 | 0.258 | 0.591 | 43.59 | 56.41 |
| CY-6 | 1 777.56 | 0.203 | 0.122 | 0.326 | 37.57 | 62.43 |
| CY-7 | 1 780.05 | 0.258 | 0.161 | 0.418 | 38.38 | 61.62 |
| CY-8 | 1 782.74 | 0.226 | 0.104 | 0.330 | 31.60 | 68.40 |
| CY-9 | 1 790.17 | 0.551 | 0.212 | 0.763 | 27.82 | 72.18 |
| CY-10 | 1 791.56 | 0.446 | 0.165 | 0.610 | 26.95 | 73.05 |
| CY-11 | 1 792.02 | 0.415 | 0.206 | 0.621 | 33.18 | 66.82 |
| CY-12 | 1 792.51 | 0.558 | 0.189 | 0.747 | 25.31 | 74.69 |
| CY-13 | 1 793.97 | 0.434 | 0.145 | 0.579 | 25.02 | 74.98 |
| CY-14 | 1 795.70 | 0.553 | 0.188 | 0.741 | 25.35 | 74.65 |
| CY-15 | 1 804.91 | 0.539 | 0.179 | 0.718 | 24.96 | 75.04 |

续表

| 编号 | 深度/m | 解吸气含量/<br>（m³/t） | 损失气含量/<br>（m³/t） | 总含气量/<br>（m³/t） | 游离气占比/% | 吸附气占比/% |
|---|---|---|---|---|---|---|
| CY-16 | 1 809.14 | 0.750 | 0.271 | 1.020 | 26.52 | 73.48 |
| CY-17 | 1 809.73 | 0.922 | 0.378 | 1.300 | 29.08 | 70.92 |
| CY-18 | 1 813.01 | 0.980 | 0.409 | 1.390 | 29.45 | 70.55 |
| CY-19 | 1 814.32 | 0.608 | 0.155 | 0.762 | 20.30 | 79.70 |
| CY-20 | 1 816.48 | 0.663 | 0.151 | 0.814 | 18.56 | 81.44 |
| CY-21 | 1 820.02 | 0.607 | 0.191 | 0.798 | 23.99 | 76.01 |
| CY-22 | 1 821.88 | 0.943 | 0.265 | 1.210 | 21.90 | 78.10 |
| CY-23 | 1 823.68 | 1.070 | 0.654 | 1.720 | 38.02 | 61.98 |
| CY-24 | 1 826.79 | 1.410 | 1.170 | 2.570 | 45.33 | 54.67 |
| CY-25 | 1 828.89 | 1.060 | 0.476 | 1.540 | 30.96 | 69.04 |
| CY-26 | 1 831.42 | 1.030 | 0.348 | 1.370 | 25.28 | 74.72 |
| CY-27 | 1 833.05 | 0.925 | 0.263 | 1.190 | 22.16 | 77.84 |
| CY-28 | 1 835.45 | 0.948 | 0.328 | 1.280 | 25.69 | 74.31 |
| CY-29 | 1 837.69 | 1.120 | 1.070 | 2.190 | 48.88 | 51.12 |
| CY-30 | 1 839.52 | 1.200 | 0.933 | 2.140 | 43.68 | 56.32 |
| CY-31 | 1 841.24 | 1.300 | 1.050 | 2.350 | 44.59 | 55.41 |
| CY-32 | 1 843.20 | 1.410 | 1.320 | 2.730 | 48.33 | 51.67 |
| CY-33 | 1 843.75 | 1.170 | 0.836 | 2.010 | 41.62 | 58.38 |
| CY-34 | 1 846.47 | 1.400 | 0.833 | 2.230 | 37.29 | 62.71 |
| CY-35 | 1 849.14 | 1.350 | 1.100 | 2.450 | 44.84 | 55.16 |
| CY-36 | 1 851.22 | 1.390 | 1.230 | 2.630 | 46.96 | 53.04 |
| CY-37 | 1 853.31 | 1.440 | 1.130 | 2.570 | 44.14 | 55.86 |
| CY-38 | 1 854.35 | 1.690 | 1.670 | 3.360 | 49.66 | 50.34 |
| CY-39 | 1 856.64 | 1.530 | 1.560 | 3.080 | 50.46 | 49.54 |
| CY-40 | 1 858.72 | 1.500 | 1.820 | 3.310 | 54.79 | 45.21 |
| CY-41 | 1 860.51 | 1.570 | 1.310 | 2.880 | 45.45 | 54.55 |
| CY-42 | 1 862.43 | 2.380 | 2.390 | 4.770 | 50.10 | 49.90 |
| CY-43 | 1 864.60 | 2.720 | 2.760 | 5.480 | 50.34 | 49.66 |
| CY-44 | 1 866.06 | 1.930 | 1.840 | 3.770 | 48.83 | 51.17 |
| CY-45 | 1 868.43 | 1.710 | 1.570 | 3.280 | 47.77 | 52.23 |
| CY-46 | 1 870.84 | 2.620 | 2.210 | 4.830 | 45.80 | 54.20 |

**2. 游离气**

游离气是指保存在页岩孔隙或裂隙中能自由运移的天然气，它服从一般气体状态方程，其量的大小取决于孔隙体积、温度、气体压力和气体压缩系数。游离气的含量及占比对页岩气井初期产量影响显著，北美 Barnett 页岩气开发的核心区游离气在总原地气中所占比例一般在 40%～50%。据宜页 1 井的现场解析数据，游离气占比在 18.56%～

54.79%，现场解析总含气量大于 2.0 m³/t 的高含气段的游离气占比在 37.29%～54.79%，平均值为 46.78%（表 5-3）。

**3. 溶解气**

溶解气是指以溶解态存在干酪根、沥青和地层水中的气体。一般认为相较于地层水而言，液态烃类中的溶解气含量较多，但页岩中的溶解气占比较小，尤其是有机质热演化阶段达到生干气以后，溶解气含量多小于 10%。在一定温度条件下，压力越大，气体越易溶于液体；而在一定的压力条件下，温度越高，反而不利于气体以溶解态形式存在。此外，气体是否易溶还取决于液体的性质、气体的组分及比例等因素。

（二）页岩气赋存机理

南方寒武系海相页岩多经历过深埋藏，有机质热演化程度高，页岩气组分以甲烷为主。页岩气储集在页岩中的复杂孔裂隙系统中，微观尺度下甲烷分子与孔隙介质之间的相互作用及甲烷分子间的相互作用，共同制约了气体的赋存状态。据左罗等（2014）对孔隙介质中甲烷分子的受力分析，甲烷分子在孔隙壁附近受到壁面分子的作用力较强，当自身能量不足以使其逃离壁面的色散力（吸引力）作用时，气体分子会向孔隙壁面富集，即气体分子被吸附在孔隙壁面；由于分子无时无刻不在进行热运动，在其他分子撞击下被吸附的分子可能逃脱壁面分子的束缚成为游离，并且越远离孔隙壁气体分子受影响的越小。因此，在一段时间内既有被新吸附的分子也有逃离壁面的分子，吸附-游离处在动态平衡中，而远离壁面作用的甲烷分子则在孔隙中央呈现游离态。

前人依据 Lennard-Jones 经验模型定量化分析了气体分子与孔隙壁间的作用关系，认为在距离孔壁 10 nm 的范围内，甲烷分子与孔壁间具有较强的相互作用力，甲烷分子多以吸附态形式存在；距离孔隙壁大于 10 nm 的范围内，甲烷分子受孔壁影响小，甲烷分子以游离态形式存在（图 5-13）。

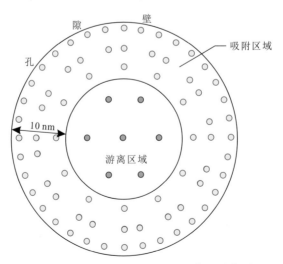

图 5-13　孔隙壁与甲烷分子相互作用示意图

综上分析认为，页岩气赋存主要取决于有机质演化阶段、矿物组成及孔隙结构特征。具体来说，有机质演化阶段控制了页岩气的组成和数量，在气源足够的情况下，甲烷分子会先以吸附态和溶解态形式存在，当前两者达到饱和后，才会出现游离态的页岩气体。矿物组成则对页岩的吸附能力及孔隙组成具有重要贡献，孔隙壁的分子与甲烷分子的作用越强，则一定区域内甲烷吸附量越大；而不同矿物组成页岩的孔隙特征也存在明显差异。页岩的孔隙结构特征表征了孔隙中不同孔径的分布，决定了受孔隙壁面影响区域的比例，对页岩气赋存状态及相对比例具有重要制约作用。因此，在页岩的浅-中埋藏期，虽然此时页岩的孔隙度及孔隙结构较好，但此时气体产量较少，甲烷以吸附态为主；在生油期，在有机酸和黏土矿物转化的共同作用下，孔隙得到有效改善，气体明显增多，但是由于处在液态烃类大量生产阶段，页岩中的气体以吸附态和溶解态为主；在生气早期，液态烃类开始裂解生气，吸附态和溶解态气体达到饱和，游离气比例会逐渐升高，此时以吸附态和游离态为主；到了生气高峰-深埋期，气体量会急剧升高，但由于高埋藏演化背景下孔隙结构遭受破坏，以微小孔为主，气体应该是以吸附态为主，若是封闭性质好导致层内超压，形成微裂缝网络，或是发生抬升作用，页岩中孔隙结构都将发生明显改善，游离态气体占比会增加，甚至超过吸附态气体的比例（图 5-14）。

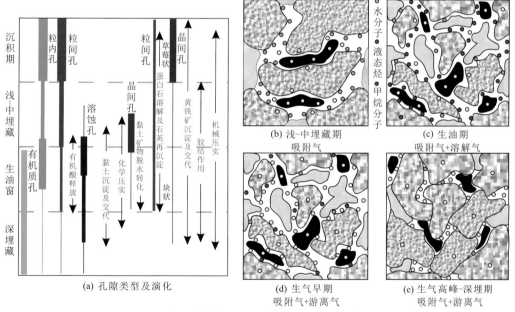

图 5-14　页岩埋藏演化阶段孔隙演化及页岩气赋存相态转变

以宜页 1 井为例，寒武系水井沱组经历了高演化阶段，有机质热演化处于热裂解生干气阶段，现场解析实验证明页岩含气性好，气源充足；页岩矿物组成显示为高钙质特征，由上至下钙质含量逐渐减小，硅质含量升高；孔隙结构特征研究表明，页岩中的孔隙直径以 5～10 nm 为主；又由于黏土矿物含量较高，以及碳酸盐矿物对孔隙结构的破坏，页岩含气层段中吸附气比例较高；但随着深度的增加，孔隙度和孔隙结构明显改善，页岩中吸附气比例有所下降，游离气含量出现一定升高（图 5-15）。

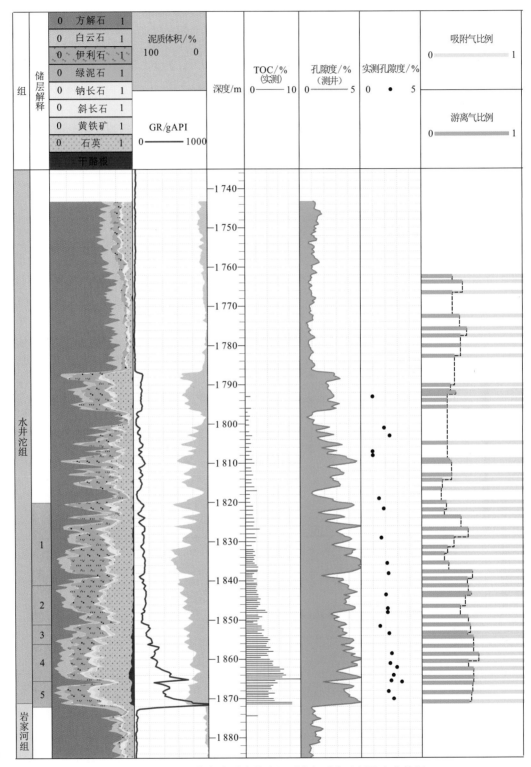

图 5-15　宜页 1 井寒武系水井沱组页岩气赋存比例及变化特征

# 第二节 页岩气保存条件与保存富集模式

## 一、页岩含气性影响因素分析

Bowker（2007）认为 Barnett 页岩高产区存在 5 个影响含气性的因素：①有机碳含量，页岩气勘探目标 TOC 应达 2.5%～3.0%；②页岩厚度应大于 15 m，30 m 厚的富有机质页岩足以产出商业气流；③成熟度，热演化程度应该处在生气窗；④孔隙度和含水饱和度，Barnett 页岩高产区的孔隙度为 5.5%，含水饱和度为 25%；⑤黏土矿物含量应小于 50%。页岩含气量受 TOC、热成熟度、矿物组分、地层压力、裂缝发育程度等多种因素的影响。但具体针对特定的页岩气区块，在这几个参数基本一致的情况下，含气性变化范围仍然很大，且含气量高的井不一定高产，也表明对含气性的分析不能简单套用这些统计规律。

### （一）总有机碳含量

总有机碳含量是页岩气藏评价中的一个重要指标，它既是页岩生气的物质基础，决定页岩的生烃强度；也是页岩吸附气的载体之一，决定页岩的吸附气含量大小；还是页岩孔隙空间增加的重要因素之一，决定页岩吸附游离气的能力。研究表明，页岩的含气量主要取决于其总有机碳含量（Curtis，2002）。

随着页岩总有机碳含量增大，解析气含量和总含气量不断增大。解析气含量、总含气量与页岩的总有机碳含量之间存在很好的正相关关系，拟合系数（$R^2$）达 0.830 4 和 0.886 4（图 5-16），说明有机碳含量是影响页岩气含量的主要因素。总含气量大于 2 m³/t 的页岩 TOC 一般超过 1.6%，这类页岩主要为灰黑色富有机质碳质页岩、含藻类生物化石。总含气量小于 1 m³/t，TOC 也均低于 1%，如 1 762.2 m～1 820.2 m 段和 1 876.9 m～1 938.4 m 段，其岩性主要是深灰色钙质泥岩、硅质泥岩、泥质灰岩等（图 5-17）。

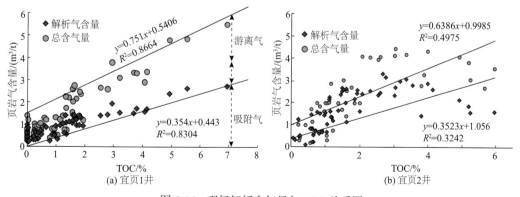

图 5-16 现场解析含气量与 TOC 关系图

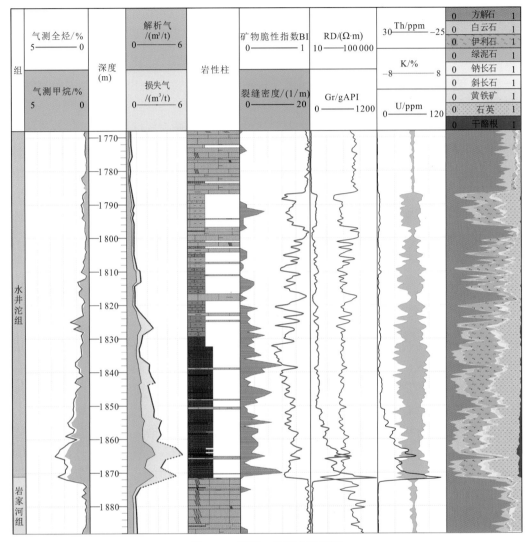

图 5-17　宜页 1 井综合柱状图

总有机碳含量越高，页岩吸附能力越强，两者存在很好的正相关关系。利用建立的线性关系式可以对已知 TOC 的页岩含气量进行初步预测，当页岩 TOC 为 2% 时，吸附气含量为 0.92 m³/t；TOC 为 5% 时，吸附气含量为 2.38 m³/t。高 TOC 的页岩中气体赋存主要与有机质颗粒有关，原因主要是总有机碳含量越高，页岩的生气潜力就越大，单位体积页岩的含气量就越高；泥页岩微孔、中孔的表面积随着 TOC 的增加而增大（Ross et al.，2007），且有机质表面具亲油性，对气态烃有较强的吸附能力。

（二）脆性矿物含量

页岩中的无机矿物成分主要为黏土、石英和方解石，其相对组成的变化影响了页岩的孔隙结构，进而影响了气体的吸附能力（Fathi et al.，2009）。陆源碎屑石英和生物成因的硅质石英是页岩中常见的石英类型。陆源碎屑石英为刚性颗粒，在机械和化学方面相对稳定，在页岩埋藏过程中可起支撑作用，减小压实应力对颗粒之间孔隙的影响。生物硅质石英主要来源硅藻、放射虫和海绵骨针等硅质生物碎屑，其分布可以反映初级古生产力的变化，与沉积物有机质丰度密切相关。黏土矿物多微孔，有利于气体的大量吸附，但当水饱和时，对气体的吸附能力降低（Fathi et al.，2009）。页岩的矿物组成也反映了页岩的沉积环境，通过不同矿物组成的含量多少可以预测页岩气富集区。

在宜昌地区，寒武系水井沱组下部黑色页岩可见大量生物结构石英，含气页岩层石英含量在 12.5%~44.4%，平均为 26.63%，页岩含气量、TOC 与石英含量成明显正相关性[图 5-18（a），（c）]，两者相关系数 $R^2$ 可达 0.511~0.454，表明寒武系水井沱组页岩硅质的富集与有机质密切相关，硅质来源可能与生物作用有关（刘江涛 等，2017）。

此外脆性矿物黄铁矿的普遍存在，斯伦贝谢 ELANPLUS 测井解释含气页岩层黄铁矿重量百分比在 0.2%~6.22%，平均为 2.55%，黄铁矿与有机质呈同步正向变化[图 5-18（d）]，同时黄铁矿含量和页岩含气量呈正相关关系[图 5-18（b）]，相关系数 $R^2$ 可达 0.709，表明页岩原始沉积时的还原环境有利于有机质的保存。岩心观察表明，黄铁矿多呈毫米级的显微星点状散布于页岩中，高的海洋生物生产力造成大量的有机碳输入的同时产生高强度的硫酸盐还原环境，水体或孔隙水中的 $S^{2-}$ 以铁的硫化物形式和有机质同时埋藏起来，这类沉积的原生黄铁矿大量发育是强还原环境的体现（常华进 等，2007）。

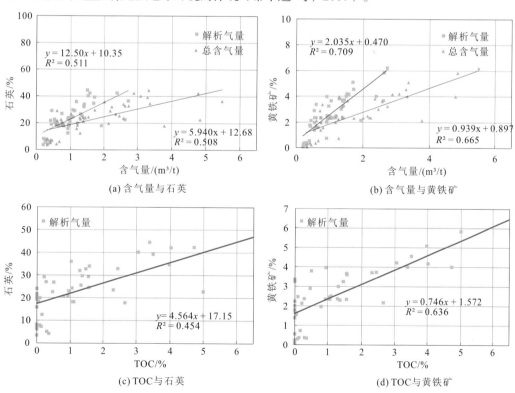

图 5-18　宜页 1 井脆性矿物含量与含气性相关性分析图

其他矿物方面，页岩含气量与黏土、碳酸盐矿物含量变化关系不明显，统计表明，页岩含气量与碳酸盐矿物含量呈弱负相关性，与长石、黏土矿物含量呈弱正相关性。

## （三）储层裂缝分布

页岩气虽然具有地层普遍含气性特点，但目前具有工业勘探价值的页岩气藏或甜点主要依赖于页岩地层中具有一定规模的裂缝系统（郭英海 等，2015）。在美国大约 3000 口钻井中，钻遇具有自然工业产能的裂缝性甜点的井数只有大约 10%，表明裂缝系统是提高页岩气钻井工业产能的重要影响因素（郭旭升，2014）。在页岩中裂缝、溶蚀页理缝是主要的储集空间，裂缝发育在大部分页岩中，以多种成因（压力差、断裂作用、顺层作用等）的网状裂缝系统为特征。裂缝对储层物性的影响主要表现在其对储集空间的调整和渗滤通道的形成（蒲泊伶 等，2014）。裂缝发育带不但提供了游离态页岩气赋存的空间，而且为页岩气的运移、聚集提供了输导通道，并且对页岩气的开发十分有利。

宜页 1 井水井沱组页岩天然裂缝发育（图 5-19）。利用 FMI 成像测井资料对水井沱组—岩家河组裂缝统计表明，页岩层发育大量构造成因的天然裂缝，裂缝间隙多被方解石等高阻矿物全部或部分充填。目的层 1 820 m～1 874 m 段发育高阻缝 222 条，裂缝主频

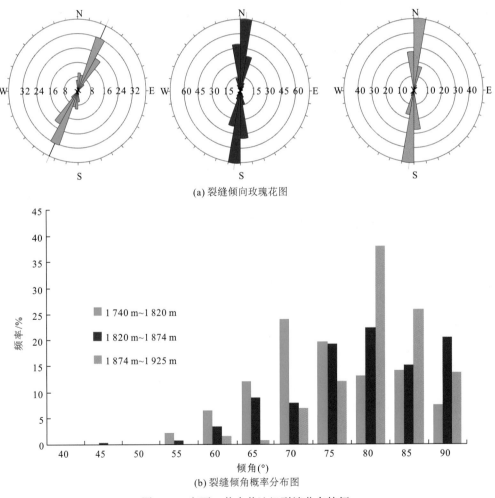

(a) 裂缝倾向玫瑰花图

(b) 裂缝倾角概率分布图

图 5-19　宜页 1 井水井沱组裂缝分布特征

为 65°～75°；1 740 m～1 820 m 段发育高阻缝 91 条，裂缝主频为 80°～90°；岩家河组 1 874 m～1 925 m 段发育高阻缝 115 条，裂缝主频为 80°～85°。裂缝走向受区域构造应力的控制，与其西南部的天阳坪断层走向接近。对高阻缝随垂向分布统计表明，水井沱组高阻缝密度（每米井段所见到的裂缝总条数，单位为条/m）在 5 小层和 2 小层最高，达到 8～12 条/m，特别在水井沱组下部 4～5 小层，含气量与裂缝发育密度有很好的对应关系。

宜页 1 井页岩气中游离气占比与储层裂缝发育直接相关。1 854.35 m～1 870.84 m 段含气量高，页岩储层致密，TOC 和成熟度十分接近，随着页岩储层裂缝发育程度的增加，总含气量增大。岩心也揭示该段发育水平缝、垂直缝和高角度斜裂缝，部分被方解石充填，部分未充填。水井沱组底界面深度处 1 870.27 m～1 871.51 m 段的黑色碳质泥岩中发育顺层滑动作用（图 5-20）。近水平的滑脱带的位置和特性受微妙的岩性变化控制，碳质泥岩具有岩性软、强度低、密度小、易发生变形的特点，特别是位于底板岩家河组强硬硅质白云岩之间的碳质泥岩，更容易发生结构、形态和体积的变化，变形产生的镜面擦痕与层面斜交呈波浪状。

图 5-20　宜页 1 井 1 864.72 m 含气页岩层间揉皱变形强烈

（四）地层压力

依据现场实测解析气含量，考虑钻探、取心过程中损失时间，通过回归方程计算了损失的游离气含量。研究表明宜页 1 井游离气含量占总含气量的 18.57%～50.46%，平均为 35.52%。当含气量大于 2 m³/t 时，游离气含量占比接近 38.64%，表明水井沱组页岩中吸附气含量占主要地位，页岩气大多数以吸附态赋存在矿物颗粒、干酪根和孔隙表面，少部分以游离态存在于页岩各种孔隙中。

宜昌地区寒武系页岩中较低的游离气占比与地层常压状态有关。对全球典型页岩气产区的游离气含量统计表明（图 5-21），在不同地层压力背景下，含气量的构成差异十分明显（王淑芳 等，2015）。焦石坝志留系龙马溪组以游离气为主（郭旭升，2014），现场解析获得的游离气含量占比为 56%～65%，产气段地层压力系数为 1.4；北美页岩中游离气含量占比在 40%～80%，其中 Antrim 为生物气，含气量为 1.13～2.83 m³/t，地层为常压；Lewis 为热解气，低压，两套页岩均以吸附气为主，含气量较低（小于 2 m³/t）；Barnett、Marcellus、Haynesville 等典型页岩气藏超压特征明显（Hill et al.，2000），含气性较高（2～9.9 m³/t），游离气量比例大，吸附气含量不超过 50%。超压气藏游离气含量高的机理在于生烃增压产生微裂缝，大幅增强储层渗流性能。同时压力增大提高了页岩气含量，更有利于增强页岩气的封存。

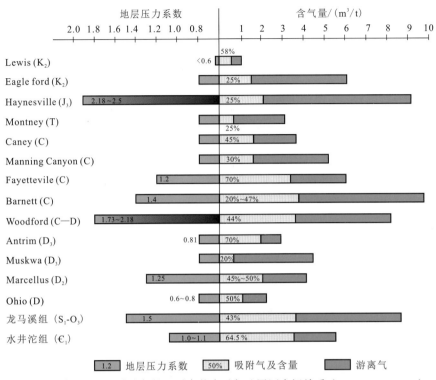

图 5-21　典型区块页岩含气性、赋存状态及与地层压力间关系（Hill et al., 2000）

对页岩生烃史的研究表明，早-低成熟阶段生成的天然气没有形成明显的运移，大部分吸附在有机质表面并保存下来（曹环宇 等，2015）。然而在漫长的地质过程中，储存在大孔隙、裂缝中的游离气将会逸散，同时伴随着地层压力的降低。宜页 1 井水井沱组页岩埋藏相对较浅，游离气含量占总含气量的比例不超过 45%，从一个侧面也证明了这一观点，烃类气体的散失主要是构造运动地层抬升和应力释放引起的。

（五）储层品质

水井沱组微裂缝的形成还与黏土矿物脱水形成层间微裂缝有关。通常情况下，泥岩黏土矿物组成随页岩埋深加大而发生变化，表现为膨胀型黏土成分蒙脱石、伊蒙混层含量减少，非膨胀型黏土绿泥石、伊利石含量增加。对于大多数含油气地层，$R_o$>2.0%时，泥岩中黏土矿物已经是以非膨胀性成分的伊利石为主，绿泥石含量大于 20%，伊蒙混层矿物含量小于 30%，泥岩基本失去可塑性质，在构造活动区极易产生微裂缝而失去封盖能力。

宜昌地区寒武系水井沱组页岩的黏土矿物含量随深度变化关系如图 5-22 所示，1 835 m～1 872 m 含气页岩段黏土矿物含量为 25%～30%，其中以伊利石为主，含量基本在 60% 以上，1 858 m～1 872 m 主力页岩气段伊利石含量达到 90%～100%；伊蒙混层含量的 25%～45%，下部页岩气主力段不含伊蒙混层矿物；绿泥石含量为 8%～12%，高岭石含量不超过 4%；由于成熟度过高，不含蒙脱石（S）和绿/蒙间层（C/S）矿物。

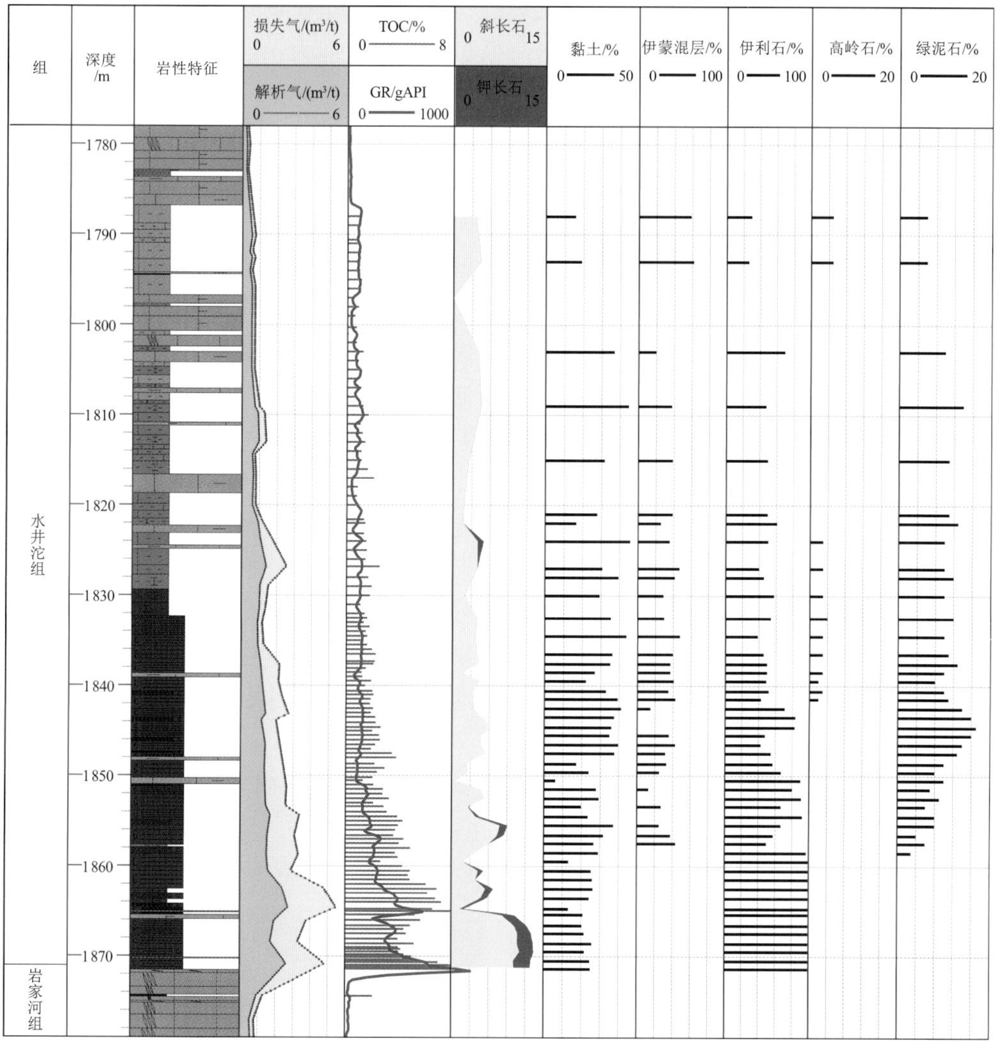

图 5-22　宜页 1 井水井沱组页岩黏土矿物含量随深度变化图

　　伊利石和绿泥石是成岩及后生作用阶段的主要黏土矿物；伊利石通过蒙脱石、高岭石等黏土矿物及长石等在成岩阶段蚀变而成（Sanjuan et al.，1987）。根据南方其他地区筇竹寺组黏土矿物组成可知其转化经过蒙脱石—蒙伊混层—伊蒙混层—伊利石及高岭石—伊利石，演化是从无序混层到有序混层逐步进行的，并需要有钾离子的供应。水井沱组页岩部分样品普遍存在长石，以斜长石为主，含量随埋深有增加的趋势，而钾长石很少，仅在 1 850 m 深度下出现，含量不超过 3%，其余则不含钾长石和高岭石。

　　不同类型的黏土矿物所具有的比表面积也具有很大的差异（Ji et al.，2012）。如蒙脱石、伊蒙混层、绿泥石、高岭石和伊利石的比表面积分别为 76.4 m²/g、30.8 m²/g、15.3 m²/g、11.7 m²/g 和 7.1 m²/g（Ji et al.，2012）。蒙脱石和伊蒙混层等具有较高的比表面积，因而可能会对页岩总比表面积有较大的贡献。不同黏土矿物甲烷吸附量也有较大的差异，

Ji 等（2012）和 Gasparik 等（2014）研究认为蒙脱石的吸附能力大于伊利石和高岭石，说明蒙脱石含量越高，页岩吸附能力可能就越强。但是黏土矿物是亲水性的，在含水的情况下，水分会占据微孔吸附位置而显著降低页岩的吸附能力，使得黏土矿物对页岩吸附能力的贡献不明显（Zhang et al.，2012）。石英、方解石等脆性矿物由于具有极低的比表面积，它们对页岩吸附的贡献可以忽略（Ross et al.，2007）。宋叙等（2013）在研究贵州遵义牛蹄塘组（水井沱组）页岩时注意到蒙脱石含量与页岩甲烷吸附量之间的线性相关性，这可能是蒙脱石具有很大的活性表面及层间孔隙因而能够吸附一定量的甲烷气体。曹涛涛等（2015）在研究贵州遵义牛蹄塘组（水井沱组）页岩的比表面积时，注意到牛蹄塘组（水井沱组）页岩比表面积与黏土矿物含量之间则有较弱的正相关性，而牛蹄塘组（水井沱组）页岩比表面积与蒙脱石含量有一定的正相关性，认为蒙脱石含量是影响牛蹄塘组（水井沱组）页岩比表面积高低的重要因素。

对于宜页 1 井而言，水井沱组页岩中蒙脱石含量很低，伊利石含量很高，在下部 1 850 m～1 872 m 内伊利石含量约为 100%，由此推测黏土对页岩比表面积的贡献有限。从 TOC 与页岩含气性相关图的分析和前人研究工作都可以看出，水井沱组富有机质页岩吸附气以干酪根的吸附作用为主，矿物（包括黏土矿物和脆性矿物）的作用较小。

但对于水井沱组高过成熟烃源岩而言，通过 SEM 观察常发现（图 5-23），水井沱组页岩伊利石的发育常伴随着微裂缝的产生。黏土矿物转化过程中脱出大量结构水，转化为非膨胀性伊利石，而在层间形成微裂缝，这些裂缝峰宽较小，连通性好，是页岩气的优质储集空间和运移通道。

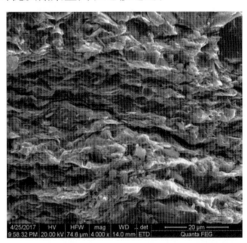
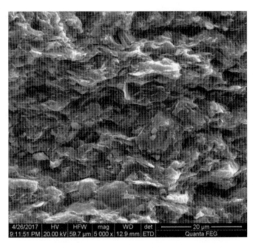

（a）1 849.6 m（×4000）伊利石顺层分布，见顺层裂隙　　　（b）1 860.5 m（×5000）自生伊利石、碎屑长石

图 5-23　水井沱组页岩 SEM 照片

在页岩矿物组分中，总有机碳含量可以从一定程度上表征页岩对天然气的吸附能力。总有机碳含量直接影响页岩吸附气量产生数量级的变化，另外，页岩中硅质矿物含量对页岩裂缝的形成至关重要，直接影响后期压裂造缝，控制页岩产气能力。一般地，有机质和石英含量都很高的页岩脆性较强，容易在外力作用下形成天然裂缝和诱导裂缝，有利于天然气的渗流。通过含气量与有机地球化学和矿物成分等多个指标进行相关性拟

合，宜地 2 井水井沱组含气量与泥页岩中的 TOC、脆性矿物中的石英含量相关性较大，与碳酸盐呈负相关性（图 5-24），也表明水井沱组页岩含气性受沉积相带所控制，即受到优质页岩发育所控制。

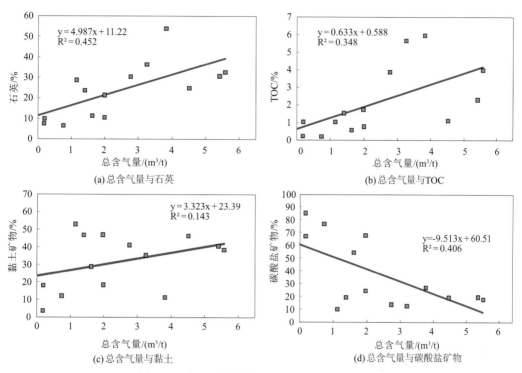

图 5-24　宜地 2 井含气性影响因素相关性分析图

## （六）其他因素

除以上地质因素外，有机质成熟度、页岩层厚度、埋深等多种地质因素也会影响页岩地层含气量。大量勘探实践统计表明：①当 $R_o$ 在 1.0%～3.5%时，页岩有机质成熟度越高，越有利于聚集成藏。对于热成因型气藏，含气量随页岩有机质成熟度的增高而逐渐增大。根据北美和我国南方海相页岩气勘探与生产实践（程鹏，2013；Chalmers，2012），北美页岩气开发区成熟度最高的是 Marcellus 页岩，$R_o$ =1.0%～3.5%，但 $R_o$>3.0%区域不到页岩分布面积的 1/10。商业性页岩气藏的 $R_o$ 一般处于 2.0%～3.5%，成熟度过高（$R_o$>3.5%）时，页岩样品的微孔比表面积开始降低，介孔与微孔孔容之和一直增加，但其比表面积有减少的趋势。②页岩层厚度在一定程度上控制着页岩气藏规模大小及经济效益，美国五大产气页岩气藏 Antrim、Ohio、New Albany、Barnett 和 Lewis 页岩净厚度均在 30 m 以上，分别为 70～120 m、30～100 m、50～100 m、50～200 m 和 200～300 m。因此具有工业价值的含气页岩层厚度下限为 15 m，具有良好经济效益的优质页岩气藏的页岩厚度应大于 30 m。③页岩埋藏深度关系着页岩气藏开发的难度和经济效益，但深度不是决定页岩气藏发育的决定因素。例如美国发现的页岩气藏深度变化较大，分布在 76.2 m～3 658.0 m。随着埋深的增加，温度、压力不断升高，有机质成熟度随之增大，更有利于页岩气的生成和吸附。

## 二、保存条件分析

在页岩气富集成藏和三元富集理论中（何治亮 等，2016；郭旭升，2014），都强调了页岩气保存条件的重要性。与常规油气保存不同的是，页岩气富集成藏具有特殊性，主要表现为：①页岩既是气源岩，也是储集体，具有含气饱和度高、储层低孔低渗的特点；②页岩气分布不受构造控制，没有圈闭界限，含气范围受成气源岩面积和良好封盖层控制。虽然泥页岩作为良好的屏蔽层，渗透性较差，可作为常规油气藏的盖层，但最近的研究表明，保存条件的好坏不仅控制了页岩气的含气量，而且影响了页岩气中甲烷成分的含量和纯度，因此对页岩气保存条件的评价同样十分重要（胡东风 等，2014）。

页岩气藏集生储盖于一体，本身就是盖层，并且由于页岩气吸附机理的存在，即使经历一定的构造运动，也可能有吸附态的天然气赋存。但是，对于构造运动期次较多、强度较大的地区来说，页岩气的盖层条件研究不容忽视。根据常规油气盖层的研究成果，页岩气的盖层可以分为直接盖层（顶底板条件）和间接盖层。根据宜页1井、宜地2井实钻剖面，结合区域烃源岩、储层和盖层分布，宜昌地区存在两套盖层，分别是：①直接盖层或顶底板条件，水井沱组页岩层及其上下岩层是页岩气的直接盖层；②区域盖层，主要是指覃家庙组含膏云岩和云质膏岩盖层，这些区域性盖层的存在维持了其下部页岩层系的压力体系，膏岩层作为区域盖层对其下的油气聚集起到了重要作用。除盖层对页岩气保存有直接影响外，页岩厚度、埋深，以及构造作用均对页岩气保存有较大的影响。

### （一）页岩厚度及埋深

物性资料分析说明，在没有裂隙和断层发育的情况下，泥质页岩在埋深加大、时代变老、演化程度升高时，由于上覆地层的压实作用加大，泥岩孔喉半径、最大连通孔喉半径减小，孔隙度、渗透率减低，扩散系数也变小，比表面积、密度、硬度增大，突破压力也增大，页岩的封盖能力变好。事实证明，泥岩层厚度大于1 m时就可以起到封盖作用，但实际上必须考虑到岩性横向上的稳定性，烃类气体总是在最薄弱的地区散失。页岩层厚度的增大会减小或堵截连通孔喉垂向上的连通性，防止气体扩散。地质历史时期气体扩散强度与盖层的距离（厚度）成正比，常规油气盖层的厚度越大越好，一般较好的泥页岩盖层厚度都大于20 m。

北美典型含气页岩埋深为183 m～4 115 m（表5-4，图5-25），美国五大盆地页岩气藏埋深主要为610 m～2 591 m，页岩有效厚度为9～91.4 m。其中 Barnett 页岩产气地层埋深1 981 m～2 591 m，页岩有效厚度为15～61 m。宜昌地区宜地2井、宜页1井水井沱组页岩厚度大于70 m，最大埋深超过1 700 m，页岩含气性好。与之邻近的秭地2井水井沱组底部埋深不超过360 m，该井现场解析气体组分中氮气含量平均高达44.63%，表明在埋深较浅条件下，页岩气的保存条件差。埋深影响富有机质页岩的吸附气含量，在埋深1 000 m之前，吸附气含量随埋深增加而增加；埋深达1 000 m以后，吸附气含量随埋深增加而减少。

表5-4　鄂西地区重点研究层位页岩气与焦石坝、北美典型页岩气层位储层特征（Curtis，2002；Bustin，2005；Wang et al., 2011）

| 研究区名称 | 宜昌地区 | 宜昌地区 | 宜昌地区 | 焦石坝及邻区 | Fort Worth | Appalachian | Appalachian | Michigan | San Juan | Illinois | Arkoma | Anadarko | T-L-M-Salt |
|---|---|---|---|---|---|---|---|---|---|---|---|---|---|
| 页岩层位 | 陡山沱组 | 水井沱组 | 五峰组—龙马溪组 | 五峰组—龙马溪组 | Barnett | Ohio | Marcellus | Antrim | Lewis | New Albany | Fayetteville | Woodford | Haynesville |
| 时代 | $Z_2$ | $\epsilon_1$ | $(O_3-S_1)$ | $(O_3-S_1)$ | $C_1$ | $D_3$ | D | $D_3$ | $C_1$ | C | C | D | $J_3$ |
| 深度/m | 2 000~6 000 | 1 728~5 000 | 1 000~4 000 | 1 000~3 500 | 1 981~2 591 | 610~1 524 | 1 219~2 591 | 183~732 | 914~1 829 | 183~1 494 | 305~2 134 | 1 829~3 353 | 3 200~4 115 |
| 总厚度/m | 377 | 20~200 | 200~400 | 200~731 | 61~90 | 91~305 | — | 49 | 152~597 | 31~122 | — | — | — |
| 净厚度/m | 72~173 | 15~41 | 20~50 | 30~110 | 15~61 | 9~31 | 15.2~61 | 21.3~37 | 61~91.4 | 15.2~30.5 | 6.1~61 | 36.6~67.1 | 61~91.4 |
| 总有机碳含量/% | 0.28~1.62 (0.74) | 0.98~7.4 (3.65) | 1.28~5.28 (2.2) | 2.0~3.5 (2.2) | 2~7 (4.5) | 0~4.7 | 3~12 | 1~20 | 0.45~2.5 | 1~25 | 4.0~9.8 | 1~14 | 0.5~4.0 (2.8) |
| 干酪根类型 | $II_1$ | I | I | I为主，$II_1$少量 | II | I | II | I | III为主，II少量 | II | II、III | I、II | III、II |
| $R_o$/% | >2.5 | 2.26~2.7 | 2.0 | 2.5~3.0 | 1.1~1.4 | 0.4~1.3 | 0.4~1.3 | 0.4~0.6 | 1.6~1.9 | 0.6~1.3 | 1.2~4.0 | 1.1~3.0 | 2.2~3.2 |
| 石英含量/% | 11~32 (17.4) | 19.3~43.4 (29.8) | 27.0~64.1 (37.6) | 26~61 (44) | 30~50 (45) | 40~60 | 10~60 | 20~41 | 22~52 | 26~58 | — | 30~50 (45) | — |
| 含气量/(m³/t) | 0.4~2.0 (1.13) | 0.58~5.48 (2.05) | 1.03~3.33 (1.97) | 0.69~2.29 (吸附气) | 8.5~9.9 | 2.2~3.7 | 1.7~2.8 | 1.1~2.8 | 0.4~1.3 | 1.1~2.3 | 1.7~6.2 | 5.7~8.5 | 2.8~9.3 |
| 吸附气含量/% | 52 | 55~65 | 40~50 | — | 20 | 50 | 50 | 70 | 60~85 | 40~60 | 50~70 | — | — |
| 总孔隙度/% | — | 0.98~7.4 (2.65) | 0.21~8.77 (3.98) | 0.49~5.4 (2.2) | 5~8 | 2~10 (4.7) | 10 | 9 | 3.0~5.5 | 10~14 | 2~8 | 3~9 | 8~9 |
| 渗透率/×10⁻³μm² | — | 0.01~0.05 (0.3) | 0.021~5.52 (2.02) | <0.1~1.47 (2.2) | 0.15~2.5 | <0.1 | <0.1 | <0.1 | <0.1 | <0.1 | — | — | — |
| 气体成因 | 裂解气 | 裂解气 | 热解气 | 热解气 | 热解气 | 热解气 | 热解气 | 生物气 | 热解气 | 生物气、热解气 | 热解气 | 热解气 | 热解气 |

注：1.0~9.5（3.8）为最小值~最大值（平均值）；余同；研究区含气量（%）为等温吸附实验所测

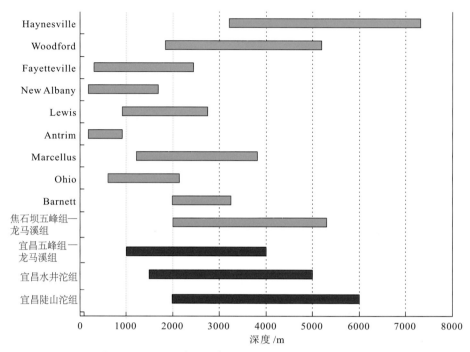

图 5-25　鄂西地区主要含气页岩与北美典型页岩埋深统计

（二）含气页岩顶、底板特征

与常规油气藏一样，构造复杂区、演化程度高海相页岩气的勘探，保存条件是页岩气富集成藏的关键因素，决定页岩气藏的压力和富集程度（胡东风 等，2014）。良好的顶板底板可以减缓页岩气的逸散，在压裂改造时避免人工裂缝与断裂、高渗透性或含水地层沟通，降低页岩储层改造的风险。

研究区水井沱组页岩顶板、底板分别为水井沱组上段中、薄层状泥质灰岩、灰岩和下伏岩家河组致密硅质岩、硅质灰岩，厚度为 75 m。前者往台地边缘浅滩或台地隆起部位相变为石牌组泥岩、泥质粉砂岩。宜页 1 井页岩气层段顶板、底板灰岩、砂岩致密，加之断裂不发育，阻止了泥页岩层段中的烃类向顶板、底板灰岩、砂岩致密层运移，有利于烃类在泥页岩层段中富集与保存。水井沱组有机质泥页岩段相对于顶底板砂岩、灰岩，均有更好的油气显示，显示出自生自储的页岩气特征，对其下页岩油气起到了很好的保存作用。

（三）区域盖层

区域盖层主要是水井沱组页岩层系之上的各种泥页岩、膏岩层。王国芝等（2009）根据流体同位素化学，揭示出四川盆地及其周缘地区流体活动虽然具有跨层活动特性，但难以有效跨越中下三叠统膏岩层系发生大规模运移，膏岩层系被视为四川盆地的区域盖层，对常规油气和非常规油气的保存都具有重要意义（郭旭升，2014；聂海宽 等，2012；金之钧 等，2010）。膏岩类的区域盖层对寒武系页岩气的保存作用，主要表现在阻止膏盐岩层下部寒武系碳酸盐储层中的流体发生交换，维持膏岩下页岩层系的压力体系，从而在区域内能形成一定的压力封闭，对页岩气保存有利。

宜地 2 井中寒武统覃家庙组盖层岩性主要为膏质岩类和泥质岩类两类（图 5-26），盖层厚度 111.88 m，其中膏质岩类（石膏质泥岩、含膏云岩、石膏质白云岩等）盖层累计厚 89.54 m；泥质岩类（泥晶白云岩、泥质条带灰岩、泥岩等）盖层厚度 22.34 m。区域分析表明，该井区泥质岩突破压力 10～12 MPa，具有较好的封闭能力。

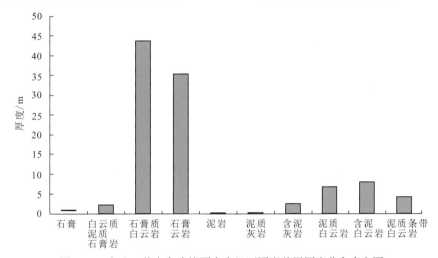

图 5-26　宜地 2 井中寒武统覃家庙组不同岩盖层厚度分布直方图

中、晚寒武世，中扬子区广泛海退，海水变浅，碳酸盐岩台地发育，并不断向南侧增生，受古构造和古地理格局的控制，中、晚寒武世沉积模式以有障壁海岸沉积模式为主。沉积相带呈东西向展布，受大陆边缘浅滩的障壁作用，海水流通不畅，主要为局限海台地沉积环境，该井区形成了岩性以含膏云岩、石膏质白云岩、泥质白云岩组合的盖层。邻区宜昌两河口和宜昌乔家坪剖面膏溶角砾岩厚度大于 26 m、北部南漳朱家峪溶角砾岩厚 29 m 等，从邻区已钻井的焦石 1 井、建深 1 井、利 1 井及恩页 1 井岩性分析，该区普遍发育膏盐岩，上述 4 口井膏盐类厚度分别为 m、688 m、84 m、144 m，表明中寒武统覃家庙组成膏期地层广泛发育，成为该区非常重要的盖层（图 5-27）。

（四）构造特征

与南方大部分地区相比，黄陵隆起周缘地区寒武系—震旦系富有机质页岩具有相对较低的成熟度和高含气性，黄陵隆起构造演化对其周缘地区寒武系、震旦系页岩气成藏具有明显的控制作用。主要体现在以下三个方面。

（1）较浅的最大埋深。黄陵隆起地质历史时期长期处于隆升状态，使得其周缘地区寒武系富有机质页岩未遭受深埋，导致页岩在埋藏演化过程中形成的有机孔和次生溶蚀孔得以保留，为页岩气的富集保存提高了良好的赋存空间。另外，受黄陵隆起构造演化控制，其周缘地区寒武系相对抬升时间较早，但多晚于页岩生排烃高峰期，对页岩气的富集保存起到至关重要的作用。

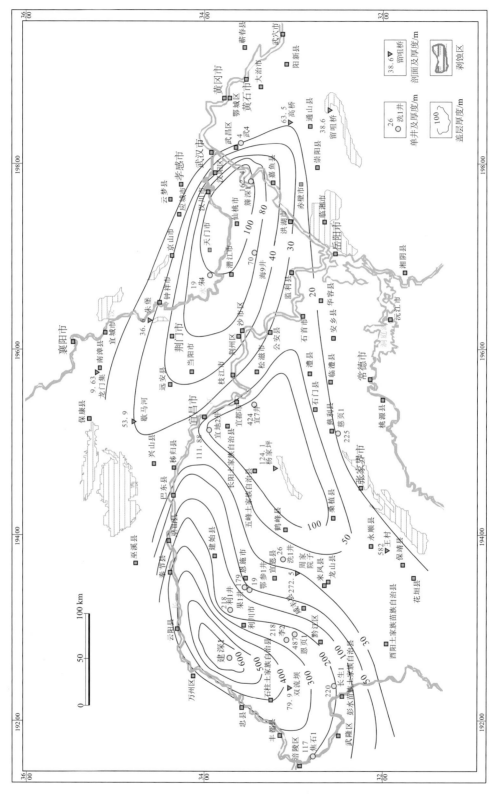

图5-27　宜页1井及邻区中寒武统盖层厚度等值线图

（2）热成熟度相对较低的页岩。黄陵隆起作为元古代刚性基底，构造稳定。中晚三叠世—中侏罗世和早白垩世早期已埋藏至地下 210 ℃地热等温线后，并未经历后期中高温加热。磷灰石裂变径迹测试数据揭示黄陵隆起及其周缘地区沉积盖层经历了一个单向冷却的过程，现今测得的黄陵隆起周缘地区地温梯度仅为 2.17 ℃/100 m。以上因素使得隆起周缘地区震旦系、寒武系等古老页岩在埋藏过程中经历的最大古地温较低。而且由于深埋的时间较短，富有机质页岩经历中、高温烘烤时间也比较短，页岩热演化程度相应的比较低。例如，稀地 1 井水井沱组页岩热成熟度分布为 1.43%～1.79%，平均为 1.62%，对页岩气形成富集有利。

（3）相对稳定的构造。黄陵隆起作为元古代刚性基底，对晚期构造起到了一个非常好的保护作用。从黄陵隆起周缘地区实施的二维地震资料分析，黄陵隆起周缘地区发生的晚期构造多以薄皮构造为主，基底卷入式构造欠发育，这对寒武系页岩气的保存非常有利。

（五）热演化程度

通过研究发现，热演化程度对泥页岩吸附气量的控制作用分正、反两个方面，具体分析如下。

（1）对于质量相同或相近的烃源岩，一般来说 $R_o$ 越高表明生成气的可能越大（生气量越大），裂缝发育的可能性越大（游离态的页岩气相对含量越大），页岩气的产量越大（毕赫 等，2014）。热成熟度控制有机质的生烃能力，不但直接影响页岩气的生成量，而且影响生烃后天然气的赋存状态、运移程度、聚集场所（郭旭升，2014）。适当的热成熟度匹配高的有机质丰度使生气作用处于最有利区带，可以作为勘探开发的重点地区。

（2）研究发现，在有机碳一定的情况下，成熟度增加，吸附气含量（$V$）具有减少的趋势，这主要是 $R_o$ 通过控制泥页岩黏土矿物成分的改变引起的。例如，元坝地区自流井组—千佛崖组含气页岩的总有机碳含量主要分布在 0.07%～3.84%，与吸附体积呈一定的负相关（郭彤楼 等，2011）（图 5-28）。

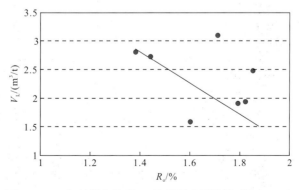

图 5-28　$R_o$ 与兰缪尔体积 $V_L$ 关系图（郭彤楼 等，2011）

## 三、保存富集模式

宜昌斜坡带寒武系富有机质页岩沉积于台内凹陷内，为富集在硫化分层的海洋环境下沉积形成的黑色页岩或硅质页岩。从宜昌地区所处单斜地层对页岩气的保存特征来看，继承性古隆起控盆所引起的沉积相差异，对页岩气的形成分布有重要的控制作用。因此，从页岩气形成富集的物质基础上看，寒武系水井沱组页岩气应属地层岩相控藏类型。但黄陵刚性基底及其较早的隆升时间和持续的缓慢隆升方式又直接制约着寒武系水井沱组页岩气的形成与保存，也是宜昌地区区分南方其他地区寒武系页岩气保存富集的关键。因此，从保存条件来看，宜昌寒武系水井沱组页岩气应属基底控藏类型。据此，并考虑控盆的继承性古隆起同样受控基底断裂构造影响，这里将宜昌地区寒武系页岩气保存模式确定为"基底控藏型"保存模式（图5-29）。

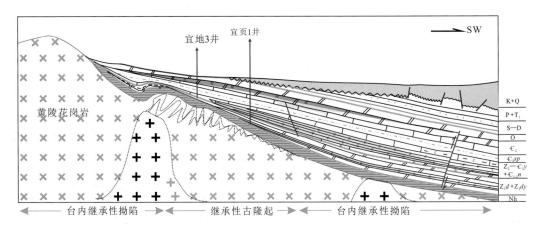

图 5-29 宜页 1 井寒武系页岩气 "基底控藏型"保存模式
1. 花岗岩；2. 基性岩；3. 变质岩；4. 泥岩；5. 页岩气；6. 灰岩；7. 白云岩

# 第三节 页岩气形成富集主控地质因素与成藏机理

## 一、页岩气富集主控地质因素

### （一）页岩的厚度与时空分布

页岩的厚度和分布是页岩气形成和分布的基础。宜昌地区寒武系富有机质页岩主要集中分布在下寒武统水井沱组。该组源于张文堂等（1957）命名的水井沱页岩，标准剖面位于宜昌灯影峡水井沱。在命名剖面上该组上被石牌组黄绿色泥岩覆盖，下与灯影组白云岩平行不整合接触。西部见水井沱组与下伏岩家河组灰岩平行不整合接触。根据岩性可将水井沱组进一步划分为上部深灰色中-薄层状泥质条带灰岩段和下部黑色含灰质页岩、含碳质页岩段。其中后者为富有机质页岩发育层段。

　　详细的生物地层学研究显示，鄂西地区寒武系水井沱组富有机质页岩底部化石稀少，中上部产浮游三叶虫，自下而上分为 *Tsunyidiscus*、*Wangzishia* 和 *Hunanocephalus-Hupeidiscus* 三个带（汪啸风 等，1999）。鉴于 *Hunanocephalus-Hupeidiscus* 带中伴生有 *Sinodiscus*，因此，该带应该与南皋阶第二个三叶虫化石带 *Hupeidiscus-Sinodiscus* 带对比，而 *Tsunyidiscus* 带和 *Wangzishia* 带则可能和南皋阶第一个三叶虫化石带 *Tsunyidiscus niutitangensis* 带或其上部相当（彭善池，2009）。换言之，鄂西地区寒武系富有机质页岩的上限应该与寒武纪南皋期中期相当。水井沱组底部缺乏具有区域对比的标志化石，其底界年代的划分对比主要来源于下伏地层的证据。在宜昌西部岩家河一带水井沱组下伏岩家河组的下段和上段顶部含硅磷质砾屑白云岩中分别产有与云南寒武系下部晋宁阶（幸运阶）*Anabarites trisulcatus-Protohertzina anabarica* 组合带和梅树村阶（第二阶）*Paragloborilus subglobosus-Purella squamulosa* 组合带对比的小壳化石组合（陈平，1984），因此，这个地区通常被认为是宜昌地区早寒武世发育最全的地区。但从该区岩家河组与上覆产 *Hupeidiscus* 和 *Tsunyidiscus* 的寒武系水井沱组页岩夹薄层灰岩的地层之间至少缺失了梅树村阶第Ⅲ组合带（薛耀松 等，2006），且岩家河组与水井沱组之间岩性突变，存在沉积相缺失的可能，推测宜昌地区水井沱组与岩家河组之间为假整合接触。据此，结合岩家河组上部发育一个与全球寒武系纽芬兰统幸运阶之顶到第二阶之底对比的 $\delta^{13}$C 正漂移事件（樊如 等，2008；Zhu et al.，2006），其上含第二小壳化石组合的含砾泥晶灰岩与下伏岩家河组顶部硅化灰岩、上覆水井沱组底部硅质岩之间界线清晰，小壳化石赋存的硅磷质角砾具有搬运特点，推测宜昌地区寒武系岩家河组在地质年代上主要相当于寒武纪纽芬兰统下部第一阶，寒武系第二阶的地层在宜昌地区不发育或缺失。这在灯影组天柱山段的地层和化石组合特点上表现得更为明显。灯影组顶部天柱山段，厚度从不足 1 m 到几米，顶部产小壳化石的地层分布不稳定，且小壳化石不能清楚地分出第Ⅰ组合带和第Ⅱ组合带，具有第Ⅰ+Ⅱ组合带混合特点（薛耀松，2006；陈平，1984），指示灯影组天柱山段顶部沉积时期，相当于第Ⅰ组合带或第Ⅰ+Ⅱ组合带的化石被风化剥蚀出来接受了再沉积。按照这一地层划分对比方案，以往在南方埃迪卡拉纪晚期识别的桐湾运动，在宜昌地区可能一直延续到寒武纪初期，并直接影响宜昌地区寒武系水井沱组富有机质页岩的空间分布特点。

　　穿越宜昌斜坡的宜地 5 井、宜页 3 井、宜地 3 井、宜页 1 井的钻探成果证实，寒武系水井沱组及其富有机质页岩的厚度与下伏灯影组残留的厚度呈相互消长的关系（图 3-1）。西部宜页 1 井寒武系水井沱组厚 137 m，富有机质页岩厚 86 m，灯影组厚度为 236 m。该处灯影组以薄层状灰岩为主，灯影组与水井沱组间发育厚约 75 m 的岩家河组，两者之间为低角度不整合接触，证明埃迪卡拉纪末期发生了不明显的造山作用（桐湾运动）。中部宜地 3 井水井沱组厚度则减薄至 8.9 m，富有机质页岩厚度不足 3 m，灯影组厚达 626 m；该处灯影组顶部天柱山段为 4.5 m 的细晶白云岩，其下伏灯影组白马沱段厚 377.9 m，主要为喀斯特缝洞十分发育的台地边缘浅滩相灰白色鲕粒白云岩、粉晶白云岩，暗示在埃迪卡拉纪末期经历了长期的陆上暴露和喀斯特化，灯影组白马沱段是此次喀斯特化的剥蚀残留产物。北部宜地 5 井灯影组厚 612 m，水井沱组厚 18 m，沉积相特点与宜地 3 井相似。宜地 3 井与宜地 5 井之间的宜页 3 井灯影组未钻穿，但从灯影组顶部天柱山段泥晶白云岩中发育黄铁矿结核，为局限台地相沉积。其上覆水井沱组上段厚 38 m，为深灰色-灰黑色瘤状灰岩，下段为灰黑色-黑色页岩夹瘤状灰岩厚 47 m，推测该地在寒武纪早期位于一个台内凹陷的边缘。宜昌地区埃迪卡拉系上部—寒武系下部上述岩石地层分布发育特点，表明宜昌地区寒武系水井沱组富有机质页岩的分布受埃迪卡拉纪晚期—寒武纪初期桐湾运动所形成的古隆起和"隆""凹"相间的构造古地理格局制约。在西南部车溪、中部官庄一带埃迪卡拉纪晚期—寒武纪初期台内"凹陷"区，寒武系水井沱组岩石组合具有台地边缘斜坡—深水陆棚相沉积特点,富有机质页岩发育。与之相间的桥边、和东北部晓峰一带埃迪卡拉纪晚期—寒武纪初期台内 "隆起"区，则表现为浅水台地相沉积, 富有机质页岩缺失或不发育（图 3-4）。

### （二）有机质丰度

有机质丰度是页岩气形成富集的关键。为查明寒武系水井沱组富有机质页岩中有机质丰度和分布发育特点及其影响因素，本节以宜地 2 井寒武系岩家河组和水井沱组下段富有机质页岩为重点，开展全岩氧化物和碳酸盐碳同位素组成分析，以确定古气候变化与生物生产力变化关系等。开展微量元素（Ni、Cr、V、U、Th、Cu、Ba、Mo）和总有机碳含量样品的系统分析测试，以确定海洋氧化还原环境和生物生产力水平与总有机碳含量的关系。全部样品的测试由中国地质调查局武汉地质调查中心国土资源部中南矿产资源监督检测中心完成。其中全岩氧化物含量测试分析在 X 射线荧光光谱仪（AXIOS）上进行。微量元素在高电感耦合等离子体质谱仪（ICP-MS-X Series II）上进行。碳同位素测试在 MAT-251 质谱仪上进行，参考标准为 Pee Dee 组的箭石（PDB）。重复分析的结果表明碳酸盐岩 $^{13}$C 的分析精度均为±0.1‰。

古气候是影响古海洋生物生产力和生物遗体埋藏保存的关键因素之一。根据宜地 2 井寒武系岩家河组和水井沱组页岩全岩氧化物含量，按照 Nesbitt 等（1982，1989）和 Yang（2010）给出的地层风化指数（CIA），以及 Cox 等（1995）给出的成分变异指数（ICV）计算公式，获得寒武系岩家河组和水井沱组页岩 CIA 和 ICV 变化特点（图 5-30）。由于水井沱组页岩的 ICV 均大于 1，证明它们中含较少黏土矿物，属构造活动时期的初始沉积（Cullers et al., 2002）。参考上地壳和各类的岩石和矿物的 CIA（Nesbitt et al., 1989，1982），从岩家河组下段上部页岩的 CIA 基本为 50～65，且自下而上有升高的趋势，推测岩家河组下段沉积形成于寒冷干燥的气候，向上有向温暖潮湿转变的趋势。水井沱组底部页岩的 CIA 与岩家河组下段上部的 CIA 变化趋势接近，上部逐渐增大到 75 左右，推测水井沱组下段黑色页岩沉积时期的古气候与岩家河组下段一样，为寒冷干燥气候，向上逐步转化为温暖潮湿气候（图 5-30）。

为进一步揭示这一时期古气候变化原因及其与古海洋生产力变化特点。本次研究按照 0.3～0.5 m 不等的间距，系统开展了宜地 2 井灯影组顶部至水井沱组上部碳酸盐岩样品的系统采集和分析。结果显示宜地 2 井岩家河组—水井沱组碳酸盐岩的 $\delta^{13}$C 为 −5.82‰～5.38‰，平均值为 2.30‰。$\delta^{18}$O 为−8.85‰～−3.58‰，平均值为−6.83‰。纵向

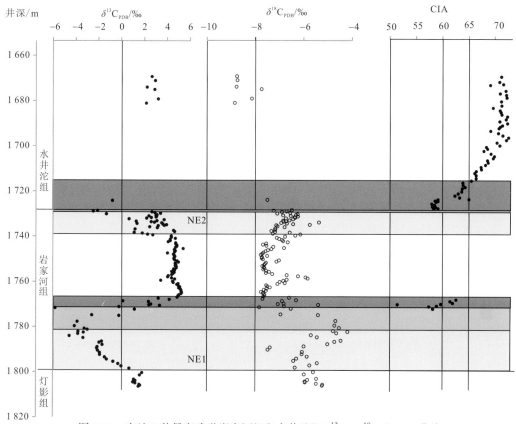

图 5-30　宜地 2 井早寒武世岩家河组和水井沱组 $\delta^{13}C$、$\delta^{18}O$ 和 CIA 曲线

变化上，$\delta^{13}C$ 在灯影组白马沱段相对稳定，在 1.08‰～1.62‰小幅波动。从岩家河组下段底部开始，$\delta^{13}C$ 从 1.79‰逐渐降低，至岩家河组下段近顶部达到最低值–5.82‰，形成宜昌地区寒武系第一次 $\delta^{13}C$ 负偏离（NE1）（图 5-30）。进入岩家河组上段，$\delta^{13}C$ 值迅速回升，并在较长时间内维持相对稳定和较高 $\delta^{13}C$（4.01‰～5.29‰）。直到岩家河组上部才振荡下降，至岩家河组顶部 $\delta^{13}C$ 达到最低值–2.47‰，在岩家河组—水井沱组界线附近形成寒武纪早期的第二次碳同位素负偏离（NE2）。

宜地 2 井这一碳同位素组成变化特点与近年来其他学者利用露头或钻孔样品在同期地层中获得的碳同位素组成特点基本一致（王新强 等，2014；Jiang et al.，2012；Ishikawa et al.，2008）。对比分析碳同位素组成与古气候变化关系来看（图 5-30），两次碳同位素强烈负偏离的出现可能与海平面下降，海洋中陆地生物降解形成的有机碳输入量增加，生物有机碳相对富集 $^{12}C$ 有关（Ishikawa，2008）。由于黑色页岩刚好出现在海平面快速下降之后，且与寒冷干燥气候相伴，据此，结合寒武纪早期的海水仍具有早期海洋普遍存在的分层显现（李超 等，2015；王新强 等，2014），且同期沉积的岩家河组上部至水井沱组底部页岩中具有指示化能自养或甲烷氧化微生物参与页岩沉积的有机质碳同位素组成特点（王新强 等，2014；Jiang et al.，2012），推测岩家河组下段顶部和水井沱组底部黑色页岩的出现可能与海平面快速下降造成海底天然气水合物溶解和甲烷释放有关。由于海底甲烷释放，海水底部甲烷层浓度增大打破早寒武世可能存在的海水化学分层，甲烷向上运移，穿透缺氧甲烷氧化带，进入富氧海水或大气中（图5-31）。由于宜昌斜坡在早寒武世时期位于扬子台地内部凹陷中，海水中的 $Ca^{2+}$、$Fe^{3+}$ 含量较高，在甲烷释放早期，缺氧甲烷氧化与海水中的 $Ca^{2+}$、$Fe^{3+}$ 结合分别形成白云石、方解石等具有富 $^{13}C$ 贫 $^{18}O$ 的冷水碳酸盐和黄铁矿。因此这个阶段形成的地层不仅发育黄铁矿，而且在碳酸盐岩地层中具有 $\delta^{13}C$ 正偏和 $\delta^{18}O$ 负偏的碳同位素组成特点（图5-30蓝色层）。但随着甲烷释放强度的增加，甲烷进入海洋表层富氧海水中发生有氧甲烷氧化，甲烷与水中的氧气结合形成 $CO_2$，引起海洋缺氧和碳酸盐的溶解，促进黑色泥岩的沉积。但若甲烷释放迅速，缺氧甲烷氧化和有氧甲烷氧化不足以消耗海底释放的甲烷时，甲烷进入大气与空气混合，当空气中甲烷含量超过10%时就易发生燃爆，产生大量的烟雾和 $CO_2$，引起天空变暗和全球变冷（Ryskin，2003；陈忠，2006）（图5-30红色层）。

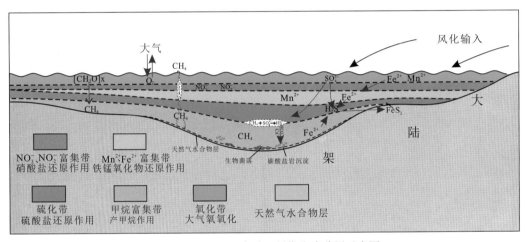

图 5-31 宜昌地区寒武纪早期海水分层示意图

为进一步评估寒武纪早期海洋海水分层和氧化还原条件，以及海底甲烷和天然气水合释放的可能性，本节还对寒武系水井沱组下段富有机质页岩中的 TOC 和具有古海洋环境氧化-还原条件指示作用的微量元素 V、Cr、Ni、Co、U、Th，以及表征古海洋生产力的微量营养元素 Cu、Ni，以及表征水体有机碳通量的痕量元素 Ba 和 Mo 等进行了系统测试。为消除陆源物质输入对古海洋生物生产力和有机碳含量计算结果的影响，生源 Cu、Ni、Ba 和 Mo 含量是利用澳大利亚太古代平均页岩（PAAS）中微量元素含量对样品微量元素 Cu、Ni、Ba 和 Mo 含量采用 $X_{xs} = X_{total} - Ti_{total} \times (X/Ti)_{PAAS}$ 公式进行 Ti 校正后得到的。其中 $X_{total}$ 为所测试的岩石样品的元素总含量，$(X/Ti)_{PAAS}$ 为澳大利亚后太古代平均页岩中元素含量与 Ti 比值，所用 $(X/Ti)_{PAAS}$ 引自 Taylor 等（1985）。

V/Cr、V/（V+Ni）、U/Th、Ni/Co 是近年广泛用于古海洋底部氧化-还原条件判别的重要指标（胡亚 等，2016；周炼 等，2011；Rimmer，2004；Jones et al.，1994；Hatch et al.，1992）。对比分析不同环境中上述微量元素比值的已有研究成果来看，水井沱组下段下部黑色页岩总体形成于缺氧或硫化环境中。向上还以氧化环境逐步增强，至水井沱组下段顶部时海底水体可能已经达到或接近富氧条件（图 5-32）。但值得注意的是，上述不同元素比值所指示的水井沱组下段页岩沉积水体底层氧化-还原状况不完全一致。例如，V/（V+Ni）显示水井沱组下段页岩自下而上均形成于贫氧环境；U/Th 则具有从硫化、贫氧到富氧演化的三分性特点；而 V/Cr 和 Ni/Co 则为上述两者之间。不同元素比值的这种差别在很大程度上可能与沉积环境有机质的类型、沉积速率变化及后期成岩作用对 V、Cr、Ni、Co、U、Th 赋存状态的影响有关。（周炼 等，2011；Rimmer，2004）。但从目前上述比值的对比结果来看，上述偏差总体上不影响其比值对页岩氧化-还原环境变化趋势的判断。

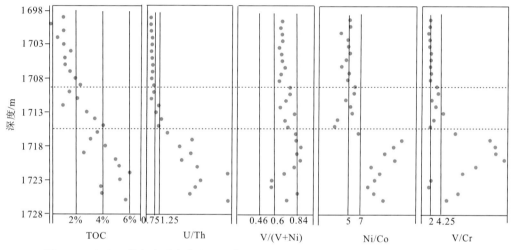

图 5-32　宜地 2 井寒武系水井沱组页岩 TOC、U/Th、V/（V+Ni）、Ni/Co、V/Cr 曲线

页岩中总有机碳含量是反映页岩有机质富集程度的直观指标。从 TOC 与 U/Th 和 Ni/Co，以及生源 Ni 和 Mo 的明显相关性上看（图 5-33），分层和硫化的海洋环境和高的古海洋生产力无疑都有利于有机质的埋葬和富集。但进一步的研究发现，TOC 与表征水体营养水平的生源含量 $Ni_{xs}$ 的相关性远不如与表征水体有机碳通量的生源含量 $Mo_{xs}$ 的相关性明显[图 5-33（c），（d）]，这在一定程度上暗示寒武系水井沱组黑色页岩中的有机质除了一部分来自表层水体的生物外，还很有一部分可能来自化能、自养生物或海底甲烷的贡献。这个结论与前面古气候与碳同位组成变化关系，推测寒武系水井沱组下部黑色页岩沉积时，因海平面引起海底天然气水合物溶解和大量甲烷释放的结论相一致。

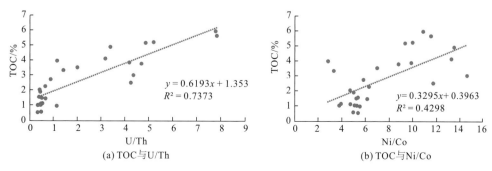

(a) TOC 与 U/Th　　　　　　　　　　(b) TOC 与 Ni/Co

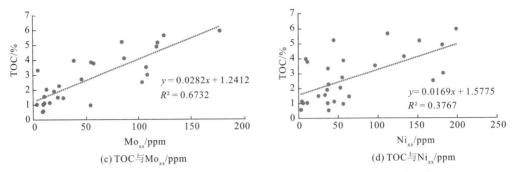

(c) TOC 与 $Mo_{xs}$/ppm　　　　　　　(d) TOC 与 $Ni_{xs}$/ppm

图 5-33　黑色页岩气中 TOC 与 U/Th、Ni/Co、$Mo_{xs}$ 和 $Ni_{xs}$ 的相关分析

## （三）岩石矿物和储层物性

为了便于对比和与页岩气勘探开发接轨，本节按照页岩样品现场解析结果，以总含气量连续大于 1 $m^3$/t 的页岩视为页岩气储层，其中以总含气量连续大于 2 $m^3$/t 的页岩为页岩气优质储层。按照这个限定，宜地 2 井和宜页 1 井寒武系水井沱组页岩气储存的厚度约为 52 m（对应宜地 2 井 1 676 m～1 728 m，宜页 1 井 1 820 m～1 872 m）。对宜地 2 井页岩气储层岩心进行样品系统采集，由江汉油田分公司勘探开发研究院实验室进行测试，获得了该井寒武系页岩气储层 TOC、有机质成熟度和类型、孔隙度和岩石矿物成分。

与北美典型页岩层位、Fort Worth 盆地 Barnett 页岩对比（图 5-34，表 5-5），宜昌地区水井沱组页岩以"低石英、中碳酸盐、中黏土、高 TOC"与其他地区页岩明显区分开。

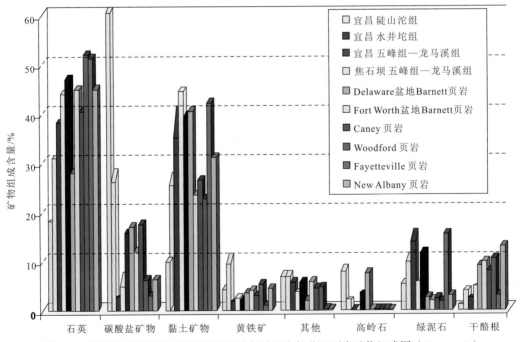

图 5-34　鄂西地区页岩重点研究层位页岩与美国含气盆地页岩矿物组成图（Ross et al.）

表5-5 鄂西地区页岩重点研究层位页岩岩矿物组成

| 矿物组成<br>层位 | 石英 | 碳酸盐矿物 | 黏土矿物 | 黄铁矿 | 其他 | 高岭石 | 绿泥石 | 干酪根 |
|---|---|---|---|---|---|---|---|---|
| 宜昌陡山沱组 | 17.4 | 61 | 9.7 | 4.7 | 7.1 | 5.28 | 7.2 | 0.74 |
| 宜昌水井沱组 | 29.8 | 27.2 | 26.9 | 8.9 | 7.2 | 2.5 | 10 | 3.6 |
| 宜昌五峰组—<br>龙马溪组 | 37.6 | 0.5 | 54.1 | 2.9 | 6.2 | 0.2 | 15.3 | 2.0 |
| 焦石坝五峰组—<br>龙马溪组 | 44.4 | 6.16 | 40.9 | 3.1 | 4.1 | 0.5 | 6.02 | 3.56 |

对宜地2井表征页岩气储层的重要参数(总有机碳含量、孔隙度、岩石矿物成分和含气性)进行相关性分析,结果表明页岩气储存的含气性与总有机碳含量、自生石英、长石、白云石、黄铁矿含量呈明显的正相关性,与孔隙度和黏土矿物关系不明显,与碳酸盐矿物含量呈负相关性。总有机碳含量与石英、长石、白云石和黄铁矿含量呈明显的正相关性,与孔隙度的相关性不明显。孔隙度与总有机碳、石英和碳酸盐矿物含量的相关性不明显,与黏土矿物含量具有弱的相关性(图5-35)。页岩气储层含气性、矿物特征和储层物性之间的上述相互关系,一方面证明页岩中有机质丰度不仅影响页岩的含气性,而且影响自生石英、黄铁矿、长石和白云石等脆性矿物的含量,自生石英、白云石、长石和黄铁矿等矿物可能与有机质具有同源的特点;另一方面证明页岩气储层孔隙,特别是有机质热解所形成的孔隙对页岩含气性的影响并不明显,页岩气可能主要赋存于脆性矿物缝间及微裂缝或水平层理中。

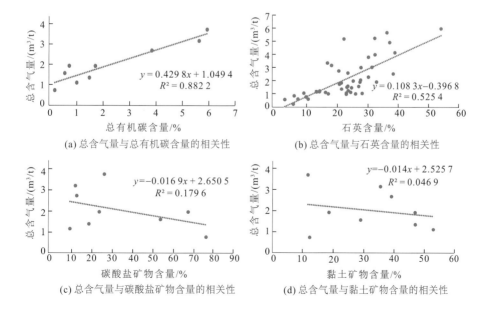

(a) 总含气量与总有机碳含量的相关性

(b) 总含气量与石英含量的相关性

(c) 总含气量与碳酸盐矿物含量的相关性

(d) 总含气量与黏土矿物含量的相关性

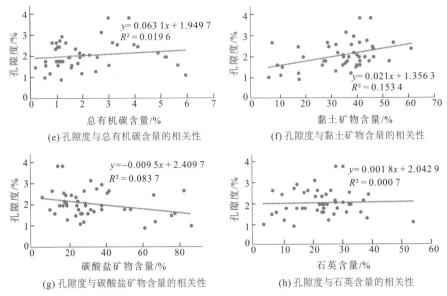

(e) 孔隙度与总有机碳含量的相关性　　　　(f) 孔隙度与黏土矿物含量的相关性

(g) 孔隙度与碳酸盐矿物含量的相关性　　　　(h) 孔隙度与石英含量的相关性

图 5-35　宜地 2 井寒武系页岩总含气量和孔隙度分别与总有机碳、石英、
碳酸盐矿物和黏土矿物含量的相关性分析

现代海洋调查研究成果证明，富含 $Ca^{2+}$、$Fe^{2+}$ 的氧化物的沉积环境中，缺氧甲烷氧化可以形成白云石、方解石等碳酸盐矿物和黄铁矿等（陈忠 等，2006）。长石类自生矿物和白云石的形成可以在一些微生物作用下，通过蒙皂石的伊利石化来实现（谢树成等，2016）。事实上，宜地 2 井页岩气储层样品的扫描电镜观察结果证实，寒武系水井沱组页岩中有机质主要以沥青质体为主，此外还常见有少量的后生菌类。从沥青质体与自生石英、黄铁矿、黏土矿物和方解石相伴生，且呈条带状或包裹状分布（图 5-36），这些沥青质体与自生矿物在很大程度上可能具有同源关系，它们可能是母质烃源岩在成岩或成岩期后发生化学分异的结果（张慧，2017）。

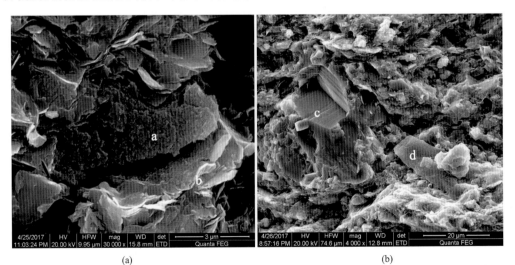

(a)　　　　　　　　　　　　　　　　(b)

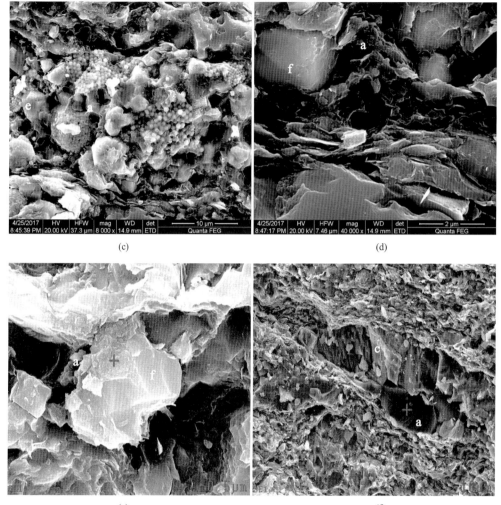

图 5-36　下寒武统页岩中有机质与矿物质的成因关系

a. 沥青质体；b. 伊利石；c. 方解石；d. 菌藻体类；e. 黄铁矿；f. 石英

从后生菌类体保存完整，生物体与岩层面垂直或斜交生长，且富集在页岩气储层中，推测它们应该是沉积或成岩期后岩层中自生的、喜甲烷的化能或自养生物。这些生物可能对成岩期后地层中甲烷，以及部分自生矿物，如石英、黄铁矿、长石和白云石的形成具有催化作用（谢树成 等，2016；陈骏 等，2004），但本身并未完全热解形成天然气，因此，它们的含量并不影响有机质丰度与页岩含气量及自生矿物含量的正相关性，但它降低了有机质丰度对储层孔隙度的贡献率。

## 二、页岩埋藏、生烃史

随着晋宁期造山作用的结束，黄陵基底基本形成，黄陵隆起及其周缘地区自南华纪以来，经历了漫长的地层沉积、埋藏、剥蚀等地质历史时期，形成了如今从古元古代表壳沉积、中元古代裂陷槽型建造、新元古代花岗岩侵位及新元古代—新生代盆地沉积等均有地层出露的构造区。加里东期和海西期，黄陵隆起及其周缘地区作为扬子陆表海的一部分，构造作用较弱，整个时期处于稳定的海相沉积环境，期间受地块整体抬升和海平面升降发育多套平行不整合界面；印支—燕山期和喜马拉雅期，在强烈的构造作用下，黄陵隆起及周缘地区发生较强的构造变形，黄陵隆起及周缘地区的地层经历不同的埋藏剥蚀演化，造成各地区地层特征、有机质成熟度和成藏条件存在较大差异。

（一）宜页1井埋藏史

加里东期—海西期（Z—P）黄陵隆起南缘居于板内稳定地台环境，构造变形非常微弱。总体以伸展作用为主，形成克拉通盆地及小规模的板内裂陷盆地，表现为持续沉降与补偿充填作用，接受巨厚的海相沉积，间隔小规模的升隆侵蚀或剥蚀夷平作用，以在区域上具造山性质的加里东运动和东吴运动对研究区区的影响最为明显，造成地层间出现多个平行不整合界面。其中志留纪中晚期发生的加里东运动不仅造成大量地层缺失和古地理变迁，而且影响持续时间较长，使得研究区区长期处于震荡升降和沉积调整过程，全区性的沉积间断集中出现，至中二叠世时才再次发生大规模的海侵。

目前已钻探完成的宜页 1 井位于黄陵隆起南缘，终孔层位为南华系南沱组，完整的揭示了该地区震旦系以来保存的地层，该井震旦系厚度为 441 m（陡山沱组厚 206 m，灯影组厚 235 m），寒武系厚度为 1 756 m（岩家河组厚 76 m，水井沱组厚 137 m，石牌组厚 271 m，天河板组厚 103 m，石龙洞组厚 148 m，覃家庙组厚 484 m，娄山关组厚 594 m），奥陶系南津关组揭示厚度为 136 m，白垩系石门组揭示厚度为 55 m。临井宜地 2 井揭示寒武系厚度为 1 637 m（岩家河组厚 75 m，水井沱组厚 101 m，石牌组厚 270 m，天河板组厚 101 m，石龙洞组厚 150 m，覃家庙组厚 520 m，娄山关组厚 420 m），其中娄山关组遭受一定程度的抬升剥蚀，造成该井寒武系厚度较宜页 1 井略薄，白垩系石门组厚度为 110 m。宜页 1 井揭示了震旦系、寒武系、奥陶系为整合接触关系，白垩系与下伏寒武系、奥陶系为角度不整合接触，表明印支期—燕山期强烈构造抬升剥蚀作用使得黄陵隆起南缘早古生代沉积地层呈现大量的缺失。

邱登峰等（2015）在前人（李天义 等，2012；刘景彦 等，2009；邓宾 等，2009；王韶华 等，2009；冯常茂 等，2008；袁玉松 等，2007）研究的基础上，系统分析中上扬子不同地区构造演化特征，编制了中上扬子地区不同层系、不同时期的古埋深图。结合整个黄陵隆起及周缘地质区域地质背景，奥陶纪—早志留世，黄陵隆起南缘为连续海相沉积时期，结合前人区域地质调查和临井地层研究，黄陵隆起南缘奥陶系沉积厚度为 220~240 m，宜页 1 井奥陶系受燕山期构造作用剥蚀厚度约为 83 m；中—下志留统在沉积厚度为 2 000~2 300 m，宜页 1 井志留系受加里东晚期—海西早期构造抬升和海平面下降引起的剥蚀厚度约为 900 m，受燕山期构造作用剥蚀厚度约为 1 250 m。受加里东晚期运动及海西运动的影响，黄陵隆起南缘早泥盆世发生构造抬升，中晚泥盆世—晚石炭世接受间断性沉积和剥蚀，沉积厚度与剥蚀厚度基本相当（图 5-37）。晚石炭世开始沉积埋藏，至中二叠世开始快速沉降，地层沉积厚度显著变大，其中上石炭统沉积厚度约为 60 m，二叠系沉积厚度约为 800 m，三叠系沉积厚度约为 1 500 m。

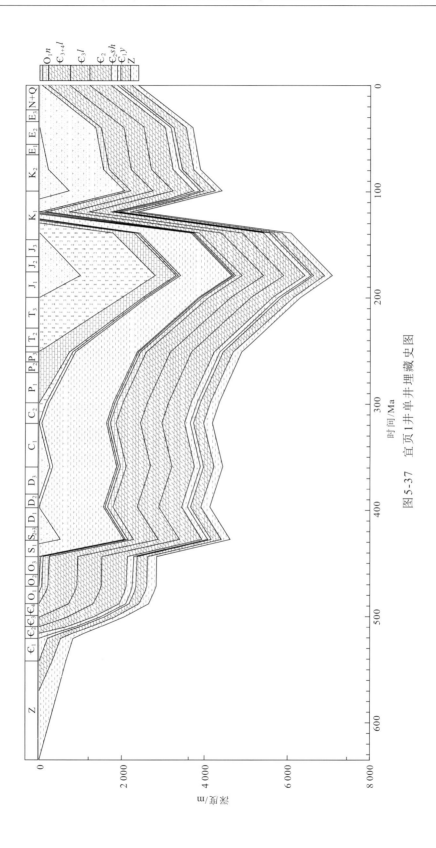

图5-37　宜页1井单井埋藏史图

宜昌地区震旦系—志留系、泥盆系、石炭系、侏罗系、白垩系等均表现为西北高东南低、地层产状稳定的单斜构造，不仅表明宜昌地区板块整体结构稳定，对后期剥蚀量计算也有较强的指导作用。黄陵隆起南缘震旦系至奥陶系地层倾角为6°～8°，白垩系地层倾角为2°左右，结合前人对黄陵隆起核部隆升剥蚀量的大量研究，可以推测黄陵隆起南缘宜页1井地区中新生代以来地层埋藏演化特征。前人（余武 等，2017；葛翔 等，2016；渠洪杰 等，2014；徐大良 等，2013；李天义 等，2012；沈传波 等，2009）对黄陵隆起中新生代以来构造演化做了大量研究，主要通过裂变径迹、同位素定年等手段对黄陵隆起构造演化和剥蚀量恢复做了精确讨论，基本认为黄陵隆起核部中新生代以来共经历了四期构造演化阶段：200～140 Ma 缓慢冷却剥露阶段、140～80 Ma 快速冷却剥露阶段、80～40 Ma 剥露近停滞阶段、40 Ma 至今新一期的快速冷却剥露阶段。受强烈的差异构造作用影响，黄陵隆起及周缘地区 200 Ma 以来地层埋藏演化存在较大差异。黄陵隆起南缘受北部黄陵隆起强烈隆起抬升作用，侏罗纪晚期遭受强烈的构造抬升剥蚀，宜页1井地区剥蚀厚度达 3 500 m，其中 180～140 Ma 缓慢冷却剥露阶段，侏罗系剥蚀厚度约为 1000 m；140～120 Ma 快速冷却剥露阶段，奥陶系—三叠系巨厚地层遭受剥蚀，剥蚀厚度超过 2 500 m。早白垩世，受东部江汉盆地拉张沉降影响，黄陵隆起南缘东部地区沉积有石门组地层，角度不整合覆盖在奥陶系和寒武系之上，沉积厚度约为 1 850 m。白垩系晚期，受黄陵隆起第二阶段快速抬升剥露影响，下白垩统遭受剥蚀，剥蚀厚度约为 500 m。80～40 Ma，整个黄陵隆起周缘地区构造活动较弱，处于剥露近停滞阶段。40 Ma 至今，受喜马拉雅运动影响，黄陵隆起开始新一期的快速冷却剥露，宜页1井地区下白垩统遭受剥蚀，剥蚀厚度约为 1 300 m（图5-37）。根据不同类型热事件特征，对宜页1井地区结合不同时期标准盆地热史数据，获取宜页1井地层温度史（图5-38）。

（二）水井沱组页岩生烃演化史

结合宜页1井区地层埋藏史和古地温演化史，通过盆地模拟，获取了宜页1井地层埋藏-热演化史（图5-39）。

宜页1井震旦系烃源岩在晚寒武世开始生油，早志留世进入生油高峰，中志留世开始生气，早三叠世达到生气高峰；寒武系烃源岩在早志留世开始生油，中志留世进入生油高峰，早二叠世开始生气，晚三叠世达到生气高峰期；志留系龙马溪组烃源岩在中志留世进入低熟油阶段，中三叠世进入生油高峰期（表 5-6），早侏罗世开始生气，随后遭受强烈的构造抬升，志留系被剥蚀殆尽，古油藏被破坏。

表 5-6 宜页1井不同烃源岩生烃时间表

| 烃源岩 | 开始生油（$R_o > 0.5$） | 生油高峰（$R_o > 1.0$） | 开始生气（$R_o > 1.3$） | 生气高峰（$R_o > 2.0$） |
| --- | --- | --- | --- | --- |
| 陡山沱组 | 晚寒武世 | 早志留世 | 中志留世 | 早三叠世 |
| 水井沱组 | 早志留世 | 中志留世 | 早二叠世 | 晚三叠世 |
| 五峰组—龙马溪组 | 中志留世 | 中三叠世 | 中侏罗世 | |

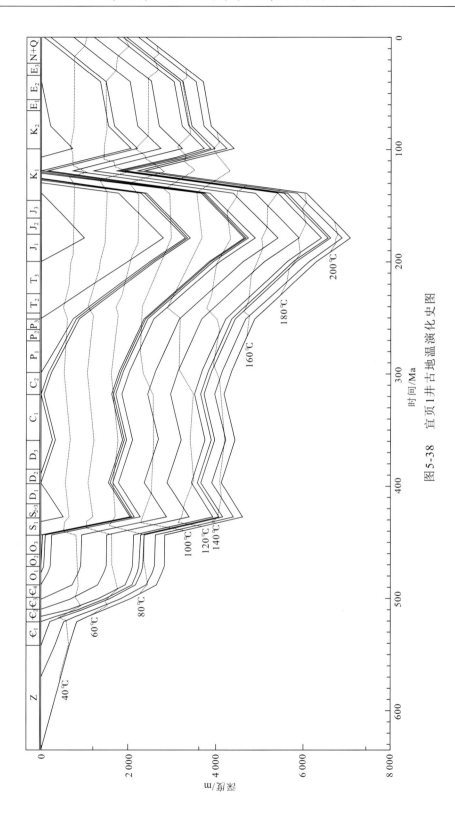

图5-38　宜页1井古地温演化史图

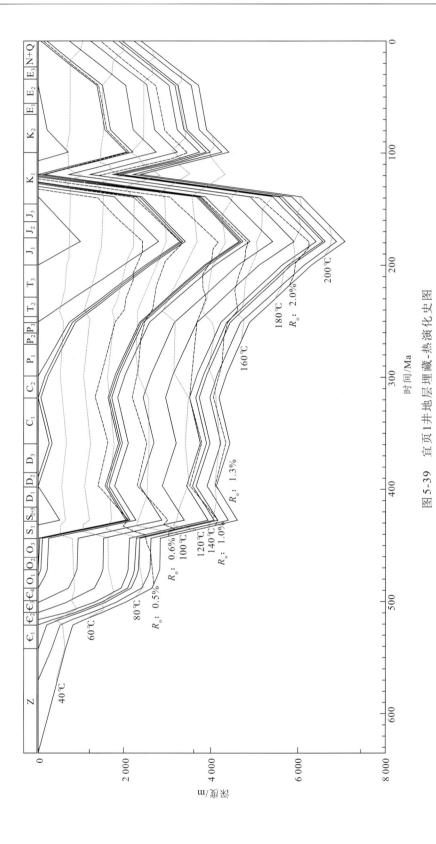

图 5-39　宜页 1 井地层埋藏-热演化史图

# 三、页岩气成藏模式

## （一）原形盆地沉积阶段

地球物理勘探资料显示，宜昌黄陵基底上的古老变质岩系和侵入其中的新元古代酸性和基性-超基性岩体除了构成黄陵隆起的主体外，还广布于宜昌斜坡带白垩系覆盖区（潘仲芳 等，2015），证明宜昌斜坡带与黄陵隆起具有一致的双层基底。这个统一的基底不仅有利于宜昌斜坡带在南方中生代、新生代发生的多期次强烈构造活动中免遭构造改造和破坏（肖开华 等，2005），而且它的抬升为页岩气的形成富集发挥了关键性的作用。

虽然目前对宜昌地区上述新元古代岩体的成因机制尚存在不同看法，但都普遍认为740 Ma 前后区内基性-超基性岩的侵入活动与 Rodinia 超大陆裂解相关联，是岩石圈伸展减薄和软流圈上涌，板块拉张的产物（李再会 等，2007；Zhou et al.，2002；Li et al.，1999）。从宜昌晓峰一带出露的晓峰基性-超基性岩套之上，依次发育含火山碎屑的南华系红色碎屑岩、埃迪卡拉系—下寒武统黑色页岩及中—上寒武统膏盐的沉积建造序列与拗拉槽沉积建造序列相似，可以大致推测宜昌地区开始于新元古代的板内拉张活动一直延续到早寒武世。区域内埃迪卡拉系陡山沱组、寒武系水井沱组富有机质页岩是板内拉张或构造热沉降所形成的台内凹陷沉积产物。台内凹陷边缘相带宜页 3 井水井沱组黑色页岩薄，厚度小于 30 m，以瘤状灰岩和灰黑色页岩发育为特点。往凹陷内部页岩厚度逐步增大，西部宜地 2 井、宜页 1 井到阳页 1 井富有机质页岩厚度从 72 m 增大到 86 m 和115 m。主力烃源岩位于扬子台地内部凹陷或裂陷槽中，凹陷（裂陷）边缘斜坡地带容易形成岩性圈闭（图 5-40）。

## （二）加里东期原始油气系统形成阶段

晚奥陶世—早志留世，受加里东运动的影响，构造动力环境由早期的拉张裂陷状态向挤压环境转化，华夏板块向北俯冲，中扬子板块南部被动大陆边缘发生大规模的挠曲变形，转化形成华夏古陆前缘拗陷，接受大量陆源碎屑的快速沉积。中扬子板块南部湘鄂西地区隆升形成湘鄂西水下潜隆，该地区在奥陶系—志留系界线附近叠加冈瓦纳古大陆冰川影响，海平面下降产生水下间断和剥蚀，导致地层的缺失。同期中扬子板块北部中扬子台地沉陷，形成隆后盆地沉积，发育富含笔石的硅质页岩、硅质岩和碳质页岩。早志留世中期，伴随华夏板块挤压松弛，湘鄂西水下潜隆下沉，接受碎屑沉积，隆后盆地因松弛回弹隆起，导致鲁丹阶与埃隆阶界线附近地层缺失。但由于湘鄂西水下潜隆的下沉，使得华夏板块的大量陆源物质越过湘鄂西水下潜隆进入中扬子隆后盆地，在那里进行快速充填，沉积了厚达千米的泥页岩和粉砂岩。早志留世末期再次发生的水平挤压使湘西鄂西绝大部分地区整体抬升为陆，不再接受沉积，前陆盆地的演化也相应结束，盆地相沉积退缩到神农架以北地区。

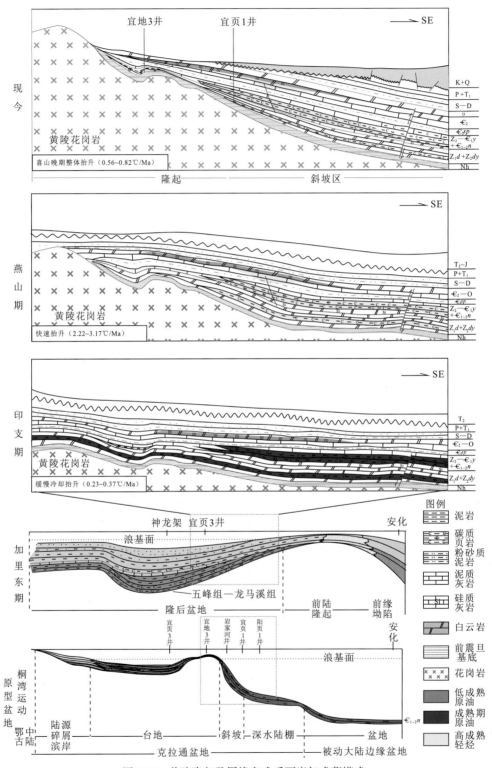

图 5-40 黄陵隆起及周缘寒武系页岩气成藏模式

志留纪至泥盆纪中期的构造抬升造成志留系顶部大面积发生剥蚀，烃源岩热演化速度缓慢；虽然中泥盆世的海侵，使海水再次进入鄂西宜昌地区，但直至中三叠世之后，海水永远从宜昌地区退出，整个上古生界均为滨浅海碳酸盐、碎屑岩沉积，厚度不大。晚二叠世—早三叠世初期，下寒武统烃源岩在宜昌隆起区埋深推测在 1 600 m，$R_o$ 为 0.5%～0.6%，刚进入生烃门限。烃类通过储层和震旦系顶部不整合面作横向运移，在鄂西生烃凹陷带生成的油气向隆起区运移，宜昌地区为油气优势运移指向区。

（三）印支期油气主形成期

印支期，由于受秦岭造山带的造山隆升及华北板块向南的强烈挤压，近造山带内侧的鄂西地区和造山带边缘的江汉盆地北部地区相继发生强烈的褶皱冲断。中三叠世、晚三叠世、早侏罗世三者之间在黄陵隆起西侧出现微角度不整合，表明黄陵隆起西侧断裂开始活动，而隆起东侧由于黄陵隆起的抵挡作用，断裂不发育。印支期构造活动表现为以区域性地壳不均衡抬升运动为主，黄陵隆起初现雏形。由于早、中三叠世沉积厚度在黄陵隆起区略薄，而侏罗系内尚未出现明显的沉积间断和不整合，推断该期古隆起没有暴露水面成为蚀源区，隆拗过程相当缓慢。总体上看，深埋作用使寒武系烃源岩进入成熟-高演化阶段，烃源岩排出的液态烃发生相态转化，大多裂解成气态烃及固体沥青。有利的供烃区位于加里东期—海西期的古隆起和斜坡带，由于加里东期断裂不发育，对加里东期—海西期形成的油藏的破坏作用有限，表现为构造运动产生的局部裂缝沟通了下寒武统烃源岩和中—上寒武统碳酸盐储层（天河板组、覃家庙组、三游洞组），与烃源岩成熟有关的酸性流体进入中—上寒武统碳酸盐储层中发生溶蚀改造。加上中寒武统含膏岩盖层可以形成有效的封盖作用，全区整体封闭条件良好。

（四）早燕山期油气藏改造期

构造运动以挤压、褶皱作用为主，同时伴有强烈地隆起抬升作用。燕山早期构造运动具有构造强度大，范围广的特点，奠定了南方现今基本的构造格局。扬子板块周缘的华南海和秦岭海槽相继闭合造山，以推覆隆升为主要特点，而南侧产生挤压走滑，形成江南-雪峰构造带，南北两侧相向对冲挤压的结果形成了南北两个弧形构造体系，它们在中扬子地区中部交汇，形成了以断褶、断块构造为特征的对冲干涉构造带。对冲交接的部位大致位于黄陵—荆州—簰洲—大冶一线。在南北对冲挤压推覆过程中，产生了一系列北东向、北北东向的剪切断裂带，自东向西，由强对冲（土地堂-大冶地区）—干涉断褶构造带（荆州-仙桃地区）—稳定断褶带（宜昌地区），南北对冲带逐渐加宽，构造变形逐渐减弱。

宜昌地区的早燕山运动以强烈走滑、冲断形成的断裂变形为主，挤压形成的褶皱变形为辅。在区域性逆冲推覆作用下，黄陵隆起进入重要的快速冷却抬升期，冷却速率达到 2.22～3.17 ℃/Ma。这一挤压隆升、剥蚀作用使下白垩统石门组超覆在晚侏罗统之上，并形成了大量的北北东向和北北西向脆性断裂，而褶皱构造则表现为叠加改造早期东西向褶皱的特点，从而基本上奠定了本区及邻区的区域构造格架。鄂西地区的白垩系主要出露在各个断陷盆地内，上白垩统产状非常平缓，说明湘鄂西隔槽式褶皱带晚期发生的褶皱变形事件是在上白垩统在断陷盆地内沉积之前发生的，上白垩统在形成之后并没有发生明显的褶皱。

燕山早期为油气改造与残余气藏形成期，晚三叠世末期——中侏罗世末期，鄂西地区受到强烈的挤压作用和抬升作用，下寒武统水井沱组烃源岩油气生成活动停止，进入改造和残余油气藏形成期。在燕山主幕的强烈挤压作用下，造成逆冲断层的强烈活动和断层相关隔挡式褶皱的形成，伴随发育大量构造伴生裂缝，造成下寒武统、志留系盖层连续性遭受破坏，早期聚集的油气受到极大改造，或聚集于背斜高部位，或彻底散失。这一时期是气藏的改造破坏期，同时又是气藏的成藏期，且构造改造整体上存在东强西弱的特点。

（五）晚燕山——早喜马拉雅期油气藏调整 I 期

燕山晚期后中国南方的构造作用方式和构造格局发生了重大改变，经过印支期——早燕山期强烈的褶皱造山作用之后，构造作用力出现松弛和构造反转。中扬子区在燕山晚期——喜马拉雅早期为断拗构造发展时期，主要表现为张性断块活动，张裂作用是从晚白垩至古近纪，发育一些小型的、以 $K_2$——E 为主的断陷和山间拗陷型盆地，这些断陷或山间盆地构造不整合于中—下三叠统及古生界之上，这些正断层大部分是在早燕山期逆断层的基础上反转而成。

晚燕山期——早喜马拉雅期宜昌地区构造演化较简单，主要表现为早白垩世边缘块断-拗陷的形成，黄陵隆起表现出缓慢冷却抬升（0.20～0.28 ℃/Ma）的特点。古隆起区烃源岩埋深比周缘凹陷明显变浅，随着缓慢抬升作用油气在古隆起斜坡带地层圈闭中聚集。由于区域盖层保存齐全，页岩中气藏大部分地区保存完整，但局部因靠近断层或接近隆起周缘的剥蚀区而被破坏和分异。晚燕山期——喜马拉雅期的构造运动沟通了不同层位的流体性质，导致中-上寒武统碳酸盐储层遭受二次溶蚀改造，与之相关的溶蚀孔隙和裂缝构成现今储层的主要储积空间。例如，宜地 2 井天河板组裂缝性灰岩中发育的气藏即是气藏被破坏后沿裂缝（或断层）向上倾方向运移，最终在天河板组中聚集形成的（图5-41）。该气藏储集空间由构造缝、溶蚀缝、压溶缝和晶间溶孔组成，但由于构造-溶蚀缝等均被方解石、泥质和白云岩全充填，有效储集空间小，不具备大规模的储集能力，被断裂改造聚集的气藏分布有限。而水井沱组页岩中气藏储集在泥页岩的有机孔和无机孔隙中，得以保存至今。

（六）喜马拉雅运动（45 Ma～现今）油气藏调整 II 期；

晚白垩世——第四纪时期，黄陵隆起处于整体推覆隆升阶段，表现为一期快速冷却抬升（0.56～0.82 ℃/Ma）。一方面宜昌地区有明显的隆升剥蚀，导致缺失渐新世、中新世，上三叠统、侏罗系、上白垩统也遭受强烈剥蚀（或缺失），只在局部地方见到少量残存。另一方面，喜马拉雅运动还造成边界断层的活化和逆冲，在宜昌长阳高家堰地区，天阳坪断层两侧呈现寒武系——奥陶系推覆于白垩系之上，断面倾向为东南向，主要断层破碎带宽 5～20 m，断层两盘垂直于断面的张节理、剪节理、牵引褶皱发育。

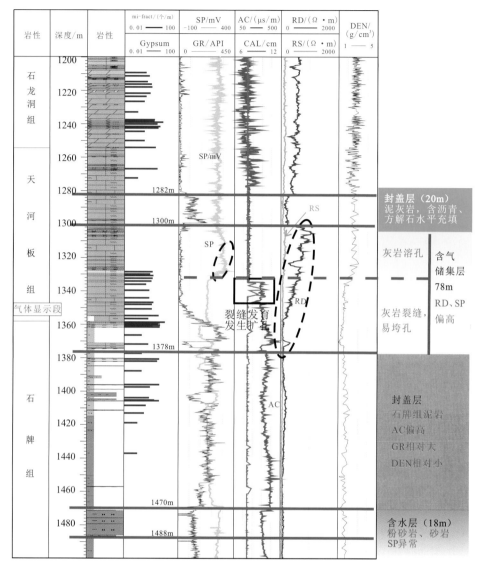

图 5-41 宜地 2 井天河板组含气层段解释图

宜昌地区寒武系地层遭受多次构造改造，发育了密度不一的微裂缝、裂隙。与构造改造有关的早期微裂缝遭受了后期不同程度的充填，而与构造改造有关的晚燕山期—喜马拉雅期微裂缝多呈半充填或未充填。这些不同期次、不同位置发育的裂缝对页岩气成藏具有不同的意义。

在印支期—早燕山期的逆冲推覆过程中，由于黄陵隆起的砥柱作用，在斜坡边缘，推覆作用使先前存在的断层活化并形成逆冲推覆构造，中—上寒武统白云岩、灰岩这类致密、脆性地层中产生截切底层的高角度裂缝，这类裂缝多分布在靠近断层的上盘灰岩地层中，构成油气散失的通道，后期流体通过这些裂缝通道，易形成溶蚀孔隙，造成在临区油气井钻探过程中灯影组至石龙洞组多次发生井漏和放空现象，只发现少量的可燃气显示。

对于隆起区而言，早燕山期黄陵隆起处于主隆升期，由于其刚性岩体的砥柱，再加上泥岩具有一定塑性，逆冲推覆在斜坡上易发生弯流作用，断裂沿着页岩软弱层顺层滑动，并在页岩层内形成大量的微裂缝（图5-42）。水井沱组页岩岩心观察，这种构造成因的微裂缝多为高角度缝，裂缝主频为65°～75°，缝宽较小，通常不超过0.5 mm，多被方解石等高阻矿物全部或部分充填，裂缝走向受区域构造应力的控制，与其西南部的天阳坪断层走向接近，这种由于小型推覆作用形成的顺层滑脱剪切缝，成为页岩气的重要储集空间，这也是宜页1井水井沱组高产的原因之一。

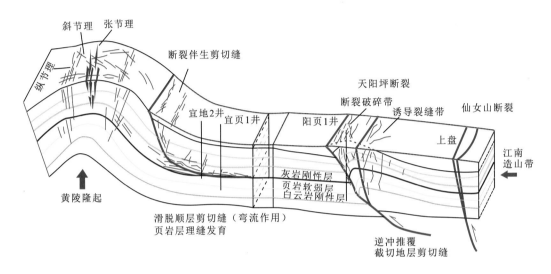

图5-42　黄陵隆起及周缘寒武系裂缝发育模式

综上所述，宜昌地区古生界油气成藏经历了复杂的过程，具有受古隆起、古斜坡控制的早期生油聚集、中期油藏裂解、后期聚集有效保存的特点。寒武系水井沱组经历了前印支期裂陷页岩持续埋藏、原始油气系统形成阶段。印支期，原生油藏中的原油开始裂解生气并高效充注，黄陵隆起自中三叠纪初现雏形。早燕山期鄂西地区原生油藏受挤压构造作用而破坏，形成残余油气藏，黄陵隆起进入主幕隆升期，自北东向西南方向的区域应力递减效应造成宜昌地区构造变形弱，油气经调整具有较大的保存潜能。晚燕山期—喜马拉雅期黄陵隆起暴露地表并接受大规模剥蚀，油气藏接受进一步的调整改造，在靠近黄陵隆起的周缘因受到剥蚀作用，页岩气有所逸散。宜昌地区处于南北两大弧形构造带和黄陵隆起三方围限的构造三角带部位，构造改造弱，黄陵隆起的古地区有利于形成岩性古油藏，加之中寒武统蒸发岩类盖层及志留系盖层齐全，具有相对较好的油气保存条件，形成的原生油气藏经印支期以来的构造调整作用可能保存下来的概率较高。勘探实践也证实，寒武系水井沱组页岩气富集区呈现分散状，分布在目前仍有顶、底板区域性盖层保护的印支期古隆起、古地区域周缘的台缘斜坡或台内高地、逆冲推覆构造下盘，这些地区是页岩气的有利勘探区。

# 第六章 页岩气有利区评价优选与资源预测

页岩气作为非常规油气，其发育条件和富集机理与常规油气相比存在显著差异。常规油气通常是经过初次运移甚至二次运移在非源岩圈闭中聚集成藏，而页岩气未发生运移或仅仅经历短距离运移并在源岩中大面积连续成藏，两者的差异决定了各自资源评价方法与关键参数选取具有特殊性。目前，在页岩气资源评价工作中，充分利用地震资料解释，并结合沉积地质及地球化学数据，对富有机质页岩的埋深、分布、品质、保存条件等进行研究并开展资源量估算，已成为一种广泛应用的页岩气勘探开发潜力评价方法体系。

## 第一节 地震解释

为了准确评估页岩气资源潜力，2015～2016年针对宜昌斜坡带水井沱组部署11条二维地震测线，分别为2015HY-Z2、2015HY-Z3、2016HY-Z1、2016HY-Z2、2016HY-Z3、2016HY-Z4、2016HY-Z5、2016HY-Z6、2016HY-Z7、2016HY-Z8、2016HY-Z9，通过利用3口钻井资料（宜地2井和宜页1井、宜页2井）进行地震层位标定，明确了研究区地层展布、构造特征，为页岩气资源潜力分析奠定了基础。

## 一、地震资料品质评估

### （一）地震资料品质评估标准

开展地震资料品质评估，有助于对解释成果的精度和可靠程度做一个较为客观的评价，有利于提高资源潜力评价的准确性。为了更好地开展资料品质分析，在资料品质评估前，按资料品质评估标准（表6-1）划分三类资料品质（图6-1）。

表6-1 地震资料品质评估标准表

| 评价级别 | 评价标准 |
| --- | --- |
| I 类资料品质 | 波组特征清楚，层位标定可靠，可以用于解释的可靠的地震反射波组 |
| II 类资料品质 | 波组特征基本清楚，层位标定较可靠，通过对比解释可以识别的地震反射波组 |
| III 类资料品质 | 波组特征不清楚，层位标定不可靠，对比解释无法识别的地震反射波组 |

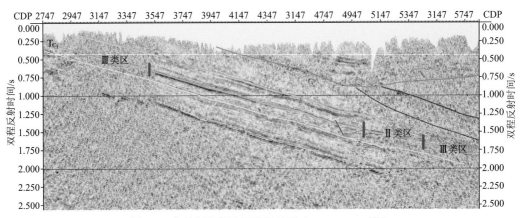

图 6-1 宜昌斜坡带地震资料品质（2015HY-Z3 线）

## （二）地震资料品质评估结果

地震资料品质评估工作按两套目的层开展，即志留系底界面、寒武系水井沱组底界面对应的地震波组 $T_S$、$T_{\varepsilon_1}$。通过评价，研究区地震 $T_S$ 反射层 I 类为 64.1%，II 类为 11.6%，III 类为 24.3%。地震 $T_{\varepsilon_1}$ 反射层 I 类为 65.9%，II 类为 12.4%，III 类为 21.7%。（图 6-2，表 6-2）。从资料品质评价结果看，区内主要勘探目的层资料品质总体一般，两套反射层 I 类品质资料均大于 60%，II 类、III 类品质资料占比较大。

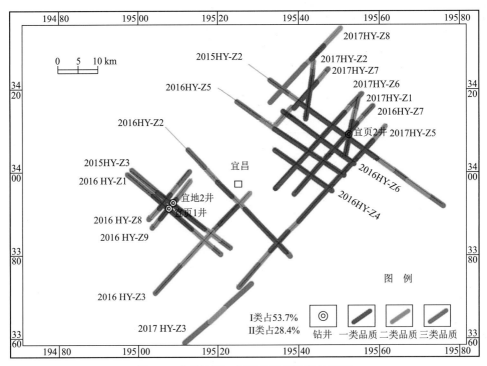

图 6-2 宜昌地区 $T_{\varepsilon_1}$ 反射层地震资料品质图

表 6-2　宜昌斜坡带资料品质评价统计表

| 反射层 | I 类 | | II 类 | | III 类 | |
| --- | --- | --- | --- | --- | --- | --- |
| | 长度/km | 占比/% | 长度/km | 占比/% | 长度/km | 占比/% |
| $T_S$ | 124 | 64.1 | 22.43 | 11.6 | 46.89 | 24.3 |
| $T_{\epsilon_1}$ | 265.66 | 65.9 | 49.89 | 12.4 | 87.75 | 21.7 |

（三）地震资料品质对解释成果精度的影响

在资料品质评估过程中，被评为 I 类品质的地震剖面，波组特征清楚，层位标定可靠，不影响构造形态的解释。被评为 II 类品质的地震剖面，波组特征基本清楚，通过对比追踪可以对层位进行较可靠的标定，因此不影响构造形态的解释精度。而被评为 III 类资料品质的地震剖面，波组特征不清楚，层位标定困难，因此对解释成果精度的影响较为明显。尤其是 III 类资料品质连片分布区，地震资料解释成果不可靠。

## 二、层位标定

地震地质层位标定是连接时间域的地震剖面和深度域的地质、钻井及测井等信息的桥梁。地震地质层位标定的准确与否直接关系到构造解释的精度。本书主要采用邻井的地震合成记录、VSP 测井及露头层位标定，结合波组特征对比开展地震地质层位标定。

（一）利用邻井地震合成记录标定层位

由于宜地 2 井声波测井曲线不全，因此采用邻井宜页 1 井的地震合成记录进行层位标定。地震合成记录显示（图 6-3），寒武系有两套比较明显的标志层，第一套强同相轴对应的是寒武系水井沱组底界，是水井沱组底部低速页岩与下伏岩家河组顶部高速灰岩形成的一套强波峰反射界面；第二套强同相轴对应的是寒武系岩家河组底界，是岩家河组下部低速页岩与下伏灯影组高速云岩形成的一套强波峰反射界面。

（二）利用地面露头标定层位

将研究区内地震测线投影在对应的地质图上，把对应的地层分布区投影到相对应的地震测线上，如图 6-4 所示，志留系分布区对应的分布范围，由此初步确定志留系底界对应的地震反射 $T_S$ 的位置。

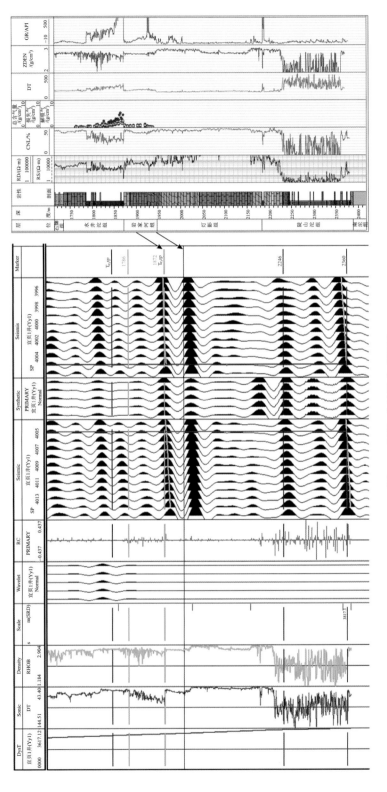

图 6-3　宜页1井地震合成记录

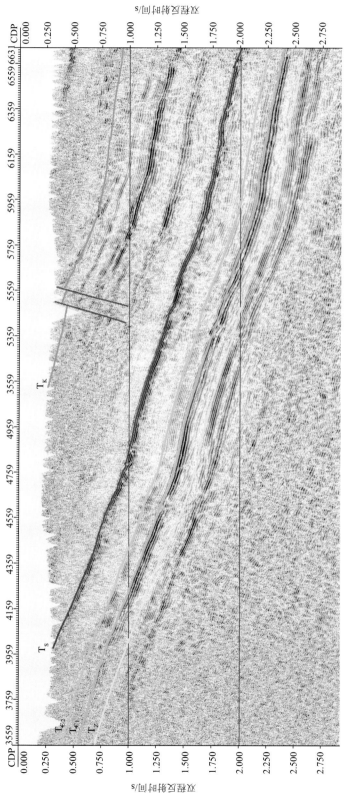

图 6-4　2015HY-Z2线地震解释剖面

（三）利用波组特征对比标定层位

研究区内北部测线与南部测线并不相交，所以采用波组特征对比的方法，进行层位标定。如图 6-5 所示，利用"块移动"方法，选取 2016HY-Z6 测线中的波组特征清晰的一段地震剖面，平移到 2016HY-Z4 测线上，对比两者的波组特征，进行层位标定，从而确定志留系底界对应的地震反射 $T_S$ 的位置和寒武系水井沱组对应的地震反射 $T_{\in_1}$ 的位置。

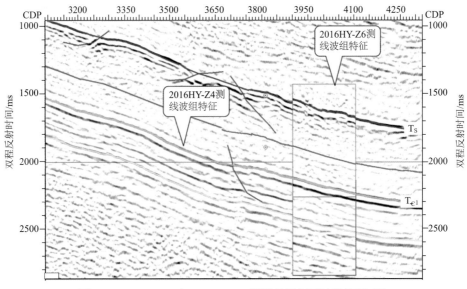

图 6-5　2016HY-Z4 与 2016HY-Z6 测线地震剖面波组特征对比

（四）利用地震地质反射特征标定层位

根据本区和邻区主要目的层波组特征来标定地震地质层位。宜昌斜坡带志留系底部为一套厚层泥页岩，奥陶系为厚层灰岩，两者之间存在较大的波阻抗差，地震剖面上主要表现为能量强、连续性好，是一组强反射同相轴。横向上具有较好的连续性，可以进行对比追踪，依据反射特征识别地质层位较为可靠。四种方法相互验证，层位标定准确。

通过上述四种方法准确地标定了宜昌斜坡带主要目的层的地震地质层位（表 6-3）。

表 6-3　地震反射层反射特征表

| 地震层位 | 地质层位 | 反射特征 |
|---|---|---|
| $T_S$ | 志留系底界 | 高频，能量强，全区能连续追踪 |
| $T_{\in_1}$ | 寒武系底界 | 低频，较连续，全区能连续追踪 |

地震 $T_S$ 反射层：相当于志留系底界面的反射，是志留系龙马溪组（包括部分上奥陶统五峰组）低速泥岩与奥陶系高速灰岩之间的反射。在志留系地层内部反射除局部有一组 1～2 个相位的强反射外，大多为弱-零乱（空白）反射。其底界面一般表现为高频、

强振幅连续反射特征，可作为本区海相标志层进行追踪对比。

地震 $T_{\epsilon_1}$ 反射层：相当于下寒武统底界面的反射，对应于宜地 1 井下寒武统水井沱组低速页岩与下伏寒武系岩家河组高速灰岩之间的反射。志留系以下有一组能量较强、频率较低的反射。其连续性较好，与 $T_S$ 反射层之间的时间厚度一般为 400~450 ms，相伴出现，全区基本上可连续追踪对比。

## 三、速度分析

### （一）宜昌斜坡带速度层结构

宜昌斜坡带借鉴邻区速度资料，纵向上可划分 6 套速度层结构（表6-4）。

表 6-4　宜昌斜坡地区地层速度分层结构一览表

| 地层代号 | 地层名称 | 地震反射层区间 | 地层平均速度（m/s） |
|---|---|---|---|
| —K | 白垩系及以上地层 | $T_{-K}$ | 3 150 |
| K—P | 下白垩统—二叠系 | $T_K$—$T_P$ | 4 600 |
| P—S | 二叠系—志留系 | $T_P$—$T_S$ | 4 700 |
| S—$\epsilon_2$ | 志留系—寒武系覃家庙组 | $T_S$—$T_{\epsilon_2}$ | 5 300 |
| $\epsilon_2$—$\epsilon_1$ | 寒武系覃家庙组—水井沱组 | $T_{\epsilon_2}$—$T_{\epsilon_1}$ | 5 700 |
| $\epsilon_1$—Z | 寒武系水井沱组—震旦系陡山沱组 | $T_{\epsilon_1}$—$T_Z$ | 6 550 |

（1）白垩系及以上碎屑岩速度层，岩性以砂岩、泥岩为主，少量膏、盐及煤层，地层速度随埋深变化，速度变化幅度在 2 000~4 000 m/s，平均速度为 3 150 m/s。

（2）下白垩统—二叠系速度层，岩性主要为碳酸盐岩，地层平均速度为 4 600 m/s，横向较为稳定。

（3）二叠系—志留系碎屑岩结构速度层，岩性主要为砂岩、泥岩，但由于埋深较大，压实程度较高，地层平均速度为 4 700 m/s。

（4）志留系以下—寒武系覃家庙组，覃家庙组下部为深灰色纹层状微晶云岩、砂屑细晶云岩及块状角砾岩组合；中部发育细晶云岩、含残余颗粒粉晶云岩、纹层状白云质泥岩、含燧石团块及石盐假晶；上部为含残余砂屑粉晶云岩、藻纹层粉晶云岩、页片状云质泥岩互层组合。地层平均速度较高，一般为 5 300 m/s。

（5）寒武系覃家庙组—寒武系水井沱组，水井沱组下部主要为黑色碳质岩—灰黑色泥质灰泥岩，上部为砂屑砾屑细晶云岩—残余砂屑细晶云岩。地层平均速度较高，一般为 5 700 m/s。

（6）寒武系水井沱组—震旦系陡山沱组，在陡山沱组顶部发育中厚层碎屑石灰质白云岩，并且在颗粒之间形成侵蚀孔洞。而在灯影组底部发育 5~15 m 厚的暗色页岩，页岩顶部中具有白云岩透镜体、少量胶磷矿结核和少量石煤层。地层平均速度较高，一般为 6 550 m/s。

（二）平面速度谱的求取

理论研究和大量实践表明，岩层中地震波的传播速度与岩石的地质年代、埋藏深度、岩性及其密度、孔隙度和孔隙中流体等因素有关。在连续沉积的地层中，横向上地质年代和埋藏深度条件基本相同，因此，地震波在地层中的传播速度主要受与岩性相关的因素影响。一般而言，不同的岩性具有不同的地震波传播速度和变化范围，并由岩石中的孔隙性和孔隙中流体性质决定。

根据邻区的研究成果，区内地震传播速度与岩石岩性、埋藏深度两因素密切相关。见表6-4，碳酸盐岩速度大于砂泥岩速度，而同为砂泥岩的志留系、白垩系（K）—古近系（E）则由于埋深不同，下伏的志留系地层速度要大于上覆的白垩系—古近系。总体来说，白垩系—古近系速度较下伏地层速度小，因此区内综合速度的制作要分层系制作。利用 5 口井鄂深 3 井、当深 3 井、簰深 1 井、宜页 1 井、宜页 2 井及 18 个虚拟点进行平面上速度的控制，形成平均速度场（图6-6，图6-7）。

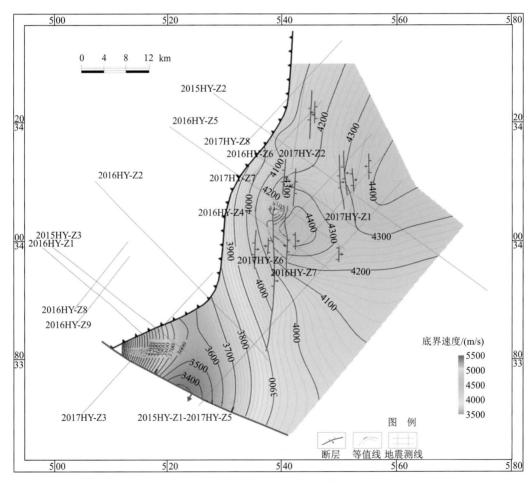

图6-6　宜昌斜坡带志留系底界速度平面图

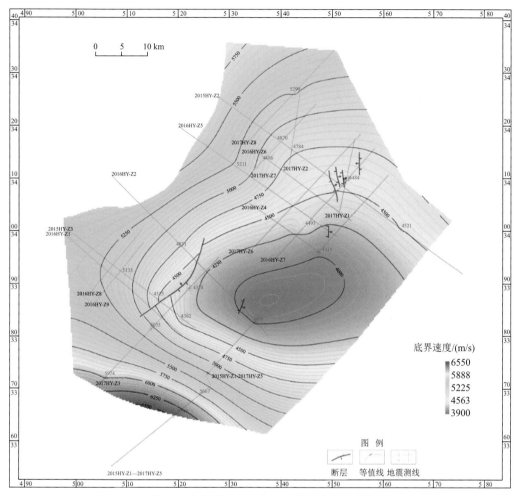

图 6-7　宜昌斜坡带水井沱组底界速度平面图

## 四、构造及地层解释

构造条件、埋藏深度及地层厚度分布是页岩气资源潜力评价分析中的重要参数。针对研究区的资料特征，充分利用多种地质数据对地震资料开展处理解释并获取地下构造和地层参数，为工区页岩气资源潜力分析奠定基础。

### （一）构造解释

地震剖面上往往多种反射信息相互叠加在一起，所获得的地震资料有效反射波信噪比普遍较低，有效反射同相轴横向连续性普遍较差。在水平叠加剖面上，地震资料往往容易形成多种方向的强反射相互叠加，有效波识别较为困难，给解释工作造成了较大的难度。因此在地震资料解释过程中，解释方法的选择与应用至关重要。

**1. 构造解释方法**

本书应用偏移叠加剖面开展构造解释。由于偏移剖面上沿测线方向分布的各种杂乱干扰波、绕射波在偏移剖面上均可得到有效地压制，地震反射有效波的识别更为容易，地质现象较为清楚。因此应用偏移剖面开展构造解释，构造形态可以得到较好的控制。在低信噪比地震资料解释过程中为达到去伪存真的目的，应用了以下解释技术是至关重要的。在复杂的地震波动场中识别有效地震反射，除必须具备较为丰富的解释经验外，还必须开展三个相互验证的工作。

（1）水平叠加剖面与偏移剖面的相互验证。在水平剖面上能够识别的干扰波与有效波，在偏移剖面上则较为容易确定。应用水平剖面与偏移剖面的相互验证，确定干扰波。

（2）与相邻剖面和相交剖面相互验证。干扰波一般具有一定的方向性和与采集因素的伴生性，在相邻剖面和相交剖面上，或是由于激发因素的改变，或是由于接收方向的改变，干扰波不可能是完全重复的，而有效地震反射波则是可以重复的。因此应用相邻或相交剖面进行有效波识别验证是有效的。

（3）平面闭合验证。有效地震反射波在平面上可以组构成一定的构造形态，而干扰波由于大多存在方向性，在平面上则难于组构成构造形态。因此在平面上判别构造形态的合理程度，是识别有效地震反射的重要手段。

**2. 构造图编制**

利用该区 11 条地震剖面，以此为基础开展构造图编制工作。应用偏移时间剖面与水平叠加剖面的解释对比，验证解释方案，在此基础上编制等 $T_0$ 图。针对不同目的层系的速度特征，完成速度平面分布图，进行时深转换与空间校正，并最终完成本区构造图的编制。$T_0$ 图（图 6-8）时间数据等值线间隔为 100 ms，构造图（图 6-9）等深线间隔为 100 m。

**3. 构造特征**

构造解释结果显示，研究区寒武系底界为一向东南方向倾斜的单斜构造（图 6-9），区内断层整体发育程度较弱，其形成与后期构造活动密切相关。印支期—燕山期，中扬子在秦岭造山带和江南-雪峰造山带南北对冲挤压推覆、逆冲推覆格局下，处于两大对冲构造体系中间的干涉带，同时受黄陵隆起稳定的砥柱作用的影响，在黄陵隆起东南翼上形成的一个稳定的斜坡带。其中北部主要受秦岭造山系的影响，但来自秦岭方向的挤压推覆作用，在抵达当阳复向斜后已呈显著减弱之势，故而构造简单，地层走向以北东向为主，地层倾角小于 30°；断裂不发育，仅雾渡河断裂、通城河断裂等切穿两套主要目的层系。向东部延伸至江汉盆地后，受喜马拉雅期正断裂活动的影响，志留系目的层断裂活动相对大，地腹构造也相对复杂。

在区块的南部，受江南-雪峰构造系的挤压逆冲及走滑剪切作用明显，尤其是天阳坪断裂、仙女山断裂等明显控制着宜昌斜坡稳定区的边界（图 6-10），其中天阳坪断裂具有右行走滑逆冲的特征，地震及阳页 1 井钻探揭示，在宜昌斜坡南部的稳定带有较大面积延伸至断裂的下降盘（图 6-10），呈现一定的逆冲推覆性质。这种逆冲作用虽然复杂了地表构造面貌，但是在断裂带的下盘对于页岩气的保存则起着积极性的作用。总体来看，宜昌斜坡地区，地表虽为白垩系较大面积覆盖，通过地震构造解释，进一步证明了寒武系为一稳定的斜坡构造特征，这种稳定的构造条件对页岩气的保存极为有利。

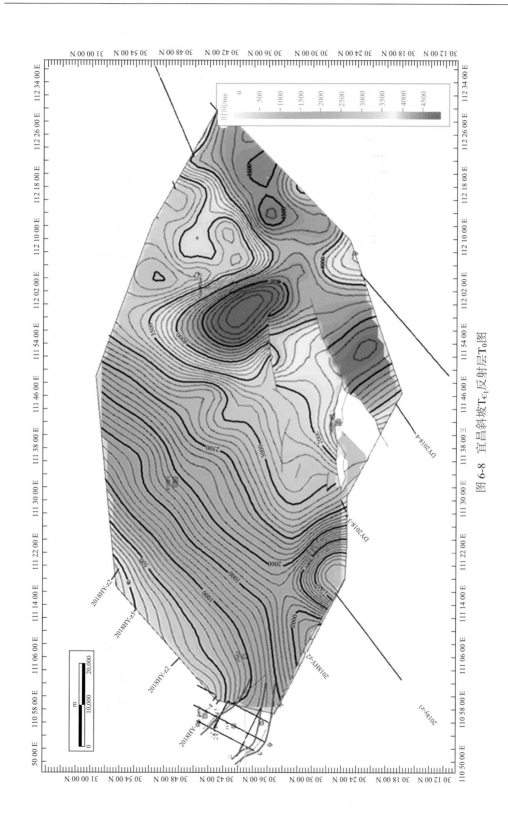

图 6-8　宜昌斜坡T∈₁反射层T₀图

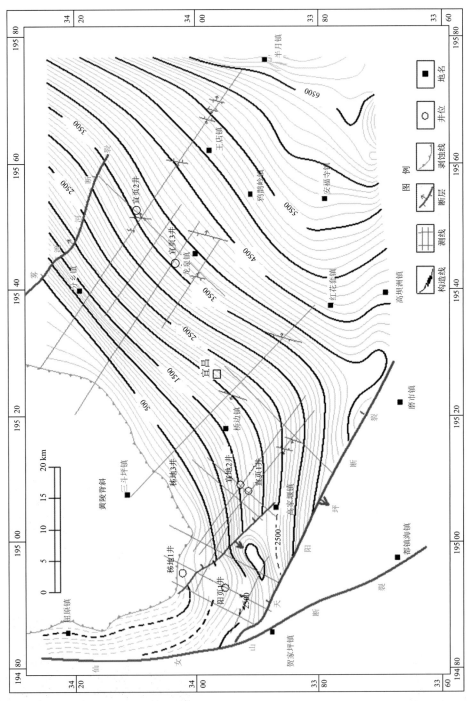

图 6-9 宜昌斜坡$T_{\epsilon_1}$反射层构造图

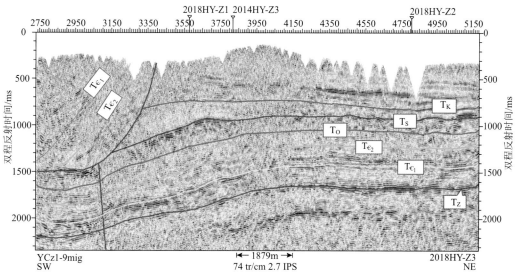

图 6-10　宜昌斜坡天阳坪断裂地震剖面

（二）地层岩性分布预测

**1. 单剖面反演解释**

在缺少井资料的情况下，利用反射强度属性来进行岩性研究，构造和岩性的稳定与否对页岩气的勘探至关重要，图 6-11 为 2016HY-Z6 线位地震反射强度剖面，从反射强度剖面上看，主要目的层在研究区中部地区反射强度的值较为稳定，反映地层岩性也较为稳定。

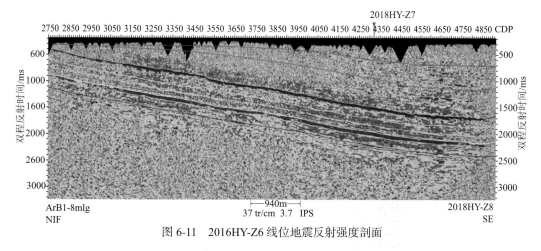

图 6-11　2016HY-Z6 线位地震反射强度剖面

通过统计宜页 1 井寒武系水井沱组泥岩和灰岩测井声波和密度值，得到泥岩和灰岩的波阻抗分布范围（图 6-12），泥岩波阻抗分布在 $8.5 \times 10^6 \sim 15 \times 10^6$ kg/（s×m²）；灰岩波阻抗分布在 $12 \times 10^6 \sim 17 \times 10^6$ kg/（s×m²）；两者波阻抗有部分重叠，但灰岩波阻抗整体上大于泥岩波阻抗。灰岩主要分布在水井沱组 1 785 m 以上的地层中，泥岩主要分布在水井沱组 1 785 m 以下的地层中。由此以宜页 1 井为约束，对井区的 2016HY-Z9、2016HY-Z8、2016HY-Z1、2015HY-Z3 四条二维地震剖面（图 6-13）进行波阻抗反演。

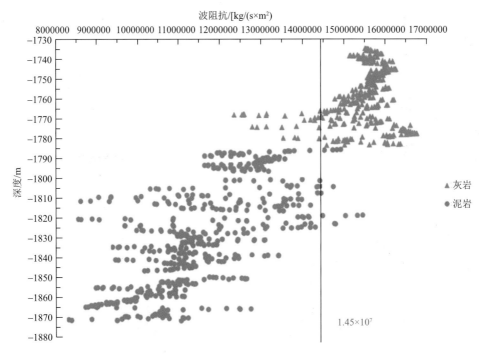

图 6-12　宜页 1 井页岩、灰岩波阻抗地质统计对比图

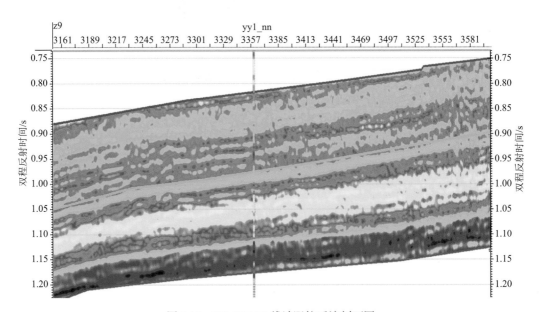

图 6-13　2016HY-Z9 线波阻抗反演剖面图

根据宜页 1 井岩石物理物性研究，确定页岩波阻抗范围，即波阻抗小于 $1.45 \times 10^7 \, kg/(s \times m^2)$ 为区分页岩的门槛值（图 6-13）。利用这一特性将上述得到的波阻抗反演体转化成为灰岩、泥岩数据体。图 6-14 为 2016HY-Z9 地震剖面反演获得的岩性剖面图，从反演的岩性剖面上看，水井沱组的页岩较为发育，在大部分区域展布较为稳定。

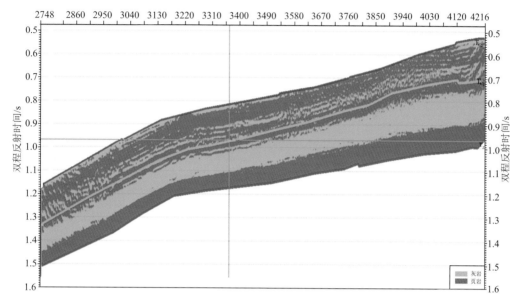

图 6-14　2016HY-Z9 线岩性剖面图（棕色的为泥岩）

### 2. 地震属性解释

根据二维地震勘探的成果资料，针对寒武系水井沱组的页岩进行属性分析，定性分析页岩的分布情况。从寒武系水井沱组的振幅属性图来看（图 6-15），该图是沿地震地质层位 $T_{\mathcal{C}_1}$ 向下开 25 ms 时窗提取的均方根振幅属性，当寒武系水井沱组底部页岩越发育时，对应的 $T_{\mathcal{C}_1}$ 反射越强。水井沱组振幅属性反映由宜昌沿江一带向西南方向，水井沱组页岩厚度增加，沉积相带由台地经台缘斜坡向深水陆棚变化的趋势，这一特征已得到地表露头和钻探资料的验证。但宜昌地区江北区块寒武系深埋地腹，缺乏钻井资料进行细节的刻画和证实，页岩的分布和厚度变化情况不清。但该区域振幅属性反映的页岩厚度变化趋势和区域航磁资料具有一定的契合。深部航磁异常显示在宜昌以北的当阳—雾渡河一线存在着一北西向的低磁异常带，反映刚性基底之间存在一个薄弱带，可能在新元古代—早寒武世早期形成了裂陷。整体来说，宜昌斜坡区水井沱组泥页岩厚度较大，其中西南和东北方向页岩厚度应该最大，为最有利的目标区。

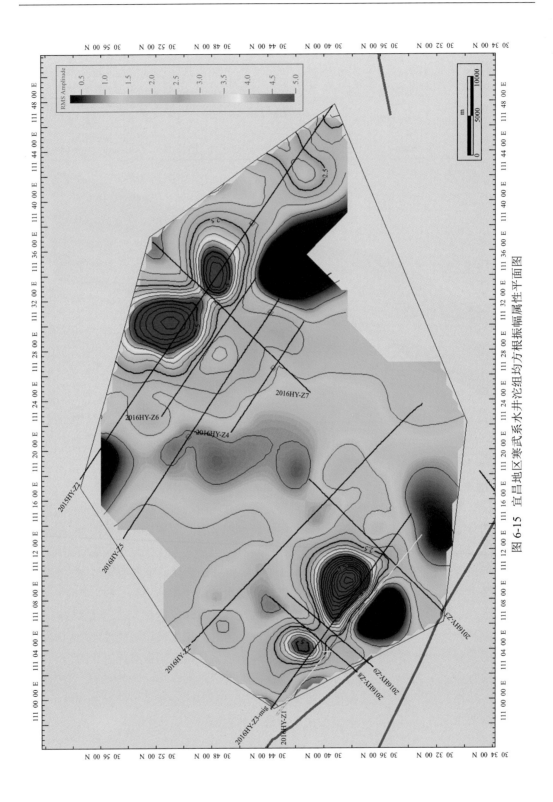

图 6-15 宜昌地区寒武系水井沱组均方根振幅属性平面图

# 第二节　有利区评价与优选

## 一、有利区评价与优选标准

　　宜昌地区寒武系页岩气选区评价过程中，秉承以页岩品质为基础、以保存条件为关键、以经济性为保障、以生态保护为优先的选区评价原则，参照南方复杂构造区海相页岩气三大类、18项参数的选区评价体系与标准，在查明生态敏感区的基础上，通过多个评价参数按不同权重赋值，分别对泥页岩的品质、页岩气保存条件及页岩气开发经济性三大参数予以综合评价。因为页岩气一般是赋存在地下 1 000 m 以深的清洁能源，所以在勘探开发过程中，对生态环境的不利影响较小，但根据生态优先的原则，资源潜力评价过程中，对城镇、自然保护区、风景名胜区等生态敏感区的面积予以扣除，确保宜昌地区寒武系页岩气勘探开发在不触及生态红线的前提下，保证资源潜力评价数据的科学性和实用性。

### （一）泥页岩的品质

　　泥页岩的品质决定了页岩气单井产量的高低、资源规模的大小及后期开发压裂的难易程度，可以说，泥页岩品质是能否实现页岩气高效、商业化、规模化开发的基础。与泥页岩的品质关联度较大的指标有优质泥页岩厚度、有机质丰度、有机质成熟度、有机质类型、物性、脆性指数等各种地质因素。

### （二）页岩气保存条件

　　页岩气的保存条件决定了页岩气藏能否形成，良好的保存条件是页岩气富集高产的保障。页岩气的保存条件评价参数主要包括断裂发育情况、构造样式、压力系数、上覆盖层、页岩气层顶底板等。

### （三）页岩气开发的经济性

　　经济性是页岩气开发的目的，与页岩气开发的经济性关联度较大的指标包括地表地貌条件、页岩气层的埋深、页岩气资源量、页岩气产量、水源条件、交通条件及管网条件等。
　　本书采用的选区评价体系与标准见表 6-5。

表 6-5　页岩气选区（目标区）评价体系及评价参数权重表

| 参数类型 | 名称 | 权值 | 赋值 | | | |
|---|---|---|---|---|---|---|
| | | | 1.0～0.75 | 0.75～0.5 | 0.5～0.25 | 0.25～0 |
| 页岩品质 0.3 | 优质页岩厚/m | 0.1 | >40 | 40～30 | 30～20 | 20～10 |
| | 总有机碳含量/% | 0.3 | >4 | 4～2 | 2～1 | <1 |
| | 干酪根类型 | 0.1 | I | II$_1$ | II$_2$ | III |
| | 镜质体反射率 $R_o$/% | 0.1 | 1.3～3.0 | 1.0～1.3 或 3.0～5.0 | 0.6～1 或 3.5～4.0 | <0.6 或 >4.0 |

| 参数类型 | 名称 | 权值 | 赋值 | | | |
|---|---|---|---|---|---|---|
| | | | 1.0~0.75 | 0.75~0.5 | 0.5~0.25 | 0.25~0 |
| 页岩品质 0.3 | 脆性指数 | 0.3 | >60 | 60~40 | 40~20 | <20 |
| | 物性/% | 0.1 | >6 | 6~4 | 4~2 | <2 |
| 保存条件 0.4 | 断裂发育情况 | 0.2 | 断裂不发育 | 断裂较少 | 断裂较发育 | 断裂发育 |
| | 构造样式 | 0.1 | 褶皱宽缓 | 褶皱较宽缓 | 褶皱较紧闭 | 褶皱紧闭 |
| | 压力系数 | 0.4 | >1.5 | 1.5~1.2 | 1.2~1.0 | <1.0 |
| | 上覆盖层 | 0.1 | 侏罗系—白垩系 | 三叠系 | 二叠系 | 志留系 |
| | 顶底板 | 0.2 | 非常致密 | 致密 | 较致密 | 不整合/不致密 |
| 经济性 0.3 | 地表地貌条件 | 0.2 | 平原+丘陵>75% | 平原+丘陵50~75% | 中低山区为主 | 高山、高原、沼泽 |
| | 埋深/m | 0.2 | 1 500~3 000 | 3 500~4 500 | >4 500或500~1 500 | 0~500 |
| | 资源量/$10^8$ $m^3$ | 0.2 | >500 | 200~500 | 100~200 | <100 |
| | 产量/$10^4$ $m^3$/km | 0.1 | >10 | 3~10 | 0.3~3 | <0.3 |
| | 水系 | 0.1 | 河流发育，有水库 | 河流较发育，临近有水库 | 水系欠发育，有河流 | 无大河流 |
| | 市场管网 | 0.1 | 已有管网 | 临近有管网 | 拟规划管网 | 市场不发育 |
| | 道路交通 | 0.1 | 国、省道覆盖全区 | 国、省道覆盖一半 | 县道覆盖全区 | 交通不发达 |

## 二、页岩品质评价

　　宜昌地区寒武系水井沱组有机质类型均属腐泥型（Ⅰ型），以海洋菌藻类为主的生源组合，其原始组分属富氢、富脂质，具高生烃潜力。页岩有机质成熟度 $R_o$ 具西北低南东高的展布特征，主要钻井的 $R_o$ 分布在 2.5% 左右。根据现有的资料分析，宜昌地区热演化程度适中（图 6-16）。

　　页岩有机质丰度整体品位较好，TOC 分布在 0.18%~17.70%，集中在 1.5%~5.0%，平均值为 3.63%，总体达到较好的烃源岩标准。高值区分布于天阳坪断裂的东北侧及斜坡带中部地区，前者 TOC 为 1.0%~3.0%，后者 TOC 为 2.0%~2.5%（图 6-17）。

　　页岩厚度为 25~125 m，区域上存在西南部和中部两个厚度高值区，西南部临天阳坪断裂，其页岩厚度最大值为 125 m，最小值为 25 m，中部页岩厚度分布在 50~75 m。

　　从岩石矿物学特征分析，宜昌地区下寒武统水井沱组石英含量相对较低，碳酸盐矿物的含量相对较高。根据宜地 2 井的测试结果，页岩储层石英含量为 3.9%~54%，平均为 22.4%；碳酸盐矿物含量为 6.4%~87.9%，平均为 36.2%，主要为方解石，约占碳酸

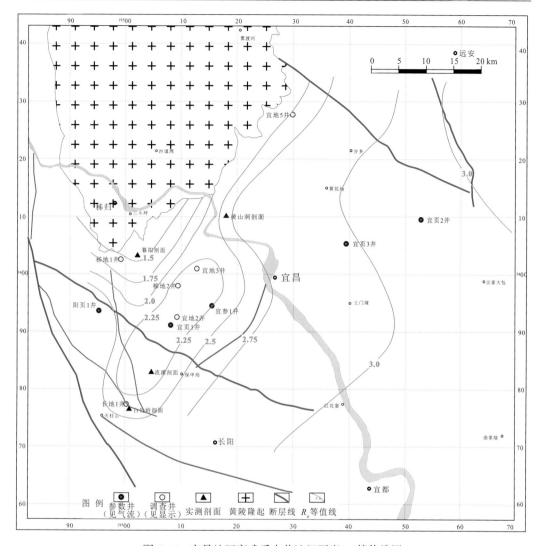

图 6-16　宜昌地区寒武系水井沱组页岩 $R_o$ 等值线图

盐矿物含量的 2/3；此外，黏土矿物含量为 7.0%～61.3%，平均为 33.3%。黏土矿物主要为伊蒙混层、伊利石，少量的绿泥石。自下而上石英含量减少，碳酸盐矿物含量增加，黏土含量先增加再减少，黏土矿物中伊蒙混层相对含量增加、绿泥石相对含量较少、伊利石相对含量先减少再增加。

　　从物性特征分析，宜昌地区水井沱组页岩储层为特低孔、特低渗透储集层。页岩孔隙度主要为 0～3%，仅少数样品孔隙度大于 5%。页岩渗透率主要为 $0.01×10^{-3}$～$0.05×10^{-3}$ $\mu m^2$，且水井沱组下部的渗透率高于上部。

　　根据上述分析，从优质页岩厚度、TOC（%）、干酪根类型、$R_o$（%）、脆性指数、物性（%）等条件综合评价，按各参数的权重汇总，页岩品质按 0.3 的权重评价为 0.26，总体品质为优质页岩。

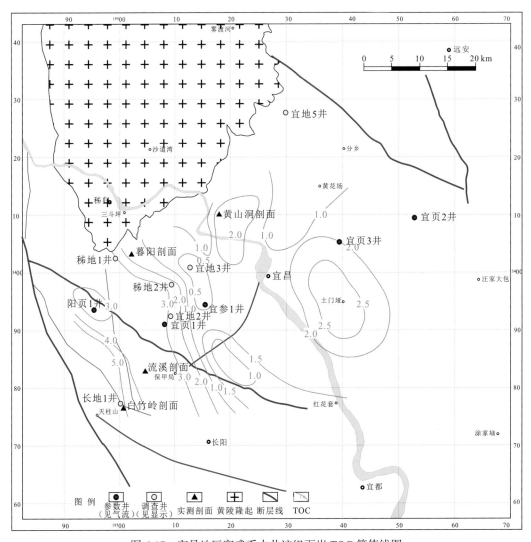

图 6-17　宜昌地区寒武系水井沱组页岩 TOC 等值线图

## 三、保存条件评价

　　宜昌斜坡区在前震旦纪变质基底之上发育了较为稳定的盖层沉积，为黄陵背斜东南缘的单斜构造，构造简单，产状平缓，除边界断裂外，区内断裂不发育。地表大部为白垩系地层覆盖，西南部出露震旦系、寒武系、奥陶系、志留系，主要为碎屑岩沉积。

　　该区西南和东北分别被两条大型断层所限，前者为北西走向的天阳坪断裂，该断裂在燕山期开始活动，向北东逆冲推覆，上盘震旦系出露地表，经二维地震勘探和实钻验证（阳页 1 井），在断层下盘具有良好的页岩气保存条件，因此，有利目标区向南东方向延伸。后者为北西走向的雾渡河断裂，该断裂在前南华系强烈活动，中新生代复活，清楚切割盖层构造，主体于区外切入黄陵基底区，具韧性剪切特征。

　　鉴于天阳坪断裂的性质和寒武系水井沱组页岩气有利区向南西方向延伸，北北西向仙女山断裂就成为宜昌斜坡构造稳定区的另一条重要的边界断裂。该断裂北始秭归县荒口，斜切长阳背斜，南止五峰土家族自治县渔洋关，长近百公里，为一系列雁行状断层组成的断裂带，力学性质极为复杂。该断裂具多期活动性，从早期顺扭剪切基础上发展起来，早白垩世时张性活动异常强烈，发育大规模的张性角砾岩，后期再次表现为压扭性质，改造先期角砾岩并形成片理化带。第四纪以来张性活动强烈，形成陡峻的断层崖，两侧河流阶地性质差异明显，历史上曾发生多次地震。该断裂的多期活动性和第四纪以来的张性活动特点，对页岩气的保存具有强烈的破坏作用，因此，在潜力评价中，所圈定的有利区边界远离该断裂带发育区（＞3 km）。

根据当前钻探的成果资料，判定区内页岩气保存于常压系统中，对页岩气的稳产、高产稍有不利影响，与现已建成的涪陵焦石坝地区的页岩气田相比还存在一定的差距。

区内寒武系水井沱组有利目标区的顶底板条件较为优越。在江南区块，水井沱组下伏岩家河组以硅质岩、泥灰岩沉积为主，岩性致密，具有良好的底板条件，而上覆地层也以致密灰岩和石牌组泥岩、泥质粉砂岩类为主，能较好地封盖页岩气，顶板条件也较为优良。在江北区块，上覆地层与江南区块类似，下伏地层尽管无岩家河组发育，但发育巨厚的泥质白云岩，其顶底板条件稍逊于江南区块。

综合分析，按断裂发育情况、构造样式、压力系数、上覆盖层、顶底板各参数的权重汇总，页岩气保存条件按0.4的权重评价为0.32，总体上具有良好的页岩气保存条件。

# 四、经济性评价

宜昌地区地表条件以丘陵和中低山为主，地表施工条件中等。区内水系发育，长江干流纵贯有利区，多条支流穿插其间，水力资源极为丰富。中国石化川气东送干线经过本区，并在宜昌建有接收站；另外，中国石油西气东输二线与中国石化川气东送已于2015年4月实现互联互通。因此，宜昌地区的页岩气开发，可充分利用现有的天然气集输管网。区内交通条件好，铁路、高速公路、国道、省道贯通全区，形成了良好的运输网络；另外，区内长江黄金水道和宜昌三峡机场为水路运输及空运提供了极为便利的条件。

影响宜昌地区页岩气开发的经济性指标在水系、市场管网、道路交通方面均较为优越，在地表条件上为中等。除此之外，对经济性影响较为显著的还有目的层埋深条件及其空间分布特点，前者对页岩气保存、含气性也有重要影响，后者对页岩气的资源量有重要影响。页岩气的产量受到页岩品质、保存条件、工程技术条件等多种因素的制约，目的层埋深及其空间分布也是重要的制约因素之一。

## （一）目的页岩层埋深

利用波阻抗属性对目标层页岩厚度、平面分布范围进行预测。参考构造图和地表海拔数据，根据地表露头分布和地层发育情况，编制寒武系水井沱组埋深图（图6-18）。寒武系水井沱组埋深多在0～6 000 m，埋藏深度由北西向南东逐步加深，天阳坪断裂对埋藏深度影响较大，越过天阳坪断裂（地表），水井沱组的埋深有向南西方向迅速加深的趋势。其中5 000 m以浅区域分布在围绕黄陵隆起区域的东南部，有利的勘探面积达617 km²。

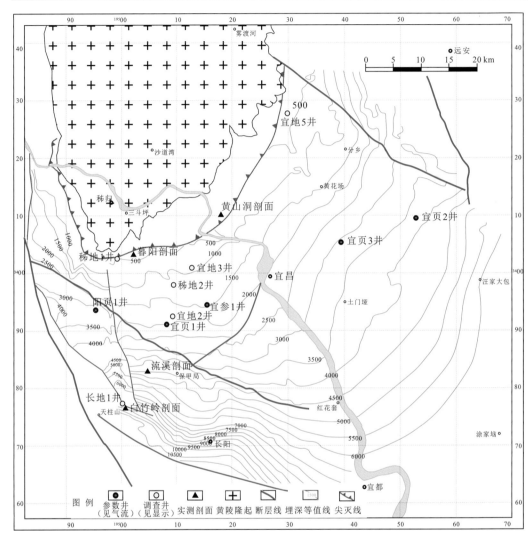

图 6-18　宜昌地区寒武系水井沱组埋深图

（二）页岩的分布预测

为了进一步确定工区深水相水井沱组的分布，对区内地震资料开展了地震相分析和模型正演分析。从过宜地 2 井（2016HY-Z9 测线）地震剖面可清晰见到（图 6-13）。从宜页 1 井北向西南方向，震旦系灯影组地层厚度显著减小，呈现明显台地边缘坡折的特点，表明灯影组台地相厚度大、向深水相区厚度减薄的特征。而下寒武统则具有明显的镜像关系，为盆地相厚度大、台地相厚度薄的特征，其中岩家河组—水井沱组地震反射波组呈多个上超尖灭的特点。这种相变和厚度变化特点也得到钻井资料和露头资料的证实。

通过对鄂西地区实钻井与寒武系地震剖面对比图（图 6-19），可以看出钻遇台地相区的焦石 1 井和利 1 井对应"对型"反射，反射层和上部相位时差较小。钻遇盆地相区的恩页 1 井对应"对型"反射，反射层和上部相位时差较大。

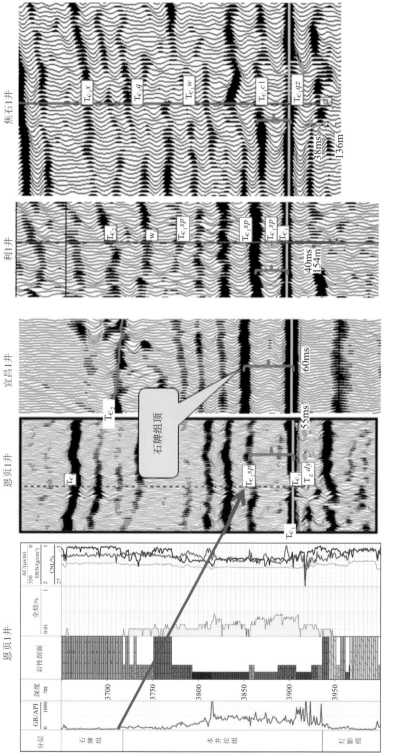

图 6-19　过实钻井寒武系地震剖面对比图

利用正演模型进行原因分析, 图 6-20 (a) 为利用利 1 井参数假设石牌组厚度不变, 水井沱组厚度增加的模型。当水井沱组厚度从 40 m 增加至 120 m 时, 出现 "时型" 大时差的波形特征和宜昌地区部分实际剖面基本一致, 推测宜昌地区西部寒武系水井沱组页岩厚度变大, 利用利 1 井参数假设石牌组厚度变厚 50 m, 水井沱组厚度不变的模型, 出现 "井型" 小时差的波形特征和焦石 1 井台地相区地震反射特征一致。

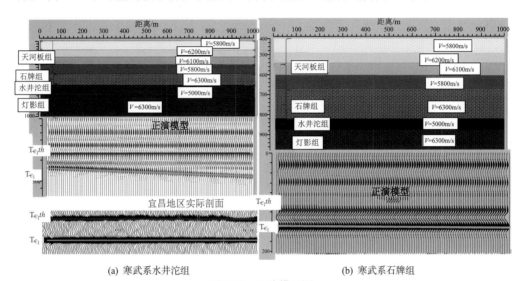

(a) 寒武系水井沱组　　　　　　　(b) 寒武系石牌组

图 6-20　正演模型图

通过以上分析, 认为宜昌地区西部主体为深水陆棚区, 东部主体为台地区(图 6-21)。在宜地 2 井以北, 沿长江一带, 存在着晚震旦世的台地边缘相带, 并将盆地相区分割成

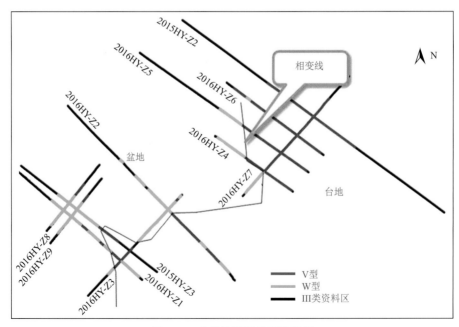

图 6-21　宜昌地区寒武系地震相

南北两个深水区，早寒武世时期，大致继承了晚震旦世的古地理格局，南部深水相区（深水陆棚相）的水井沱组黑色页岩发育并得到钻井证实，属于水井沱组黑色页岩发育有利区；而北部深水区（台内凹陷）尽管尚未得到钻井证实，推测也应属于水井沱组页岩发育有利区，厚度在30～100 m。

　　根据对 2014 年以来本地区实施的二维地震及钻井成果资料的综合分析，结合地表露头的调查，编制本区的富有机质页岩厚度等值线图（图 6-22）。

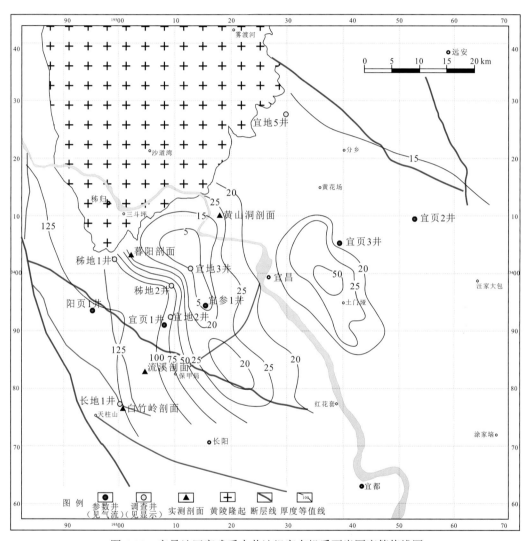

图 6-22　宜昌地区寒武系水井沱组富有机质页岩厚度等值线图

　　综合分析宜昌地区寒武系水井沱组页岩气有利目标区的地表地貌条件、埋深、水系、市场管网、道路交通等各项指标，结合宜页 1 井的日产气量、无阻流量的数据，以及综合考虑各项指标所获得的资源量的数据，按0.3的权重评价本区页岩气的经济性为0.255，总体上勘探开发的经济性较好。

# 五、寒武系页岩气有利区带评价

宜昌地区早寒武世处于台地与深水陆棚的过渡地带，纵横向上岩性变化较大，富有机质页岩主要发育在西南部的深水陆棚相区，在工区东北部可能存在一个北西展布的台内凹陷区，中国地质调查局武汉地质调查中心在 2017 年实施的宜页 3 井，虽部署于江北区块，揭示寒武系水井沱组含气层段 85 m/2 层，页岩气层 15 m，但该井的井位处于二维地震揭示的台内凹陷区西北缘，因此，对该区富有机质页岩发育特征的精细刻画，还有赖于下一步参数井钻探工程的实施。

综合评价认为，宜昌地区西南部（江南区块）为寒武系水井沱组页岩气勘探的最有利区带，有利的勘探面积达 530 km²（图 6-23）。而东北部（江北区块）为潜在的勘探有利区，面积为 141 km²，值得下一步加强勘探部署和评价。

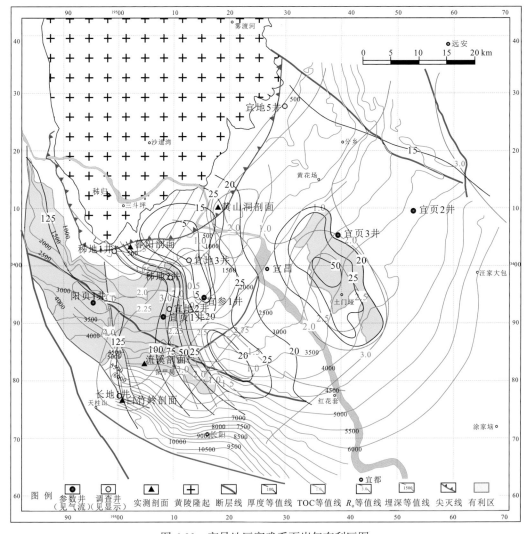

图 6-23　宜昌地区寒武系页岩气有利区图

# 第三节　页岩气资源潜力预测

## 一、资源量计算方法

根据宜昌地区页岩气的勘探程度，本地区已有较为丰富的二维地震资料，有多口钻遇目的层的地质调查井及参数井等资料，有较为完备的分析测试数据，且完成了针对目的层的水平井钻探及压裂试气工作，取得了翔实的油气地质、基础地质资料，对页岩气基础地质条件较清楚，可获得该地区资源评价的关键参数，且具较高的可靠性。

本次评价采用概率体积法，对宜昌地区页岩气资源量进行估算，资源量计算公式如下：

$$Q = S \cdot H \cdot \rho \cdot T_{gas} / 100$$

式中：$Q$ 为页岩气资源量，$10^8 \, m^3$；$S$ 为评价单元有效面积，$km^2$；$H$ 为页岩厚度，$m$；$\rho$ 为泥岩密度，$t/m^3$；$T_{gas}$ 为泥岩含气量。

评价单元有效面积取值：页岩气埋深 1 000 m～5 000 m 为有效面积，扣除生态红线区、剥蚀区及埋深大于 5 000 m 区域后含气泥页岩的有效面积。

页岩厚度取值：以富含有机质泥页岩为主的含气层段，内部可以有砂岩类、碳酸盐类夹层，有机碳达到起算标准（TOC > 1.0%）的泥页岩累计厚度一般大于 30 m。通过蒙特卡洛法获得黑色页岩厚度 P5、P25、P50、P75、P95 概率分布。

$V = S \cdot H$ – 含气页岩的体积：采用已有的黑色页岩厚度资料，编制厚度等值线图，并将该图输入电脑，结合面积，通过三维建模分别获得江南区块和江北区块的黑色页岩的体积。

页岩密度取值：以岩石样品密度实测值（真密度）为代表，求取含气泥页岩层段不同深度采样点岩石密度测试值的算术平均值，作为本区页岩气资源量计算公式中的页岩密度。该值为宜页 1 井测井均值。

泥岩含气量取值：采用已有钻井获得的实测含气量，通过蒙特卡洛法获得其 P5、P25、P50、P75、P95 概率分布。

## 二、寒武系资源量计算

根据以上方法、参数，以宜昌地区构造断层边界和 5 000 m 埋深线为页岩气资源量计算范围。宜昌地区寒武系 1 000 m～5 000 m 页岩气有利勘探区面积 671 $km^2$，资源量为 5 068.978×$10^8 \, m^3$；其中，江南区块的资源量 4 734.19×$10^8 \, m^3$，江北区块的资源量为 334.788×$10^8 \, m^3$（表 6-6，表 6-7）。

表 6-6　宜昌地区江南区块寒武系页岩气资源量预测表参数

| 参数 | | P95 | P75 | P50 | P25 | P5 |
|---|---|---|---|---|---|---|
| 体积参数 | 面积/km² | | | 530.116 | | |
| | 有效厚度/m | 26.474 2 | 92.464 5 | 120.799 | 126.391 | 132.9 |
| 含气量参数 | 总含气量/（m³/t） | 2.16 | 2.78 | 3.86 | 4.16 | 5.577 |
| 其他参数 | TOC/% | | | 1.0～2.5 | | |
| | 页岩密度/（t/m³） | | | 2.61 | | |
| 地质资源量/10⁸ m³ | | 1 327.97 | 3 545.74 | 4 734.19 | 6 879.44 | 8 244.23 |

表 6-7　宜昌地区江北区块寒武系页岩气资源量预测表

| 参数 | | P95 | P75 | P50 | P25 | P5 |
|---|---|---|---|---|---|---|
| 体积参数 | 面积/km² | | | 141.236 | | |
| | 有效厚度/m | 20.053 7 | 22.694 | 26.729 8 | 31.520 4 | 42.703 4 |
| 含气量参数 | 总含气量/（m³/t） | 2.16 | 2.78 | 3.86 | 4.16 | 5.577 |
| 其他参数 | TOC/% | | | 1.0～2.5 | | |
| | 页岩密度/（t/m³） | | | 2.61 | | |
| 地质资源量/10⁸ m³ | | 174.137 | 245.885 | 334.788 | 427.713 | 648.608 |

　　鉴于在勘探开发阶段，富有机质页岩的埋深对开发成本具有极为重要的影响，且从目前页岩气勘探开发的经验看，目的层处于 4 000 m 以深时，对水平井钻探及压裂工程均提出更高的要求，需要有针对性的工程技术的革新。为此，按 1 000 m～2 000 m、2 000 m～3 000 m、3 000 m～4 000 m、4 000 m～5 000 m 埋深分别计算资源量，以更好地指导本地区后期的页岩气勘探开发（图 6-24，图 6-25）。

　　经计算，本地区页岩气资源埋深分布特征如下：埋深 1 000 m～2 000 m 的 P50 地质资源量为 1 400.57×10⁸ m³，2 000 m～3 000 m 为 1 421.8×10⁸ m³，3 000 m～4 000 m 为 1 478.53×10⁸ m³，4 000 m～5 000 m 为 768.08×10⁸ m³。由此可见，本地区 4 000 m 以深的资源量仅占总资源量的 15%，而 4 000 m 以浅的资源量则高达 4 300×10⁸ m³，可以支撑本地区寒武系低成本高效开发。

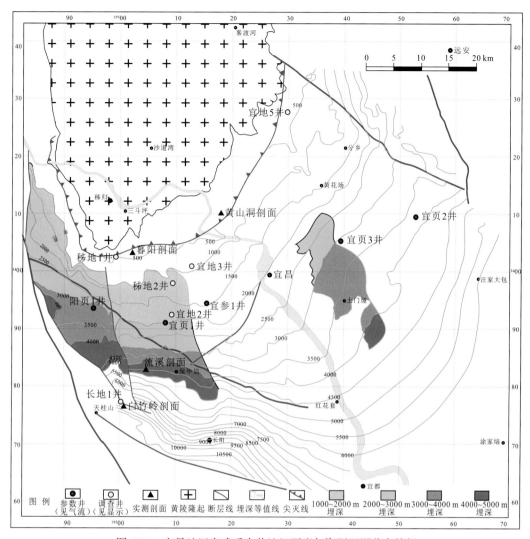

图 6-24 宜昌地区寒武系水井沱组页岩气资源埋深分布特征

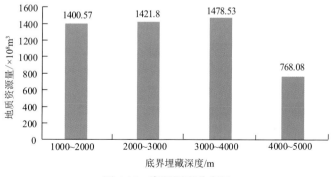

图 6-25 资源深度分布图

# 第七章 宜页 1HF 井钻井、压裂试气评价

宜昌地区页岩气勘探程度低、地质条件复杂、区域背景和实钻资料少、页岩气储层差异化特征明显，区域新层系页岩气开发工程技术难度大。宜页 1HF 井是在中扬子地区第一口采用水平井方式实施的页岩气探井，针对该井地层压力系数低（1.00～1.10）、储层温度低（55 ℃）、钙质含量高（20%）、水平主应力差大（17～25 MPa）等难点，攻关形成了构造复杂区低勘探程度定录导一体化、复杂地质条件下高位垂比长水平段井壁稳定、常压低温高钙质高应力差页岩储层改造、低温低伤害页岩气压裂液等技术创新成果，探索形成了适应寒武系水井沱组页岩长水平段水平井配套钻井技术，以及高水平地应力差灰质页岩储层评价方法和压裂试气工艺，获得了宜昌地区寒武系页岩气的重大发现，为该地区寒武系页岩气的保存和富集规律研究，以及页岩气经济评价提供了宝贵资料。

宜页 1HF 井优质高效完成了工程施工任务，试气稳定产量 $6.02×10^4$ m³/d，无阻流量 $12.38×10^4$ m³/d，实现了中扬子地区寒武系页岩气储层的高产突破，为国内常压低温高钙质高应力差页岩储层开发提供了成熟可借鉴的经验。

## 第一节 钻压一体化工程技术

宜页 1HF 井创新提出了低勘探程度复杂构造条件下"精细描述-技术研究-工程设计-组织实施-综合评价"地质工程一体化技术，集气藏研究、工艺设计、钻井工艺、压裂试气、项目管理等多学科于一体，攻关形成了低勘探程度地质工程一体化、钻压一体化工程技术，实现各技术环节高效衔接，建立了钻完井一体化工程项目管理模式，确保了项目高效运转。

宜页 1HF 井钻完井一体化工程优质高效完成了水平段长 1 875 m 钻探、26 段分段压裂施工，施工总液量 43 284.74 m³，总加砂量 1 446.9 m³，单井钻完井周期缩短 13.6%，综合作业时效提高了 30%，创造了中扬子地区最大位垂比（1.02）水平井钻探指标，取得了储层穿行率 98%、优质储层穿行率 90.2%、水平段机械钻速 14.83 m/h 等先进技术指标。

### 一、钻探工程技术

钻井是勘探开发页岩气资源的重要环节与手段，在页岩气勘探开发过程中，寻找和证实含气构造，获得工业页岩气流，探明含气面积和储量，取得地质资料和开发数据，将页岩气从地下取出地面等，无一不是通过钻井来完成的。

宜昌地区页岩气地质勘探程度低、区域背景和实钻资料少、页岩气储层差异化特征

明显，对本井钻井工程技术提出了严峻挑战。宜页 1HF 井是在宜页 1 井基础上的侧钻，宜页 1 井 244.5 mm 技术套管下深至 1 490 m，距离目的层垂深差较小，侧钻井水平段达 1 700 m，位垂比较高，钻井施工过程中钻具摩阻高，钻具延伸阻力大；周围钻探邻井少，可对比分析资料少，页岩层钻遇率要求高（90%），轨迹可能需要频繁调整，易造成井眼轨迹不规则，降低水平段延伸能力；页岩微裂缝发育，易发生漏失，长水平段页岩层井段易发生井壁失稳、掉块、垮塌，影响钻探工程安全；油基钻井液条件下固井油膜及虚泥饼难以驱替，影响固井一、二界面胶结质量，长水平段套管下入困难，居中度难以保证，顶替效率低，分段压裂对水泥环力学性能、防气窜性能要求高。

针对宜页 1HF 钻井工艺技术难点，从长水平段水平井优快钻井技术、页岩气油基钻井液技术、长水平段水平井固井技术等多方面进行研究，初步构建一套适合中扬子地区寒武系页岩层段高效钻完井技术，创造了中扬子地区最大位垂比水平井钻探指标，取得了储层穿行率 98%、优质储层穿行率 90.2%、平均机械钻速达到 8.97 m/h 等先进技术指标，取全取准了钻井工程技术评价参数，实现了本井钻探任务的高效施工。

## （一）长水平段水平井优快钻井技术

宜页 1HF 井设计最大垂深 2 099.00 m，水平位移 2 065.60 m，水平段长 1 700 m，宜昌地区寒武系地层勘探程度低，可借鉴的相关资料匮乏，结合水井沱组岩性特征、邻井实钻资料，开展破岩工具优选、钻井施工参数优化等研究，初步形成适合宜昌地区寒武系地层长水平段优快钻井技术，顺利完成宜页 1HF 井 1 911.00 m 水平段长的优质、高效、安全钻井施工。

### 1. 破岩工具优选

宜页 1HF 井钻遇地层主要包括天河板组、石牌组、水井沱组。天河板组上部为细砂岩夹薄层粉砂岩页岩；中部为深灰色薄层泥质粉砂岩夹薄层灰岩；下部为深灰色薄层白云质泥质条带灰岩；石牌组岩性主要为一套灰绿色、黄绿色砂质页岩；水井沱组主要为黑色碳质页岩。结合钻遇地层岩性特征，开展了可钻性物理学参数评价，优选了适合本井长水平段水平井钻头，实现了本井优快钻井。

根据宜页 1 井钻井取心实物资料，开展了岩石可钻性实验分析。实验结果（表 7-1）表明宜页 1HF 井钻遇地层秒数为 81～135 s，级别为 6～7 级，硬度为 1 726～2 167 MPa，塑性系数为 1.3～2.5，可钻性良好。通过岩石可钻性实验优选出适合相应地层的钻头（表 7-2，表 7-3）。

表 7-1　宜页 1HF 井钻遇地层岩石可钻性实验结果

| 地层 | 岩性 | 实验秒数/s | 硬度/MPa | 硬度级别 | 塑性系数 |
| --- | --- | --- | --- | --- | --- |
| 天河板组 | 粉砂质页岩 | 119 | 1 985 | 6 | 2.02 |
| 天河板组 | 泥质粉砂岩 | 127 | 2 061 | 6 | 2.12 |
| 天河板组 | 灰岩 | 135 | 2 167 | 7 | 2.44 |
| 石牌组 | 砂质页岩 | 122 | 1 896 | 7 | 2.02 |

续表

| 地层 | 岩性 | 实验秒数/s | 硬度/MPa | 硬度级别 | 塑性系数 |
|------|------|-----------|----------|----------|----------|
| 石牌组 | 砂质页岩 | 119 | 1 814 | 6 | 1.78 |
| 水井沱组 | 碳质页岩 | 90 | 1 726 | 6 | 1.57 |
| 水井沱组 | 碳质页岩 | 81 | 1 914 | 6 | 1.32 |

**表 7-2 宜页 1HF 井钻头选型结果**

| 序号 | 钻头尺寸/mm | 钻头型号 | 数量/只 |
|------|-------------|----------|---------|
| 1 | 215.9 | HJT537GK | 1 |
| 2 | 215.9 | KSD1652ADGR 或 HJT537GK | 1 |
| 3 | 215.9 | KSD1652ADGR/T1365B | 2 |
| 4 | 215.9 | KSD1652ADGR/复合钻头、HJT537GK | 1<br>2 |
| 5 | 215.9 | KSD1652ADG/T1665B | 6 |

**表 7-3 宜页 1HF 井实钻钻头结果**

| 开钻程序 | 钻头尺寸/mm | 钻头类型 | 厂家 | 钻头型号 | 数量/只 | 机械钻速/(m/h) |
|----------|-------------|----------|------|----------|---------|----------------|
| 三开 | 215.9 | 牙轮 | 江钻 | HJT537GK | 5 | 2.67 |
| | | 混合钻头 | 江钻 | KPM1642ART | 1 | 6.98 |
| | | PDC | 江钻 | KMD1652ADGR | 1 | 7.20 |
| | | PDC | 史密斯 | MDi516LBPXG | 1 | 14.83 |
| 完井 | 109.5 | PDC | 江钻 | KS0852T | 1 | — |
| | | 全井合计 | | | 9 | 8.97 |

宜页 1HF 井根据轨迹设计，需要采用变曲率轨迹进行造斜，井下动力钻具主要为螺杆、涡轮及旋转导向工具，同时配以不同破岩工具，效果良好。

（1）侧钻初期，井斜较小，位垂比较低，为了保证较高的钻具造斜率，采用耐油基单弯螺杆，外径 $\phi$172 mm、三瓣不对称式直扶 $\phi$212 mm、螺杆弯曲度数 1.25°。三开定向井段前期侧钻采用 HJT537GK 牙轮钻头，定向效果良好；同时在三开水平段钻进过程中引进了史密斯钻头 MDi516LBPXG，实现了一只钻头钻完水平段，并且机械钻速达到 14.83 m/h。

（2）钻进至大斜度井段，位垂比已接近 0.5，采用常规 PDC 钻头 + 螺杆钻具进行水平段施工，会出现频繁调整井眼轨迹而导致的定向"托压"甚至不能定向的问题。因此进入大斜度井段后，井段 2 006.00 m～3 197.00 m 采用了斯伦贝谢（Schlumberger）公司 Powerdrive Arche 旋转导向工具，该工具测量盲区 3.0 m，可以提供近钻头位置自然伽马随钻测量，较短的测量盲区在高机械钻速条件下为钻遇地层快速识别提供了良好的技术保证。宜页 1HF 井实际钻探优质储层的钻遇率 90.2%；同时该工具配合史密斯公司 $\phi$215.9 mm

MDi516LBPXG 型 PDC 钻头创造了中扬子地区寒武系地层最高机械钻速指标，进尺 1 911.00 m，纯钻时间 128.83 h，机械钻速达到了 14.83 m/h。

**2. 钻井参数优化**

宜页 1HF 井钻探过程中，钻井参数主要围绕井筒净化及快速钻井进行优化。宜页 1HF 井围绕水力压降及井眼净化进行了水力参数优化，采用 Sunny Drilling 软件进行井筒水力学模拟，在不同钻具组合条件下，开展了钻头压降、环空压耗等水力学参数计算，计算结果见表 7-4。

**表 7-4　宜页 1HF 井水力参数优化结果**

| 井段/m | 钻头 | | | 水力参数 | | | | | | |
| --- | --- | --- | --- | --- | --- | --- | --- | --- | --- | --- |
| | 钻头尺寸/mm | 喷嘴面积/mm² | 排量/(L/s) | 泵压/MPa | 压耗/MPa | 压降/MPa | 返速/(m/s) | 比水功率/(W/mm²) | 冲击力/kN |
| 1 400~1 430 | 215.9 | 530.14 | 32 | 19 | 2.53 | 12.65 | 0.93 | 1.51 | 2.00 |
| 1 430~1 780 | 215.9 | 760.06 | 30 | 20 | 1.23 | 12.33 | 0.88 | 0.66 | 1.34 |
| 1 780~2 050 | 215.9 | 886.74 | 28 | 22 | 1.23 | 12.28 | 0.82 | 0.41 | 1.04 |
| 2 050~3 820 | 215.9 | 1 237.00 | 25 | 25 | 1.32 | 12.92 | 0.73 | 0.17 | 0.66 |

针对四趟钻，控制钻头尺寸、喷嘴直径、排量、泵压、三开油基钻井液相应的性能（密度、塑性黏度、屈服值、稠度系数、流变指数及六速参数）及地面设备（立管高度及内径、水龙带长度及内径、水龙头长度及内径），通过模拟现场实际参数并优化参数数值，计算出循环压降，从而优化钻井相关参数。

同时围绕岩屑浓度和临界排量开展井眼净化计算，通过优选转盘（顶驱）转速、机械钻速、工作排量、钻井液性能等参数进行岩屑浓度及岩屑床厚度的计算，计算结果如图 7-1 所示。

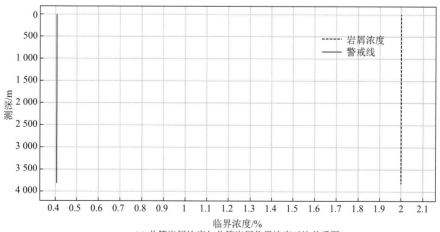

(a) 井筒岩屑浓度与井筒岩屑临界浓度对比关系图

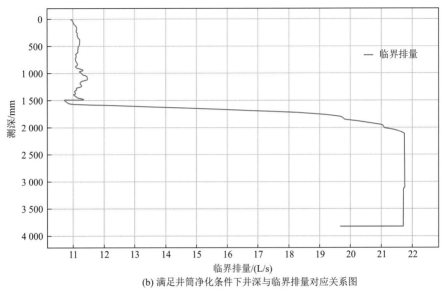

(b) 满足井筒净化条件下井深与临界排量对应关系图

图 7-1 宜页 1HF 井临界排量及岩屑浓度计算结果

## （二）页岩气油基钻井液技术

针对宜页 1HF 井长水平段水平井钻井需求，结合本井地层固有特性，开展油基钻井液性能与地层配伍评价实验，优化油基钻井液性能，优选出一套适合宜昌地区寒武系的油基钻井液体系，较好地满足钻井作业安全、高效及低成本的要求。

### 1. 油基钻井液体系优选

宜页 1HF 井水井沱组页岩微裂缝发育，水平段长达 1 700 m，为提高钻井液携岩能力，降低管柱摩阻，保障套管顺利下入，提高页岩地层防漏承压能力，设计油基钻井液体系，该钻井液体系主要由柴油、盐水、主乳化剂、辅乳化剂、储备碱、有机土、降滤失剂、封堵剂等材料组成。

采用国家标准《石油天然气工业钻井液现场测试第 2 部分：油基钻井液》（GB/T 16783.2—2012），评价油基钻井液的流变性、电稳定性、高温高压滤失性、固相性能等性能，结合本井的地层压力系数和井底温度情况进行性能优化改进，具体钻井液性能参数见表 7-5。

**表 7-5　油基钻井液基本性能检测**

| 密度 /（g/cm³） | 热滚状态 | 表观黏度 AV/（mPa·s） | 塑性黏度 PV/（mPa·s） | 动切力 YP/Pa | $\phi6/\phi3$ | 破乳电压 ES/V | 高温高压滤失量 HTHP/mL | 固相含量/% |
|---|---|---|---|---|---|---|---|---|
| 1.35 | 滚前 | 32 | 24 | 8 | 8/7 | 426 | — | — |
| 1.35 | 80 ℃滚后 | 35 | 26 | 9 | 9/8 | 786 | 2.2 | 15 |
| 1.35 | 120 ℃滚后 | 39 | 28 | 11 | 11/10 | 905 | 2.0 | 15 |

实验数据表明，该套油基钻井液具有良好的电稳定性、破乳电压大于 500 V，高温

高压失水低，小于 3 mL，低剪切速率黏度高，具有良好携岩能力，满足宜页 1HF 井的长水平段水平井钻井需求。

采用美国 Fann 公司 E-P 极压润滑仪测定油基钻井液润滑系数（表 7-6），评价油基钻井液的降摩减阻能力，结合本井井眼轨迹复杂、水平段长的实际情况，进一步优化油基钻井液润滑性能。

表 7-6　油基钻井液润滑性评价

| 体系 | 摩阻系数 |
|---|---|
| 清水 | 0.350 |
| 油基钻井液 | 0.065 |

油基钻井液润滑性评价实验表明，油基钻井液具有较低的摩阻系数，润滑性能较好，满足宜页 1HF 井长水平段钻井技术需要。

区域地震、宜页 1 井实钻资料显示，本井页岩层段可能存在断裂发育，具有潜在性漏失风险，需要提高油基钻井液的封堵性能，提高目的层钻进防漏堵漏能力。本井采用可视砂床测定钻井液侵入深度和滤失量，评价油基钻井液的封堵能力，进行油基钻井液封堵性能的强化，具体评价参数见表 7-7。

表 7-7　油基钻井液封堵性能评价

| 钻井液类型 | 侵入深度/cm | 滤失量/mL |
|---|---|---|
| 未加封堵剂 | 全部侵入 | 25 |
| 加 3%封堵剂 | 3 | 0 |

封堵性能实验数据表明，加入封堵剂之后的油基钻井液具有良好的封堵性能，砂床滤失量为 0，表明本井使用的油基钻井液体系对宜页 1HF 井的潜在性漏失起到防漏堵漏的目的。

**2. 油基钻井液与水井沱组页岩的配伍性研究**

针对宜页 1HF 井长水平段页岩易垮塌的问题，开展了水井沱组页岩的页岩岩心膨胀性评价、热滚回收率评价、岩心全岩矿物分析、岩心浸泡实验四个方面配伍性研究（表 7-8），研究了油基钻井液体系在水井沱组页岩应用的适用性、针对性。

表 7-8　岩心膨胀性实验评价

| 序号 | 实验项目 | 岩心来源 | 膨胀高度/mm | 膨胀率/% |
|---|---|---|---|---|
| 1 | 宜页 1 井岩心在清水中 | 4 小层 | 0.431 | 5.40 |
| 2 | 宜页 1 井岩心在油基泥浆中 | 4 小层 | 0 | 0 |
| 3 | 焦石坝岩心在清水中 | 2 小层 | 0.38 | 4.75 |
| 4 | 焦石坝岩心在油基泥浆中 | 2 小层 | 0 | 0 |

注：岩心来源于宜页 1 井 4 号小层 1 866.8 m 井深处，清水来源于王家坝水库

采用测定页岩岩心粉膨胀率的方法，评价宜页 1HF 井油基钻井液的抑制能力，结合优质层岩心与焦石坝页岩气成熟区块情况，进行对比分析，页岩岩心膨胀性评价参数见表 7-8。实验结果表明，宜页 1 井岩心和焦石坝岩心在清水中膨胀率比较接近，在油基钻井液中膨胀率均为 0，说明选用的油基钻井液对本井页岩具有很强的抑制膨胀能力。

分别选取宜页 1 井 6～10 目钻屑和 50 mm×25 mm 大块岩心，开展清水、油基钻井液两种介质条件下热滚回收率评价实验，分别评价油基钻井液井壁稳定性能，同时结合焦石坝油基老浆或油基新浆与本井页岩岩心进行相应的评价实验，获取相关的评价参数（表 7-9）。

表 7-9　页岩岩心热滚回收率评价

| 序号 | 实验项目 | 滚前质量/g | 滚后质量/g | 热滚回收率/% | 实验用岩心 |
|---|---|---|---|---|---|
| 1 | 清水 | 50.00 | 47.00 | 94.0 | 钻屑 |
| 2 | 油基新浆 | 50.00 | 49.00 | 98.0 | 钻屑 |
| 3 | 油基老浆 | 50.00 | 49.50 | 99.0 | 钻屑 |
| 4 | 清水 | 46.64 | 41.82 | 89.7 | 大块岩心 |
| 5 | 油基新浆 | 30.65 | 28.98 | 94.5 | 大块岩心 |
| 6 | 油基老浆 | 38.45 | 36.43 | 94.7 | 大块岩心 |

页岩岩心热滚回收率评价实验数据表明，宜页 1 井岩心在油基钻井液中热滚回收率大于清水的热滚回收。清水热滚后［图 7-2（a）］岩心有裂缝出现，有分散垮塌的趋势，而油基钻井液热滚后的岩心［图 7-2（b）］，棱角分明，很规则，没有裂缝，说明油基钻井液适应宜页 1 井的页岩地层，具有良好的井壁稳定能力。

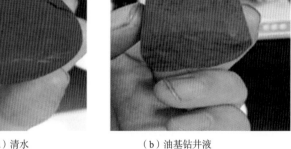

（a）清水　　　　　　　　　　（b）油基钻井液
图 7-2　清水、油基钻井液热滚后岩心外观

利用 X 射线衍射仪器进行了水井沱组 1～5 小层岩心矿物半定量成分分析，基于岩心的矿物组成及成分含量结果（表 7-10），结合本井岩心与焦石坝岩心进行矿物组成对

比分析评价，验证油基钻井液体系在长水平段钻井的井壁稳定能力。矿物成分分析数据表明，本井岩心矿物主要由黏土矿物、石英、钾长石、斜长石、方解石、白云石、黄铁矿等组成，其中，以黏土矿物和石英为主，其中黏土矿物平均为 25%，低于焦石坝地区，因此采用油基钻井液体系能够满足长水平段页岩的井壁稳定需求。

表 7-10　宜页 1 井岩心矿物分析

| 序号 | 小层 | 黏土矿物/% | 石英/% | 钾长石/% | 斜长石/% | 方解石/% | 白云石/% | 黄铁矿/% |
|---|---|---|---|---|---|---|---|---|
| 1 | 1 | 34.5 | 23.3 | 1.9 | 2.5 | 26.2 | 9.0 | 2.7 |
| 2 | 2 | 30.0 | 30.2 | 2.1 | 0.7 | 22.5 | 11.3 | 3.2 |
| 3 | 3 | 29.8 | 30.6 | 2.2 | 1.4 | 19.5 | 12.0 | 4.5 |
| 4 | 4 | 22.0 | 42.2 | 2.7 | 3.3 | 12.4 | 13.0 | 4.5 |
| 5 | 5 | 27.3 | 31.5 | 3.4 | 4.0 | 18.1 | 10.7 | 4.9 |
| 6 | 焦石坝 | 34.6 | 44.4 | 8.3 | 3.8 | 5.9 | 1.4 | 1.6 |

本井三开水平段长达 1 700 m，钻井周期在 30 d 左右，需要对页岩的稳定性进行评价，评价页岩在油基钻井液条件下的坍塌周期。本井利用宜页 1 井岩心，开展了高温高压密闭环境下岩心持久性浸泡实验，获取了岩心外观变化情况，具体评价参数见表 7-11。

表 7-11　岩心浸泡实验

| 序号 | 实验项目 | 实验现象 |
|---|---|---|
| 1 | 大块岩心在清水中 | 有微裂缝出现 |
| 2 | 大块岩心在油基泥浆中 | 没有裂缝出现，规则完整 |
| 3 | 规则圆柱岩心在清水中 | 有微裂缝出现 |
| 4 | 规则圆柱岩心在油基泥浆中 | 没有裂缝出现完整 |

岩心浸泡实验结果表明，本井页岩岩心在油基钻井液中没有裂缝出现，而在清水中有明显微裂缝出现（图 7-3），说明油基钻井液具有更好的页岩稳定能力，更能满足本井长水平段钻探需求。

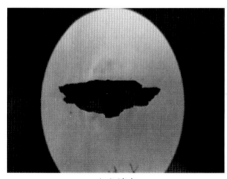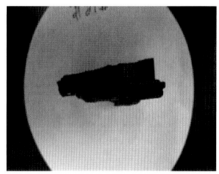

（a）清水　　　　　　　　　　　　　（b）油基钻井液

图 7-3　清水、油基钻井液浸泡 30d

宜页1HF井长水平段水平井钻井过程中，油基钻井液体系表现出较强的抑制性、悬浮携带性、井壁稳定性、润滑性和较强的防漏堵漏功能，水平段平均井径216.06 mm，平均井径扩大率为2.97%，有效防止了垮塌和漏失发生，井壁稳定性好（图7-4，图7-5）。

图7-4　振动筛返砂情况图

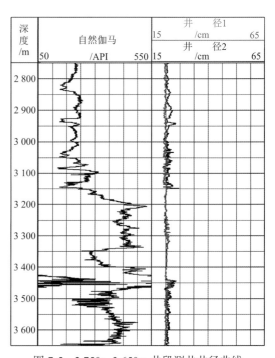

图7-5　2 750～3 650m 井段测井井径曲线

## （三）长水平段水平井固井技术

宜页1HF井固井开展了套管安全下入、油基钻井液清洗、弹韧性胶乳水泥浆体系和预应力固井等研究，形成适应寒武系页岩长水平段水平井固井技术，克服了套管居中下入困难、油基钻井液条件下固井泥饼难以驱替、固井胶结质量差、容易发生气窜、难以满足大型压裂要求等难题，保证了固井质量。

### 1. 套管安全下入技术

宜页1HF井位垂比较大，井眼轨迹调整频繁，部分井段狗腿度较大，套管下入通过高造斜率段时摩阻大，水平段套管在自重作用下容易靠近井壁下侧而贴边和偏心，影响岩屑携带和水泥浆顶替，套管居中度难以保证（图7-6）。

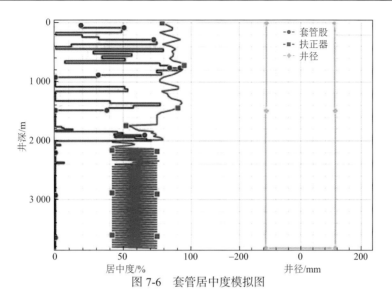

图 7-6　套管居中度模拟图

为此开展了套管安全下入技术研究，采取了针对性的技术措施。

（1）采用旋流型半刚性扶正器和树脂扶正器设计，保证套管安全下入的同时，提高清洗液和水泥浆顶替效率，提高固井质量。

（2）采用"抬头"工艺：浮鞋上端套管节箍上安放一只半刚性扶正器，保证套管顶部在水平段处于"抬头"状态，减少下入摩阻。

（3）水平井段每两根套管安放一只扶正器，采用半刚性扶正器和旋流树脂扶正器交替安放，造斜段每两根套管安放一只树脂扶正器，直井段每 4 根套管安放一只刚性扶正器，保证套管顺利下放及固井居中度。

**2. 油基钻井液清洗液**

宜页 1HF 井的油基钻井液体系，含有大量的胶黏物质和加重剂，易在井壁上形成致密的油基泥饼，普通清洗液难以形成有效驱替，严重影响固井界面胶结质量。

为了防止固井作业中油基钻井液和水泥浆过多混合而影响隔离顶替效果，提高顶替效率和固井质量，从清洗效率、井壁稳定性能等方面，开展油基钻井液清洗液性能综合评价（表 7-12）。结果表明，随着清洗液浓度的不断增加，清洗液对油基钻井液的清洗效率不断提升，当清洗液加量在 15% 及以上时，清洗效率已能达到高效清洗油基钻井液的目的。

表 7-12　油基清洗液加量对清洗效率的影响

| 清洗液加量/% | 清洗时间/min | 清洗效率/% |
| --- | --- | --- |
| 10 | 5 | 76.35 |
| | 10 | 82.42 |
| 15 | 5 | 89.53 |
| | 10 | 95.31 |
| 20 | 5 | 94.26 |
| | 10 | 97.65 |

采用目的层岩屑，在高压条件下制备成测试岩心，利用高温高压岩心膨胀仪分别测量清水、油基钻井液、清洗液 3 种介质条件下岩心的膨胀率（图 7-7），以此评价清洗液对页岩水平井井壁稳定的影响（表 7-13）。评价结果表明，清洗液对模拟岩心的膨胀率为 1.72%，小于清水膨胀率，可保持宜页 1HF 井固井施工过程中的井壁稳定性。

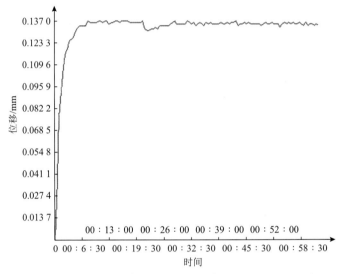

图 7-7　清洗液高温高压岩心膨胀曲线（70℃，3.5 MPa）

**表 7-13　岩心膨胀率评价实验数据**

| 序号 | 实验岩心 | 实验条件 | 实验介质 | 膨胀位移/mm | 膨胀率/% |
|---|---|---|---|---|---|
| 1 | 宜页 1HF 井 | 70℃，3.5 MPa | 清水 | 0.4310 | 5.40 |
| 2 | 宜页 1HF 井 | 70℃，3.5 MPa | 油基钻井液 | 0 | 0 |
| 3 | 宜页 1HF 井 | 70℃，3.5 MPa | 清洗液 | 0.1370 | 1.72 |

水泥浆的稠化性能是保证水泥浆安全泵送的基础，而水泥浆强度是封隔层间和封固管柱的基础，冲洗液在冲洗和隔离钻井液与水泥浆的过程中，可能对水泥浆稠化性能及抗压强度产生影响。清洗液及冲洗液对水泥浆性能实验评价结果见表 7-14，可以看出，清洗液及冲洗液侵入水泥浆后，强度略有下降，稠化时间略有延长，但是抗压强度均较好，清洗液及冲洗液与水泥浆的配伍性良好。

**表 7-14　清洗液及冲洗液对水泥浆性能的影响**

| 水泥浆 | 清洗液 | 冲洗液 | 流变性 | | | 稠化时间/min | 抗压强度/MPa | 滤失量/mL |
|---|---|---|---|---|---|---|---|---|
| | | | $\phi600$ | $\phi300$ | $\phi3$ | | | |
| 100% | — | — | — | 223 | 5 | 251 | 20.1 | 30 |
| 75% | 25% | — | 125 | 72 | 2 | 305 | 11.3 | 112 |
| 75% | — | 25% | 221 | 152 | 7 | 378 | 16.3 | 50 |
| 80% | 10% | 10% | 154 | 92 | 5 | 337 | 14.6 | 58 |
| 70% | 15% | 15% | 90 | 66 | 6 | 532 | 6.2 | 135 |

### 3. 弹韧性水泥浆体系

为满足页岩气井防气窜及体积压裂开发要求，水泥浆体系选用具有优良弹韧性和防气窜性能的胶乳水泥浆体系，需要进行相应的评价研究。

（1）水泥浆滤失性能评价：页岩气固井为了防止页岩膨胀引起固井质量不合格，要求产层段封固水泥浆要具有较低的滤失性。宜页 1HF 井水泥浆中使用了两种降失水剂和胶乳，两种降失水剂的协同作用能够提高水泥浆滤液黏度，提高水泥浆滤失阻力。为研究水泥浆失水量与温度的关系，以及水泥浆失水对页岩岩心的影响，室内进行了相关的测试评价，见表 7-15。

表 7-15　温度与水泥浆的 API 失水的关系

| 水泥浆密度/（g/cm³） | 测试温度/℃ | 滤液侵入岩心深度/mm | $V_{API}$/mL |
|---|---|---|---|
| 1.40 | 30 | 3.8 | 8 |
| | 60 | 4.0 | 12 |
| | 90 | 4.4 | 13 |
| 1.50 | 30 | 3.6 | 10 |
| | 60 | 3.8 | 11 |
| | 90 | 4.0 | 12 |
| 1.60 | 30 | 3.2 | 12 |
| | 60 | 3.2 | 14 |
| | 90 | 3.4 | 15 |
| 1.90 | 30 | 3.0 | 6 |
| | 60 | 3.2 | 8 |
| | 90 | 3.2 | 8 |

由表 7-15 可见，最高失水量依然能够控制在 15 mL 以内；水泥浆具有较低的滤失能够有效保证其与地层的胶结。

（2）水泥石的力学性能评价：页岩气开发井分段压裂工艺会对水泥环的完整性造成很大的影响，具有足够高的强度及柔韧性的水泥环才能抵抗分段压力所造成的冲击。本井进行了密度为 1.40～1.90 g/cm³ 水泥石 83 ℃养护 24 h 的抗折、剪切、拉伸、抗冲击等强度性能评价实验。

韧性胶乳水泥浆的剪切强度、拉伸强度、抗冲击强度及弹性模量的测量值均较常规水泥浆有着较大的改善；其中韧性胶乳水泥浆的抗冲击强度较常规水泥浆最高可以提高46.8%；水泥浆的弹性模量相对降低 44.6%（表 7-16）。韧性胶乳水泥石优良的力学性能，能够最大程度的满足页岩气水平井固井对水泥石韧性方面的要求。

表 7-16　韧性胶乳水泥浆体系的力学性能

| 配方 | 水泥石密度 /（g/cm³） | 抗压强度 /MPa | 抗折强度 /MPa | 剪切强度 /MPa | 拉伸强度 /KPa | 抗冲击强度 /（KJ/m²） | 弹性模量 /GPa |
|---|---|---|---|---|---|---|---|
| 1# | 1.40 | 13.5 | 2.7 | 3.12 | 219 | 2.74 | 2.31 |
| 2# | 1.50 | 14.2 | 2.8 | 3.33 | 225 | 2.98 | 2.25 |
| 3# | 1.60 | 14.8 | 2.7 | 3.43 | 300 | 3.02 | 2.27 |
| 4# | 1.90 | 17.8 | 3.3 | 3.87 | 373 | 3.23 | 3.45 |
| 5# | 1.90 | 24.7 | 3.4 | 2.78 | 201 | 2.20 | 6.23 |

注：5#配方为常规密度水泥石："JH" G 级水泥+44%淡水+2.0%降滤失剂 FLO-S+0.1%分散剂 DISP-S+0.12%缓凝剂 RET-M+0.2%消泡剂 DESIL

（3）水泥浆防窜性能评价：水泥浆的凝胶强度发展速度是水泥浆防窜能力评价的重要指标之一。本井采用超声波水泥分析仪（UCA）对 1.60 g/cm³ 水泥浆凝胶强度进行评价实验，试验曲线如图 7-8 所示，水泥浆在静凝胶强度从 48 Pa 发展至 240 Pa 所用时间为 20 min，说明该水泥浆具有较强的防窜能力。

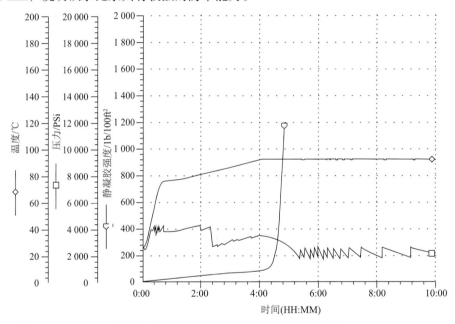

图 7-8　水泥浆在 83 ℃时静凝胶强度发展曲线

宜页 1HF 井弹韧性胶乳水泥浆具有极低的滤失量，滤液侵入岩心的深度较浅，能够保证具有较好的胶结面；韧性胶乳水泥浆强度发展较快，养护 24 h 后水泥石的抗冲击强度和弹韧性均较常规水泥石有着很大的改善，水泥浆优良的柔韧性为满足页岩气井增产措施施工，需要提供韧性胶乳水泥浆具有稠化时间短，水泥浆的静凝胶强度由 48 Pa 发展至 240 Pa，发展时间能够控制在 20 min 以内，能够有效地防止水平井眼发生流体窜流，保证气层的封固效果。

**4. 预应力固井技术**

水泥石凝固后容易体积收缩在水泥环界面形成微间隙，影响固井质量和诱导环空气窜通道，最终导致井口和环空带压，通过采用预应力固井技术有利于缓解这一难题。预应力固井主要通过增加套管内外压差，使套管在水泥浆候凝过程中处于挤压状态，水泥浆候凝完后释放掉环空压力，使套管挤压水泥石，增加水泥环界面胶结力，有利于防止环空后期带压和气窜。

（1）在整个注替固井施工过程中，当接近碰压时套管内外压差最大，此时的施工压力达到最大值，见表 7-17，管内外压差为 –11.15 MPa，附加施工循环压耗 3 MPa，最大施工压力为 14.15 MPa，在井下固井工具的安全值范围内；当清洗液、冲洗液全部顶替至 A 靶点时，静止当量密度为最低，1.41 g/cm³，见表 7-18，可以有效压稳地层，保证固井质量。

表 7-17 碰压后管内外施工压力计算

| 管内 | | | 管外 | | | |
| --- | --- | --- | --- | --- | --- | --- |
| 流体 | 密度/（g/cm³） | 垂直段长/m | 压力/MPa | 流体 | 密度/（g/cm³） | 垂直段长/m | 压力/MPa |
| 清水 | 1.0 | 2123 | 20.83 | 领浆 | 1.45 | 1700 | 24.18 |
| | | | | 尾浆 | 1.88 | 423 | 7.80 |
| 压力合计 | | | 20.83 | 压力合计 | | | 31.98 |

注：管内外压差为 –11.15 MPa，水泥浆静止当量密度为 1.53 g/cm³，附加施工压耗 3 MPa，要求地层承压能力达到当量密度 1.67 g/cm³

表 7-18 施工压稳气层计算

| 流体 | 密度/（g/cm³） | 液量/m³ | 垂深/m | 压力/MPa |
| --- | --- | --- | --- | --- |
| 钻井液 | 1.40 | 19 | 881.88 | 12.11 |
| 清洗液 | 1.42 | 30 | 1 217.46 | 16.96 |
| 冲洗液 | 1.00 | 3 | 23.66 | 0.23 |

注：当清洗液、冲洗液全部进入垂直井段时，静止当量密度为 1.41 g/cm³

（2）环空憋压一般要求憋压 5～8 MPa，条件具备的情况可以憋压 10～15 MPa。由于页岩气井生产套管封固段水平段地层承压能力较低，憋压采用逐级憋压的方式。

宜页 1HF 井于 1 月 22 日 10:00 正式开钻，进尺 2 389.5 m，水平段长 1 875 m，完钻井深 3 917.00 m，平均机械钻速 8.15 m/h，钻井周期 30.25 d，较设计提前 4.75 d。在低勘探地层钻进条件下，宜页 1HF 井通过长水平段水平井优快钻井技术、页岩气油基钻井液技术、长水平段水平井固井技术等多个方面研究，初步构建一套适合中扬子地区寒武系页岩层段高效钻探技术，创造了中扬子地区最大位垂比水平井钻探指标，获得了目的层穿行率 97%，优质储层穿行率 90.2% 的优异指标，为中扬子地区寒武系页岩气勘探的重大突破奠定了坚实基础。

## 二、测录井技术

在页岩气勘探开发中，测录井技术是识别、评价页岩气储层并为后期压裂试气提供指导参数的重要手段。宜页1HF井为新区新层系，对测录井技术提出了挑战：各项地质资料不全，区域岩、电标志层不明显，岩性判断和页岩识别困难，测录井解释评价模型创建困难；区域为斜坡带沉积体系，岩相变化快，储层受沉积影响，岩石骨架矿物成分复杂，测录井综合评价难度大。

针对测录井施工和综合评价中存在的困难，结合区域地质条件和宜页1HF井轨迹特征，优选测录井施工项目，细化测录井施工方案，开展页岩气测录井评价技术研究，实现了页岩气层快速识别评价，落实了页岩储层特征，明确了储层岩石力学参数和天然裂缝发育特征，指导后续施工。

## （一）页岩气录井评价技术

针对宜昌地区寒武系页岩气藏地质特点，优选了综合录井、常规地质录井、远程传输录井、地化录井、XRF元素录井等录井采集项目，基于录井采集参数，开展了录井综合解释评价，实现了页岩气层快速识别评价，确定了气层位置。

### 1. 页岩气井录井项目采集技术

宜页1HF井除采用常规的综合录井、地质录井、远程传输录井等项目外，还增设地化录井、XRF元素录井等特殊项目，以达到快速识别和评级页岩气层、确定目的层位置、指导钻井工程施工、系统评价区域页岩储层的目的。

（1）地质录井主要包括岩屑录井、钻井液录井、氯离子滴定和迟到时间4项录井项目，为层位判断、靶点预测、油气发现等提供实物资料。

宜页1HF井自1 527.50 m开始地质录井，捞取岩屑样品727包，钻井液性能测量252点，氯离子测定121点。通过岩屑录井初步证实寒武系水井沱组为大套灰黑色页岩，局部夹灰岩条带，水井沱组氯离子含量为30 133～40 059 mg/L。

（2）综合录井主要包括气测录井、钻时录井、有效测量、钻井工程参数录井、碳酸盐岩分析等，在钻井施工中，实时监测20多项地质、工程参数，确保油气显示、工程隐患及时发现。

宜页1HF井自1 527.50 m开始气测录井，共录取钻时、气测、地层压力监测2 390点，后效测量18次，碳酸盐岩分析116点。宜页1HF井水平段全烃最大33.89%，平均15.0%，甲烷最大21.60%，平均11.2%。水井沱组见13次明显后效显示，最强后效全烃由6.28%上升至48.71%，甲烷由4.02%上升至29.12%。

（3）地化录井主要包括地化分析和XRF录井两个项目，主要针对水平段岩屑TOC及元素进行测量，落实水井沱组页岩有机碳含量、岩矿组分。

宜页1HF井自1 844.00 m开展地化分析、XRF元素分析。共计完成地化分析386点，XRF元素分析570点。水平段有机质丰度平均为5.49%，硅元素平均55.9%，钙元素平均为16.3%。

### 2. 随钻录井综合解释评价技术

（1）岩性识别主要通过岩屑录井初步判断岩性，结合XRF进行元素分析，进而精细识别岩性。宜页 1HF 井现场使用元素录井仪（X 射线荧光录井仪）直接测量多种矿物成分的组成化学元素，依据化学元素确定矿物成分，从而确定岩性和脆性矿物（石英+碳酸盐矿物）含量。对井段 1 844.00 m～3 917.00 m 进行了元素录井分析，共分析 570 点，对每个样品的镁、铝、硅、磷、硫等元素进行了分析（图 7-9），发现水平段硅元素含量加权平均 55.9%，钙元素含量加权平均 16.3%；4 小层硅元素含量最高、5 小层次之，3 小层相对含量较低。

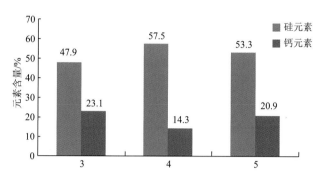

图 7-9　宜页 1HF 井水平段各小层元素分布直方图

（2）储层识别的主要方法是钻时比值法与 dc 指数差法。进入目的层段，钻压、转速等钻进参数与密度、黏度等钻井液性能参数都相对稳定；泥页岩非储层与储层段的钻时存在明显的差异。泥页岩非储层与储层钻时之比称为钻时比值（$ROP_{n/s}$），储层段 $ROP_{n/s} \geqslant$ 1.2，好储层段 $ROP_{n/s} \geqslant 1.5$，高压储层段 $ROP_{n/s} \geqslant 4$。

宜页 1HF 井在泥页岩非储层段在定向钻进工况下钻时 14～25 min/m，平均 18 min/m；在复合钻进工况下钻时 4～9 min/m，平均 5 min/m；在泥页岩储层段定向钻进工况下钻时 6～8 min/m，平均 7min/m；在复合钻进工况下钻时 2～4 min/m，平均 3 min/m。本井泥页岩非储层与储层段钻时比值为 1.67～2.57，按照钻时比划分标准，本井水井沱组页岩储集性能较好。

**3. 录井解释关键参数**

宜页 1HF 井根据页岩储层特性，将常规储层"四性"关系研究，拓展为包括矿物成分、储层物性、地化特性、含油气性、可压性、电性"六性"关系研究，利用钻时气测资料、岩屑、元素等录井资料，综合采用气测孔隙度法、气测含气饱和度法和元素综合分析等录井分析手段对页岩层段总孔隙度、含气饱和度及可压性等 5 个关键参数进行解释，解释结果见表 7-19。

表 7-19　宜页 1HF 井水平段关键参数录井解释统计表

| 层位 | 有机质丰度/% | 孔隙度/% | 全烃/% | 含气饱和度/% | 脆性指数 |
| --- | --- | --- | --- | --- | --- |
| 3 小层 | 5.67 | 2.1 | 15.85 | 59.2 | 0.48 |
| 4 小层 | 5.49 | 4.2 | 14.5 | 68.1 | 0.58 |
| 5 小层 | 4.98 | 3.8 | 10.1 | 63.6 | 0.53 |

### 4. 录井综合解释评价

宜页 1HF 井页岩储层为新区新层系，录井综合解释的首要任务是建立区域页岩气储层评价标准，进行多参数定量类比分析，准确获取宜昌地区寒武系水井沱组页岩储层地质特征，评价区域页岩储层地质潜力。

（1）综合岩心实验分析、录井和测井特征，设定宜昌地区寒武系页岩气层关键解释参数下限标准：页岩厚度 10.0 m、孔隙度 2.5%、含气饱和度 50.0%、总有机碳含量 1.0%、镜质体反射率 1.0%、脆性矿物含量 40.0%、总含气 1.0 m³/t、游离气含量 0.5 m³/t、地层压力梯度 1.05 MPa/100 m。核心参数页岩厚度、孔隙度、游离气含量、压力梯度部分或同时分别突破 50.0 m、7.0%、1.0 m³/t 和 1.25 MPa/100 m，泥页岩气显示可评价为 I 类气层，获高产概率较大。

总含气量大于等于 2.0 m³/t 的页岩气层为优质储层，总含气量小于等于 1.0 m³/t 的页岩气层为差储层，总含气量为 1.0～2.0 m³/t 的页岩气层为中等储层。页岩含气性录井综合解释标准见表 7-20。

表 7-20　页岩气储层录井综合解释标准

| 解释参数＼解释结论 | 气层 | 含气层 | 微含气层 |
|---|---|---|---|
| 储层垂厚 H/m | ≥30.0 | 30.0～10.0 | <10.0 |
| 孔隙度 $\varphi$/% | ≥5.0 | 5.0～2.5 | <2.5 |
| 含气饱和度 Sg/% | ≥50.0 | <50.0 | — |
| 有机碳含量 TOC/% | ≥1.0 | 1.0～0.5 | <0.5 |
| 游离气含量 Gf/（m³/t） | ≥1.0 | 1.0～0.5 | <0.5 |
| 吸附气含量 Gs/（m³/t） | 1.0 | 1.0～0.5 | <0.5 |
| 脆性矿物含量 Si+Ca/% | ≥50 | 50～30 | <30 |

（2）利用录井、测井资料获取目标层段页岩气储层评价关键参数，与成熟页岩气区块页岩储层进行对比，绘制多参数类比图版，用目测法观察和对比；计算多参数定量类比评价指数 $I_a$，绘制多参数定量类比相关性判别图版，计算多参数类比相关强度 $R^2$，绘制 $I_a$-$R^2$ 评价交会图，解释原理如图 7-10 所示。

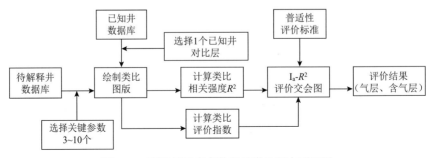

图 7-10　页岩储层多参数定量类比基本原理图

宜页 1HF 井主要选取解释参数孔隙度 4.1%、总有机碳含量 5.49%、全烃 15.0%、总含气量 4.18 m³/t、含气饱和度 68.1%、脆性矿物含量 70.1%、厚度 17.5 m 共 7 个参数。对应取焦页×HF 井页岩异常显示层段解释参数孔隙度 5.7%、总有机碳含量 3.8%、全烃 18.0%、总含气量 5.20 m³/t、含气饱和度 82.0%、脆性矿物含量 60.0%、厚度 38.0 m（图 7-11）。

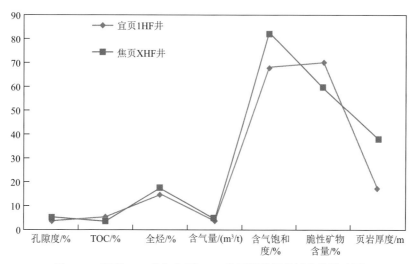

图 7-11　宜页 1HF 井与焦页 XHF 井页岩储层关键参数类比图

两口井多参数类比显示，宜页 1HF 井与涪陵地区参照对比除有机碳含量、脆性矿物含量优于参照井外，其他参数略差，计算类比评价指数 $I_a$=（$I_{POR}$×$I_{TOC}$×$I_C$×$I_{Gs}$×$I_{Sg}$×$I_{BRIT}$×$I_H$）/7 =0.89，计算多参数类比相关系数的平方 $R^2$ =0.81。$I_a$-$R^2$ 交会图显示，目标层交会点落在气层区（I 区），如图 7-12 所示。

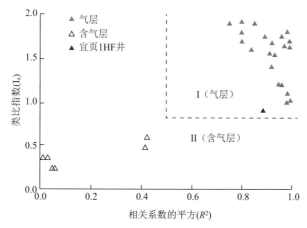

图 7-12　宜页 1HF 井多参数定量类比相关性判别图版

## （二）页岩气测井评价技术

针对宜昌地区寒武系页岩气藏地质特点，宜页 1HF 井测井系列除常规测井项目外，还增设偶极声波、自然伽马能谱测井。基于测井采集参数，开展测井综合解释评价，落实页岩储层岩性、物性、含气性、地化等特征，明确储层段岩石力学参数和天然裂缝发育特征，指导后续施工。

**1. 测井项目采集优化**

针对宜昌地区寒武系水井沱组特低孔、特低渗等气藏特点，为划分有利储集段，较为精确地计算地质、地化参数，进行含气性评价、岩石力学参数评价，确定宜页 1HF 井裸眼井常规测井项目为自然伽马、阵列感应、补偿声波、补偿中子、岩性密度、井径、井斜和方位、井温，特殊测井项目为自然伽马能谱、偶极声波测井，套管测井为扇区水泥胶结测井、自然伽马、磁定位。

（1）裸眼井常规测井：计算储层主要地质、地化参数，对储层进行综合评价，取全取准区域各项地质参数。

宜页 1HF 井垂直段测量井段为 1 496.5 m～1 900.0 m，水平段测量井段为 1 900.0 m～3 917.0 m，裸眼井常规测井项目均为自然伽马、阵列感应、补偿声波、补偿中子、岩性密度、井温、井径、井斜和方位；其中测井温度计所测量的井底（井筒内）的温度为 55 ℃。

（2）裸眼井特殊测井项目：落实目的层段地应力、岩石力学特征和天然裂缝发育特征，准确评价宜昌地区水井沱组可压性特征。宜页 1HF 井裸眼井特殊项目测井为自然伽马能谱、偶极声波测井。

自然伽马能谱直井段测量井段 1 496.5 m～1 900.0 m，水平段为 1 900.0 m～3 917.0 m。自然伽马能谱测井显示 1 910.0 m～2 343.0 m 地层岩性为页岩，自上而下自然伽马曲线幅度升高，去铀伽马曲线幅度变化小，地层铀曲线数值升高也说明地层中的石英类脆性矿物含量增多，其矿物颗粒直径较小，岩性较细，吸附了较多的高放射性的铀系元素。

偶极子阵列声波测井施工共进行了三次，垂直段一次，水平段两次。直井段测量井段为 1 496.5 m～1 780.0 m，水平段测量井段分别为 1 780.0 m～2 880.0 m、2 880.0 m～3 905.0 m。水井沱组—岩家河组页岩储层纵波时差平均约 62.0 μs/ft，横波时差平均为 118.0 μs/ft，泊松比平均为 0.27。在 1 490.0 m～2 000.0 m 各向异性成果图指示地层最大水平主应力方向为北西西—南东东向

（3）套管测井：准确评价宜页 1HF 井固井质量。

宜页 1HF 井水平段长，地层产状变化幅度较大，确定采用牵引器测固井质量，牵引器顺利爬行至井深 3 869 m，测井资料优等率 100%。固井质量评价测井测量井段为 8.0～3 869.0 m，测量项目为八扇区水泥胶结固井质量，测量井段内井口到技套（1 496 m）地层胶结以中等为主，技套（1 496 m）到井底（3 869 m）地层胶结较好，固井质量合格。

**2. 页岩气储层测井识别**

宜页 1HF 井页岩储层判别主要依据录井岩屑描述、自然伽马能谱、常规测井曲线响应进行判别。宜昌地区含气页岩测井响应特征总结为"五高两低"，即高伽马、高铀、高电阻率、高声波时差、高中子孔隙度、低密度、低光电截面指数。

（1）常规测井曲线响应特征：自然伽马在 150 API 之上，明显高于普通泥岩；电阻率为高值，约为 500 Ω·m；密度与其他层段相比明显减小，在 2.55～2.65 g/cm³；声波时差约为 220 μs/m，中子曲线约为 17%（图 7-13）。

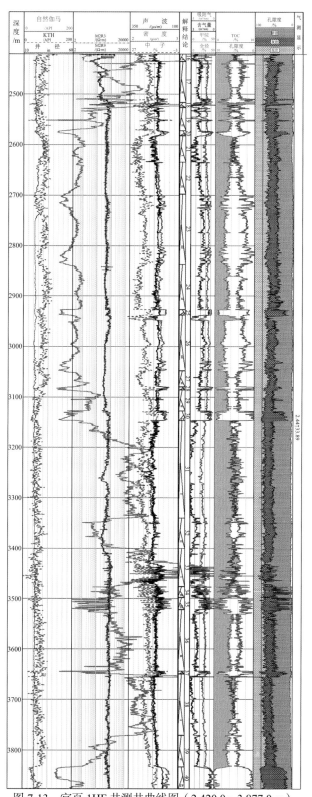

图 7-13　宜页 1HF 井测井曲线图（2 420.0～3 877.0 m）

（2）黏土矿物类型识别

在绝大多数黏土矿物中，钾和钍的含量高，而铀的含量相对较低，根据 Th/K，可大致确定黏土类型。表 7-21 为各种黏土矿物的 Th/K 判断依据。

**表 7-21　各种黏土矿物的 Th/K 判断依据**

| 矿物类型 | 重钍矿 | 高岭石 | 蒙脱石 | 伊利石 | 云母 | 海绿石 | 长石 | 钾蒸发岩 |
|---|---|---|---|---|---|---|---|---|
| Th/K | >28 | 12～28 | 3.5～12 | 2～3.5 | 1.5～2 | 0.8～1.5 | 0.5～0.8 | <0.5 |

针对宜页 1HF 井水井沱组目的层制作了 Th-K 交会图（图 7-14），从图 7-14 中可以看出，水井沱组黏土矿物成分以伊利石和伊蒙混层为主。

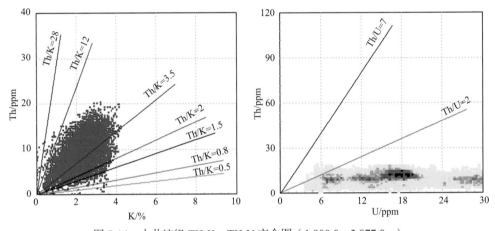

图 7-14　水井沱组 TH-K、TH-U 交会图（1 800.0～3 877.0m）

（3）沉积环境分析。Th/K 可判断沉积环境的能量，比值在 10 以上为高能环境，10～6 为亚高能环境，6～3 为低能环境。Th/U 可判断沉积环境的氧化还原条件，据经验：Th/U 大于 7 时，主要为陆相泥岩和铝土矿，属风化完全、有氧化和淋滤作用的陆相沉积；2～7 一般为海相还原环境，岩性为灰色和绿色泥岩夹砂岩；小于 2 为海相沉积，岩性为黑色海相泥岩、泥灰岩及磷酸盐岩，强还原环境。

宜昌地区水井沱组：Th/K 在 1.5～12 的变化范围，Th/U 在 0.5～3 的变化范围，表明该段沉积环境主要以低能的强还原沉积环境为主。

**3. 页岩气储层测井参数解释与评价**

在岩心分析资料的基础上，利用测井资料的连续性，可对目的层储层参数进行连续计算。依据宜页 1 井岩性扫描检测资料为基础，建立测井解释评价体积模型。

（1）黏土矿物含量的计算。结合元素测井、常规测井曲线计算黏土矿物含量，宜页 1HF 井选取去铀伽马曲线计算黏土矿物含量。

（2）泥页岩孔隙度的计算。宜页 1HF 井利用核磁孔隙度进行拟合，建立孔隙度计算模型（图 7-15），利用 CAR 程序进行交互处理。

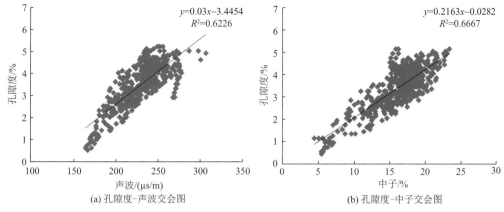

图 7-15　宜页 1HF 井页岩段孔隙度与声波、中子交汇图

（3）泥页岩渗透率的计算。根据宜页 1 井资料制作交会图，水井沱组渗透率与其他参数相关性较差，渗透率精度较低。最终采用 Timur 公式来计算地层绝对渗透率。

（4）含水饱和度 $S_w$ 的计算。通过邻近区块页岩气层岩电试验成果，确定岩石物理学参数取值 $m$（胶结指数）=1.53，$n$（饱和度指数）=1.93。

（5）总有机碳含量的计算。宜页 1 井岩性扫描测井显示水井沱页岩下部（1 850～1 872 m）有机碳含量增大，平均为 3.5%，最高可达 6.9%。采用宜页 1 井的岩性扫描测井数据与密度测井数据进行拟合，建立 TOC 测井解释模型计算 TOC（图 7-16）。宜页 1HF 井采用该模型进行 TOC 计算。

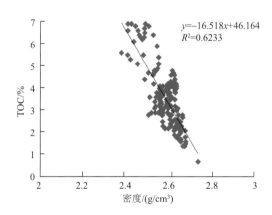

图 7-16　宜页 1HF 井页岩段 TOC-密度交汇图

（6）含气量计算。页岩含气量是指每吨页岩中所含天然气在标准状态（0 ℃，101.325 KPa）下的体积，由吸附气、游离气和溶解气三部分构成。

分析岩心实测含气量提供的解析气、损失气、残余气、总含气量等试验数据，对照测井数据进行拟合，宜页 1HF 井总含气量和解析气量与密度具有较好的线性相关，如图 7-17 和图 7-18 所示。

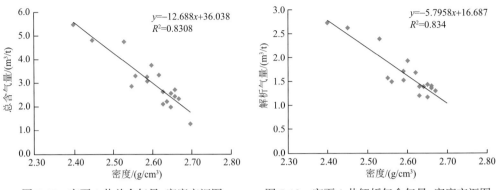

图 7-17　宜页 1 井总含气量-密度交汇图　　图 7-18　宜页 1 井解析气含气量-密度交汇图

页岩气藏的关键地质要素主要有储层物性、储层矿物成分、有机质丰度、有机质成熟度、储层含气性、页岩力学性质、页岩气层埋深、页岩气藏厚度等，结合取心资料及测井与气测显示资料，参照国内页岩气储层划分标准，对宜页 1HF 井水井沱组页岩气解释标准暂定见表 2-7。

宜页 1HF 井根据测井曲线响应特征和数据处理结果，参考岩屑录井资料、气测显示、宜页 1 井岩心分析和邻井资料，对储层进行综合评价，共解释 I 类页岩气层段 496.2 m/9 层，II 类页岩气层段 764.0 m/13 层，III 类页岩气层段 542.6 m/5 层，IV 类页岩气层段 161.0 m/9 层。

**4. 页岩储层岩石力学参数测井评价**

通过对偶极声波测井资料进行数据分析，结合常规测井资料分析地层弹性模量，再计算上覆岩层压力、地层孔隙压力和岩石强度，可进行地应力方向和大小分析，建立各向异性岩石力学模型。

通过提取的纵波、横波时差，可以计算地层的岩石弹性力学参数。岩石纵波速度 $V_p$ 和横波速度 $V_s$ 与弹性拉梅系数 $\lambda$、$G$ 的关系有

$$V_p = \frac{1}{\text{DTC}} = \sqrt{\frac{\lambda + G}{\rho}}$$

$$V_s = \frac{1}{\text{DTS}} = \sqrt{\frac{G}{\rho}}$$

式中：$V_p$ 为纵波速度，m/μs；$V_s$ 为横波速度，m/μs；DTC、DTS 为纵波、横波时差，μs/m；$\lambda$ 为拉梅系数，无量纲；$\rho$ 为岩石密度，g/cm$^3$；$G$ 为岩石剪切模量，N/m$^2$；纵波、横波时差可由声波全波测井得到。

由两式可得到弹性参数，包括岩石剪切模量、泊松比、杨氏模量和体积弹性模量或体积压缩系数等。

（1）剪切模量 $G$、泊松比 $\upsilon$：

$$G = \rho V_s^2 = \rho / \text{DTS}^2$$

$$\upsilon = \frac{\lambda}{2(\lambda + G)} = \frac{0.5\mathrm{DTR}^2 - 1}{\mathrm{DTR}^2 - 1}$$

$$\mathrm{DTR} = \frac{\mathrm{DTS}}{\mathrm{DTC}}$$

式中：$\upsilon$ 为泊松比；DTR 为纵波与横波速度比。一般砂岩的 DTR 为 1.59～1.78，石灰岩为 1.9，白云岩为 1.8。

（2）杨氏模量 $E$：

$$E = \frac{G(3\lambda + 2G)}{\lambda + G} = 2G(1 + \upsilon)$$

式中：$E$ 为杨氏模量，MPa。

（3）体积弹性模量 $K$：

$$K = \lambda + \frac{2}{3}G = \rho\left(\frac{1}{\mathrm{DTC}^2} - \frac{4}{3\mathrm{DTS}^2}\right) = \frac{E}{3(1 - 2\upsilon)}$$

式中：$K$ 为体积弹性模量，MPa。

以上力学参数计算是基于各向同性基础上的，而页岩气储层的各向异性较为明显，各向异性的评价还有待研究。

（4）切变弹性模量 $S$：剪切应力和切变角之比，用来度量岩石的抗切能力，是岩石切变弹性强弱的标志，其计算方法是

$$S = \frac{\rho}{\mathrm{DTC}^2} \cdot 13\,400$$

式中：$S$ 为切变弹性模量，MPa。

（5）斯伦贝尔比 $R$：用于描述岩石强度和稳定性，其计算方法为体积弹性模量 $K$ 和切变弹性模量 $S$ 的乘积，即

$$R = K \cdot S$$

式中：$R$ 为斯伦贝尔比，MPa$^2$。显然，当 $R$ 大时，岩石的强度大，稳定性好，不易变形；反之，则易变形。

（6）裂缝指数 FI：

$$\mathrm{FI} = \frac{\upsilon}{1 - \upsilon}$$

式中：FI 为裂缝指数，无量纲。一般情况下，FI 随着泊松比的增大而增大。在一定意义上，FI 可以用来表示岩石的裂缝发育程度。

图 7-19 为利用偶极声波和密度测井资料进行宜页 1HF 井岩石力学参数分析的处理成果图。

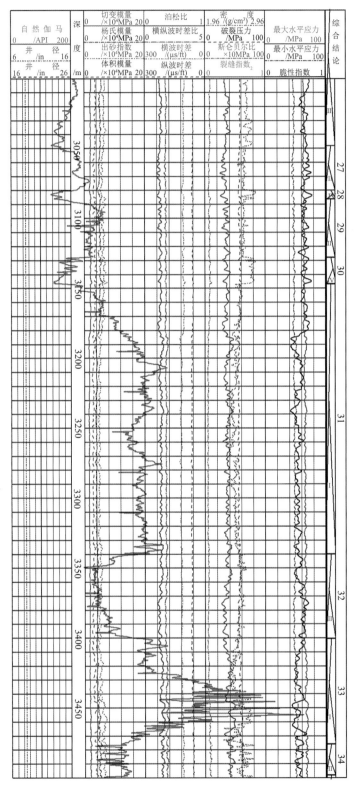

图 7-19　宜页 1HF 井岩石力学参数处理成果图（3 000.0 m～3 500.0 m）

（7）岩石脆性指数：描述岩石压裂难易程度的脆性指数 Brit 结合了泊松比和杨氏模量，综合反映岩石的变形能力和破裂后保持断裂的能力。通常杨氏模量越大，泊松比越小，对应岩石的脆性也越好，越有利于进行水力压裂改造。脆性指数 Brit 主要根据泊松比 $\upsilon$ 和杨氏模量 $E$ 来计算，计算公式：

$$\mathrm{Brit} = 50\left(\frac{E-1}{8-1} - \frac{\upsilon - 0.4}{0.15 - 0.4}\right)$$

式中：Brit 为脆性指数，无量纲；在常见岩石中，Brit 随着 $E$ 增大而增大，Brit 随着 $\upsilon$ 减小而增大。在一定意义上，Brit 用来指示岩石脆性和可压裂程度。

岩石脆性反映岩石压裂过程中产生复杂缝网的可能性。宜页 1HF 井水井沱组页岩储层脆性指数主要集中在 0.5～0.65，岩家河组灰岩地层脆性指数主要集中在 0.8～0.9（图 7-20）。

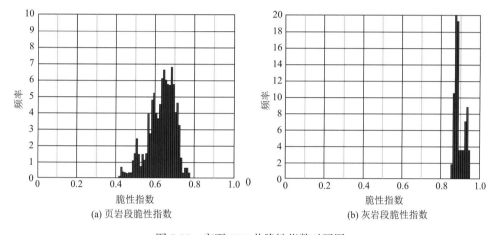

(a) 页岩段脆性指数　　　　　　　　(b) 灰岩段脆性指数

图 7-20　宜页 1HF 井脆性指数对照图

（8）地应力方向。测井资料确定地应力方向的方法有三种，倾角资料、电成像资料、偶极声波资料。宜页 1HF 井特殊测井只有正交偶极声波测井，顾采用正交偶极声波测井资料确定，利用 LogVision 解释系统，对宜页 1HF 井测得的 4 组偶极源波形进行快慢横波分离处理，得到快慢横波时差、方位及各向异性大小，而快横波方位即代表各向异性方向（图 7-21）。

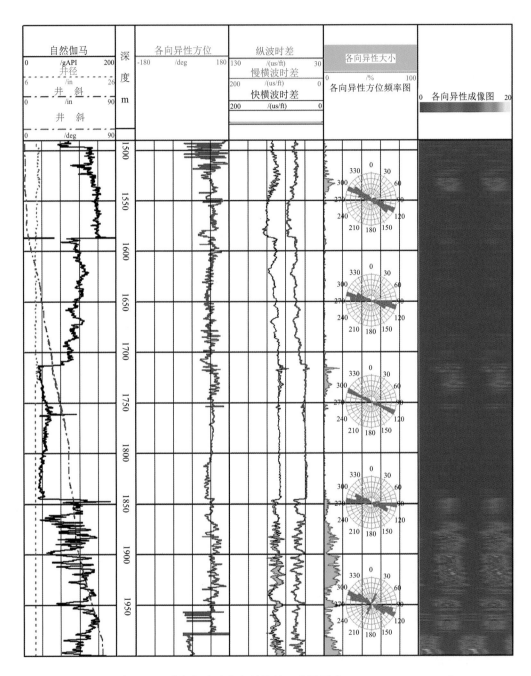

图 7-21　宜页 1HF 井偶极声波各向异性处理成果图（1 490.0 m～2 000.0 m）

宜页 1HF 井在 1 490.0 m～2 000.0 m 段井斜较小，各向异性成果图指示地层最大水平主应力方向为北西西—南东东向，这与宜页 1 井导眼段计算的地层最大主应力方向一致。声波各向异性处理结果，第五道中的绿色充填部分的为快慢横波时差的各向异性，根据刻度值可以定量取得各向异性数值大小，各向异性频率图统计出附近井段的各向异性方位，方位在 0°～360°变化，宜页 1HF 井段各向异性方位主要为 115°～295°，为北西西—南东东向；第六道为各向异性成像图，各向异性明显的井段在成像图上均显示为亮黄色，各向异性越强烈，色度越亮，本井各向异性明显井段在 1 530.0 m、1 730.0 m 附近及 1 850.0 m～2 000.0 m 段，这与快、慢横波慢度异常井段相匹配。

# 三、压裂试气技术

在页岩气勘探开发中，由于储层具有低孔特征和极低的基质渗透率，压裂试气成为打开流动通道、形成工业气流的必要手段。宜页 1HF 井寒武系水井沱组地层压力系数不高，属于常压页岩气储层，表现出灰质含量高、水平主应力差大的特点，压裂试气难度大、风险高，实现体积改造难度大。

针对压裂试气难点，从水平井分段技术、大规模体积压裂技术、泵送桥塞多级射孔联作技术、长水平段连续油管钻磨技术、常压页岩气储层试气技术等几方面开展了研究，形成了一套适应于高灰质含量、高水平应力差寒武系页岩储层的压裂试气模式，优质高效地完成了水平段 26 段分段压裂试气，试气稳定产量 $6.02 \times 10^4 \, m^3/d$，无阻流量 $12.38 \times 10^4 \, m^3/d$。

## （一）水平井地质分段技术

水平井地质分段原则主要有：①同段内岩性相同、岩石矿物组分相近，油气显示接近；②同段内电性特征类似，测井解释 TOC、孔隙度相近；③同段内岩石力学参数接近；④考虑井眼穿行轨迹空间位置、固井质量情况。

本井地质综合分段共 16 段，段长 50～230 m，页岩储层密度值 2.40～2.77 $g/cm^3$，TOC 为 2.18 %～6.84 %，全烃为 11.43 %～29.84 %。

其中第 1～7 段，甲烷平均值为 12.76 %，孔隙度平均值为 4.21 %，TOC 平均值为 4.3 %，密度平均值为 2.53 $g/cm^3$；第 8～12 段，甲烷平均值为 10.80 %，孔隙度平均值为 3.21 %，TOC 平均值为 3.1 %，密度平均值为 2.61 $g/cm^3$；第 14～16 段，甲烷平均值为 8.70 %，孔隙度平均值为 2.38 %，TOC 平均值为 3.6 %，密度平均值为 2.58 $g/cm^3$，各段参数详见表 7-22。

地质分段的 1～7 段在 4 小层中下部 5 小层上部穿行，第 8～12 段在 4 小层中上部穿行，第 13 段主要在岩家河组和 5 小层穿行，第 14～16 段在 3、4、5 小层中穿行。

为满足措施改造工程分段及优化射孔簇位置需要，综合各项地质单因素，优选密度、孔隙度和 TOC 作为综合评价主要依据进行地质甜点分段，甜点段综合评价标准为：密度小于等于 2.61 $g/cm^3$，孔隙度大于等于 3.5 %，TOC 大于等于 2.0 %，石英体积含量大于等于 30 %。

根据以上标准进行细分，本井水平段共划分出 19 个甜点段，累计厚度 1 122 m，段长最小 8 m，最大 221 m，分段数据见表 7-23。

表 7-22 宜页 1HF 井水平段分段地质参数统计表

| 段号 | 对应小层 | 顶深/m | 底深/m | 段长/m | DEN/(g/cm³) 最大值 | DEN 最小值 | DEN 平均值 | TOC/% 最大值 | TOC 最小值 | TOC 平均值 | 孔隙度/% 最大值 | 孔隙度 最小值 | 孔隙度 平均值 | 甲烷含量/% 最大值 | 甲烷 最小值 | 甲烷 平均值 | 硅元素含量/% 最大值 | 硅 最小值 | 硅 平均值 | 钙元素含量/% 最大值 | 钙 最小值 | 钙 平均值 |
|---|---|---|---|---|---|---|---|---|---|---|---|---|---|---|---|---|---|---|---|---|---|---|
| 16 | 4 | 2 018 | 2 151 | 133 | 2.78 | 2.4 | 2.56 | 5.2 | 0.3 | 3.9 | 6.04 | 0.1 | 3.07 | 12.4 | 3.7 | 8.6 | 65.5 | 47.3 | 58.3 | 21.6 | 8.0 | 11.6 |
| 15 | 3 | 2 151 | 2 290 | 139 | 2.75 | 2.42 | 2.59 | 5.8 | 0.7 | 3.3 | 5.25 | 0.1 | 1.39 | 11.8 | 2.7 | 7.8 | 54.2 | 37.7 | 47.9 | 38.1 | 14.4 | 23.1 |
| 14 | 4、5 | 2 290 | 2 340 | 50 | 2.76 | 2.43 | 2.57 | 4.9 | 0.6 | 3.7 | 6.00 | 0.1 | 3.33 | 15.7 | 3.8 | 9.8 | 59.1 | 44.5 | 53.0 | 25.7 | 12.2 | 16.3 |
| 13 | 5、岩家河组 | 2 340 | 2 420 | 80 | 2.92 | 2.46 | 2.74 | 4.8 | 0 | 1.1 | 5.93 | 0 | 0.70 | 12.0 | 1.3 | 3.2 | 53.5 | 19.1 | 31.4 | 70.9 | 15.6 | 49.5 |
| 12 | 4、5 | 2 420 | 2 573 | 153 | 2.77 | 2.35 | 2.57 | 5.3 | 0.5 | 3.8 | 6.09 | 0.1 | 3.74 | 21.6 | 2.8 | 10.7 | 43.9 | 61.8 | 54.3 | 31.5 | 10.7 | 17.9 |
| 11 | 4 | 2 573 | 2 708 | 135 | 2.79 | 2.42 | 2.57 | 5 | 0 | 3.7 | 6.38 | 0.36 | 4.13 | 15.0 | 5.2 | 11.7 | 59.4 | 45.0 | 54.2 | 25.5 | 7.8 | 12.7 |
| 10 | 4 | 2 708 | 2 820 | 112 | 2.74 | 2.54 | 2.65 | 4.2 | 0.9 | 2.3 | 4.61 | 0.1 | 2.05 | 12.9 | 5.8 | 10.5 | 55.3 | 44.0 | 51.6 | 28.6 | 12.8 | 17.8 |
| 9 | 4 | 2 820 | 2 930 | 110 | 2.75 | 2.52 | 2.61 | 4.5 | 0.7 | 3.0 | 5.31 | 0.51 | 3.33 | 14.3 | 7.3 | 11.5 | 57.3 | 41.8 | 52.1 | 31.1 | 7.4 | 15.2 |
| 8 | 4 | 2 930 | 3 050 | 120 | 2.76 | 2.4 | 2.65 | 5.5 | 0.6 | 2.4 | 4.23 | 0.1 | 2.48 | 13.1 | 5.9 | 9.5 | 54.6 | 43.9 | 49.6 | 29.9 | 13.8 | 20.6 |
| 7 | 4 | 3 050 | 3 150 | 100 | 2.81 | 2.45 | 2.63 | 5.0 | 0 | 2.6 | 6.18 | 0.1 | 3.26 | 13.1 | 6.6 | 10.2 | 64.4 | 45.1 | 56.4 | 24.7 | 10.4 | 14.4 |
| 6 | 4 | 3 150 | 3 380 | 230 | 2.64 | 2.29 | 2.47 | 6.8 | 2.6 | 5.3 | 6.90 | 1.38 | 4.72 | 18.7 | 7.5 | 13.4 | 69.1 | 61.7 | 64.7 | 13.4 | 10.1 | 11.5 |
| 5 | 4 | 3 380 | 3 440 | 60 | 2.63 | 2.36 | 2.47 | 6.3 | 2.7 | 5.4 | 6.70 | 2.57 | 4.91 | 18.1 | 13.5 | 15.7 | 64.6 | 61.3 | 63.0 | 13.8 | 11.1 | 12.6 |
| 4 | 4、5 | 3 440 | 3 550 | 110 | 2.88 | 2.25 | 2.59 | 9.0 | 0 | 3.5 | 7.23 | 0.1 | 3.65 | 29.2 | 7.0 | 13.5 | 62.2 | 48.8 | 55.2 | 33.7 | 10.1 | 18.2 |
| 3 | 5 | 3 550 | 3 650 | 100 | 2.75 | 2.48 | 2.56 | 5.2 | 0.7 | 3.8 | 5.36 | 0.1 | 3.51 | 14.3 | 7.7 | 11.9 | 63.1 | 52.1 | 60.7 | 23.1 | 11.9 | 14.2 |
| 2 | 4 | 3 650 | 3 834 | 184 | 2.66 | 2.4 | 2.53 | 7.0 | 2.2 | 4.4 | 7.24 | 0.85 | 4.57 | 14.9 | 6.5 | 12.4 | 66.0 | 52.2 | 62.4 | 23.1 | 10.4 | 12.4 |
| 1 | 4 | 3 834 | 3 877 | 43 | 2.84 | 2.61 | 2.78 | 3.0 | 0 | 0.4 | 2.65 | 0.1 | 0.67 | 10.0 | 5.0 | 7.7 | 63.3 | 46.5 | 53.8 | 31.0 | 11.3 | 22.4 |

表 7-23 宜页 1HF 井地质甜点参数统计表

| 段号 | 对应小层 | 顶深/m | 底深/m | 段长/m | DEN/(g/cm³) 最大值 | 最小值 | 平均值 | TOC/% 最大值 | 最小值 | 平均值 | 孔隙度/% 最大值 | 最小值 | 平均值 | 甲烷含量/% 最大值 | 最小值 | 平均值 |
|---|---|---|---|---|---|---|---|---|---|---|---|---|---|---|---|---|
| 1 | 4、5 | 3651 | 3834 | 183 | 2.66 | 2.37 | 2.53 | 7.0 | 2.2 | 4.4 | 7.24 | 0.85 | 4.58 | 14.88 | 6.50 | 12.43 |
| 2 | 5 | 3522 | 3644 | 122 | 2.66 | 2.46 | 2.55 | 5.6 | 2.3 | 4.0 | 5.36 | 0.34 | 3.62 | 14.34 | 6.95 | 11.73 |
| 3 | 4 | 3492 | 3498 | 6 | 2.64 | 2.47 | 2.53 | 5.4 | 2.5 | 4.4 | 5.07 | 2.90 | 4.23 | 14.85 | 10.82 | 12.71 |
| 4 | 4 | 3461 | 3476 | 15 | 2.65 | 2.25 | 2.48 | 9.0 | 2.4 | 5.3 | 7.23 | 3.33 | 5.39 | 15.61 | 13.05 | 14.14 |
| 5 | 4 | 3377 | 3451 | 74 | 2.71 | 2.36 | 2.48 | 7.2 | 1.3 | 5.2 | 6.70 | 2.57 | 4.83 | 29.16 | 13.46 | 16.60 |
| 6 | 4 | 3147 | 3368 | 221 | 2.64 | 2.29 | 2.47 | 8.3 | 2.6 | 5.4 | 6.90 | 1.38 | 4.80 | 18.72 | 7.53 | 13.34 |
| 7 | 4 | 3088 | 3128 | 40 | 2.68 | 2.53 | 2.60 | 4.3 | 1.9 | 3.3 | 5.39 | 1.43 | 4.00 | 11.25 | 6.57 | 9.67 |
| 8 | 4 | 3052 | 3079 | 27 | 2.64 | 2.49 | 2.60 | 5.0 | 2.5 | 3.2 | 5.10 | 3.29 | 4.24 | 12.59 | 8.07 | 11.27 |
| 9 | 4 | 2888 | 2927 | 39 | 2.65 | 2.55 | 2.59 | 4.0 | 2.4 | 3.4 | 4.93 | 2.47 | 3.92 | 13.36 | 7.27 | 11.27 |
| 10 | 4 | 2841 | 2861 | 20 | 2.63 | 2.52 | 2.59 | 4.5 | 2.7 | 3.4 | 5.31 | 2.89 | 3.90 | 14.17 | 9.10 | 12.94 |
| 11 | 4 | 2583 | 2697 | 114 | 2.67 | 2.42 | 2.55 | 6.2 | 2.0 | 4.0 | 6.38 | 2.33 | 4.49 | 15.01 | 5.38 | 11.97 |
| 12 | 4 | 2553 | 2572 | 19 | 2.61 | 2.53 | 2.57 | 4.3 | 3.0 | 3.7 | 5.08 | 2.65 | 3.97 | 11.48 | 8.74 | 10.77 |
| 13 | 4 | 2520 | 2551 | 31 | 2.71 | 2.35 | 2.53 | 7.3 | 1.3 | 4.3 | 7.09 | 0.43 | 4.34 | 21.60 | 6.36 | 12.13 |
| 14 | 4 | 2435 | 2508 | 73 | 2.72 | 2.49 | 2.58 | 5.0 | 1.3 | 3.6 | 5.61 | 0.10 | 3.57 | 13.91 | 4.46 | 10.31 |
| 15 | 4 | 2420 | 2434 | 14 | 2.61 | 2.38 | 2.50 | 6.8 | 3.0 | 4.8 | 5.6 | 1.67 | 4.57 | 12.51 | 2.82 | 9.54 |
| 16 | 4 | 2368 | 2376 | 8 | 2.73 | 2.46 | 2.51 | 5.5 | 1.0 | 4.7 | 5.93 | 0.10 | 4.56 | 6.55 | 1.59 | 3.04 |
| 17 | 4 | 2322 | 2342 | 20 | 2.74 | 2.43 | 2.54 | 6.0 | 0.8 | 4.2 | 6.55 | 0 | 4.62 | 15.68 | 5.81 | 9.21 |
| 18 | 4 | 2088 | 2151 | 63 | 2.70 | 2.24 | 2.55 | 9.2 | 1.5 | 4.1 | 6.04 | 0.49 | 3.30 | 12.35 | 4.35 | 10.02 |
| 19 | 4 | 2018 | 2051 | 33 | 2.78 | 2.38 | 2.57 | 6.8 | 0.3 | 3.7 | 5.12 | 0.10 | 2.70 | 10.80 | 3.65 | 6.97 |

## （二）大规模体积压裂技术

### 1. 大规模压裂配套装备

根据宜页 1HF 井页岩气压裂施工要求，装备配置须满足：90 MPa 施工限压下，稳定工作排量 14 m³/min 以上；混砂车供液能力 16 m³/min 以上。综合考虑压裂设计总功率、压裂泵车的性能参数、井场面积、施工成本等，宜页 1HF 井现场共配备 12 台 3 000 型压裂车及 2 台 2 500 型压裂车压裂，总水马力可达 41 000 HHP；配备 HSC480 型混砂车 1 台，最大供液能力能够达 20 m³/min；配套额定工作压力为 105 MPa 的高压管汇、管件；配备 KYS180/75-105 MPa 八通压裂井口（表 7-24）。

表 7-24　宜页 1HF 井施工车辆及设备准备

| 序号 | 名称 | 单位 | 型号 | 数量 | 备注 |
| --- | --- | --- | --- | --- | --- |
| 1 | 压裂车 | 台 | 3 000/2 500 型 | 12+2 | |
| 2 | 混砂车 | 台 | 480 型 | 1 | 主加砂 |
| 3 | 液氮车 | 台 | — | 1 | 22～26 段 |
| 4 | 液氮罐车 | 台 | — | 3 | 22～26 段 |
| 5 | 仪表车 | 台 | — | 1 | — |
| 6 | 混配车 | 台 | 8 m³/min | 2 | — |
| 7 | 油罐 | 台 | 20 t | 1 | — |
| 8 | 加油撬 | 套 | — | 1 | — |
| 9 | 高压管线 | 路 | 105 MPa | 6 | — |
| 10 | 高低压管汇 | 套 | 4 寸[①]、8 寸 | 1 | — |
| 11 | 远程泄压装置 | 套 | — | 1 | — |
| 12 | 供酸撬 | 台 | 12 m³/min | 1 | — |
| 13 | 供液撬 | 台 | 12 m³/min | 1 | — |
| 15 | 酸罐 | 只 | 25 m³ | 8 | — |
| 16 | 液罐 | 组 | 90 m³ | 18 | 叠放 |
| 18 | 混砂吸排管汇 | 套 | 4 寸、8 寸 | 1 | 吸排均为 8 寸通径 |
| 19 | 立式砂罐 | 具 | 70 m³ | 2 | 立式砂罐 |
| 20 | 立式砂罐 | 具 | 18 m³ | 1 | 立式砂罐 |
| 21 | 液动旋塞阀泄压装置 | 套 | 105 MPa | 1 | 液动旋塞阀泄压装置 |
| 22 | 气动隔膜泵装置 | 套 | 10～40 L/min | 2 | 气动隔膜泵装置 |

2017 年 4 月 13 日至 2017 年 4 月 26 日，顺利完成宜页 1HF 井 26 段分段压裂，施工排量 12.0～16.5 m³/min，施工压力 45.8～88.3 MPa，总用液量 43 284.74 m³（泵送液量 1 230.64 m³，压裂液量 42 054.10 m³）；总加砂量 1 446.90 m³。

---

① 1 寸≈3.33 cm。

**2. 滑溜水压裂技术**

根据页岩压裂实践经验，页岩脆性越高压裂形成的裂缝形态越复杂，压裂时应选择更低的液体黏度和砂浓度、更高的施工排量和液量。滑溜水压裂技术是注入大量低黏度滑溜水，以岩石的天然裂缝为通道不断沟通更多天然裂缝，裂缝在延伸扩展过程中发生转向或分叉，形成复杂的网络裂缝，达到体积改造的目的。宜页 1HF 井储层脆性高，宜选用滑溜水压裂技术。

1）压裂液性能

宜页 1HF 井脆性较好、裂缝产状复杂、应力状态复杂、层理缝不发育、压力系数不高，难以形成复杂缝网，所选用的压裂液体系必须具有减阻率高、变黏、低温破胶等特点。宜页 1HF 井现场采用"前置酸+低黏滑溜水+高黏滑溜水+胶液"的液体体系，摩阻低，悬砂性能稳定，伤害低，整体配伍性好；滑溜水黏度可调，低黏滑溜水黏度小于 6 mPa·s，中黏滑溜水黏度 9～15 mPa·s，高黏胶液黏度 40～60 mPa·s；高黏滑溜水和胶液在大于等于 20 ℃条件下能够破胶，滑溜水和胶液破胶液表面张力小于 28 mN/m；伤害率小于 10 %，表面张力小于 28 mN/m，降阻率大于等于 65 %。

2）支撑剂选择及加注方式

支撑剂的选择主要考虑：强度满足闭合应力条件；粒径满足页岩较窄裂缝支撑的目的；在满足强度和尺寸的条件下，支撑剂的密度越小越好。

根据宜页 1HF 井水平井偶极子声波测井解释地应力，B 靶点附近最小水平主应力为 54 MPa，选择抗压强度为 52 MPa 的低密度陶粒作为支撑剂，按照主缝+复杂缝的设计思路，采取组合式加砂模式：首先高排量、低砂比注入多个 70/140 目粉陶段塞，封堵微裂缝降滤、打磨的作用；然后采取段塞式模式注入多个 40/70 目支撑剂段塞；最后泵注 1～2 个 30/50 目支撑剂段塞，以在井筒附近沉降以获得较高的导流能力，起到更好的压裂增产效果。考虑宜页 1HF 井脆性较好，减少砂堵风险，现场采用段塞式加砂模式即注入一段混砂液后停止加砂，采用压裂液进行中顶，再继续加砂—中顶，直至完成设计砂量。

3）施工泵注排量优选

页岩滑溜水压裂时为了沟通更多天然裂缝形成复杂的压裂网络系统，需大排量、大液量进行体积压裂改造，每个射孔孔眼的注入排量不小于 0.2 m³/min。

宜页 1HF 井水平地应力差大，复杂裂缝形成难度大，在井口限压 90 MPa、套管抗内压 117.3 MPa 的情况下，设计 12～14 m³/min 的排量。

**3. 防砂堵技术**

减阻水压裂液由于黏度低、携砂能力差、支撑剂输送困难，加之页岩储层微裂缝发育，滑溜水滤失量大，很容易造成砂堵。

结合支撑剂在裂缝中的沉降与运移规律、综合考虑地层情况及压裂液性能，宜页 1HF 井压裂施工中对砂堵的预防措施主要有：在施工条件允许的情况下尽可能地提高施工排量，有利于形成复杂的网络裂缝及支撑剂的运移；选用小粒径、低密度支撑剂，对砂堤铺置起到很好的效果，采用不同粒径支撑剂组合加砂方法（小粒径为主），先加入小粒径支撑剂，降滤失作用，增加有效支撑裂缝长度，再加入大粒径支撑剂，在井筒附近沉降以获得较高的导流能力；增加前置液量或前置胶液造缝，应用于天然裂缝发育、地层偏塑性、滤失量大、加砂困难的层段，充分降滤、造缝后再加入主裂缝支撑剂；采用段塞模式加砂，结合支撑剂在裂缝中的运移规律，选用低砂比段塞模式加砂。

在压裂施工中，砂堵时通常采取的措施处理：立即通过压裂井口及地面放喷流程进行放喷，利用地层能量尽快疏通近井地层裂缝内的砂堤或砂塞，建立地层与井筒的液体流动通道，近井裂缝内及井底沉砂随放喷液返排至地面；如果放喷解堵未成功，则只能进行井底冲砂作业，将油管或柔性连续油管下入井底，利用油管（或连续油管）与套管间的环空通道将井底沉砂冲洗返排至地面。

### （三）泵送桥塞多级射孔联作技术

宜页 1HF 井选择泵送桥塞多级射孔联作技术进行分段，首段采用连续油管传输射孔枪进行射孔，打开压裂、泵送通道，并完成首段压裂；后续各段采用电缆输送"复合桥塞+射孔枪"，依次完成下部产层封隔、射孔、压裂。

#### 1. 泵送桥塞参数研究

1）封隔桥塞优选

桥塞作为分段压裂关键工具，压裂时需要密封可靠，承受井内高压差，后期要求能够快速钻除。综合宜页 1HF 井压裂要求、套管尺寸钢级，优选外径 100 mm 江汉复合桥塞（表 7-25），井筒通过性强，承压性能稳定，易于钻磨。

表 7-25　宜页 1HF 井桥塞参数表

| 名称 | 尺寸/mm | | | | 工作压差/MPa | 工作温度/℃ | 数量 |
| --- | --- | --- | --- | --- | --- | --- | --- |
| | 长度 | 外径 | 内径 | 球直径 | | | |
| 江汉球笼式易钻桥塞 | 635.00 | 100.00 | 19.00 | 38.00 | 70 | 150 | 25 |
| 全封复合桥塞 | 635.00 | 100.00 | — | 38.00 | 70 | 150 | 1 |

2）泵送排量优化

泵送桥塞时桥塞的速度主要取决于水流速度和电缆的作用力，当桥塞沿着井筒中心做匀速运动时，电缆的牵引力与液流驱动力大小相等，方向相反。为了保证泵送顺畅，结合宜页 1HF 井井眼轨迹、套管尺寸、泵送工具串规格、电缆拉断力等参数，建立井筒模型、电缆和下井工具串模型，计算出不同井深所需的泵送排量（图 7-22）。现场泵送根据实际情况采取"一层一案"设计，具体泵送程序见表 7-26。

表 7-26　宜页 1HF 井泵送程序表

| 井深/m | 1 720.00 | 1 780.00 | 1 860.00 | 1 930.00 | 1 990.00 | 2 076.00 |
| --- | --- | --- | --- | --- | --- | --- |
| 井斜/（°） | 30 | 40 | 48 | 61 | 76 | 85 |
| 排量/（m³/min） | 0.4 | 0.6 | 0.8 | 1.0 | 1.2 | 1.4～1.8 |

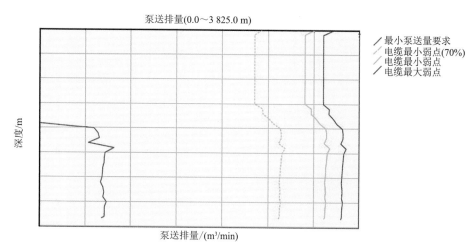

图 7-22　宜页 1HF 井泵送排量的模拟计算图

2017 年 4 月 9 日至 2017 年 4 月 26 日，宜页 1HF 井顺次完成了第 2～26 段泵送桥塞-射孔联作施工任务，最大泵送排量 1.70 m³/min，最高泵送压力 48.32 MPa，泵送桥塞-射孔联作一次成功率 100 %，全井共坐封 φ100.00 mm 江汉复合桥塞 25 支，均一次成功坐封并验封合格，共射孔 72 簇（含首段射孔 2 簇），使用 SDP35HMX25-4XF 型射孔弹 1 248 发（含首段射孔 48 发），射孔发射率 100 %。

## （四）长水平段连续油管钻磨技术

针对宜页 1HF 井水平段长（1 824 m），桥塞多（25 支），易出现水平段钻磨加压困难、钻磨时效低、碎屑难以返排等问题，通过优选优化设计钻磨管柱、优化施工参数、强化碎屑打捞，高效完成了全井 25 支桥塞钻磨。

**1. 连续油管作业模拟技术**

宜页 1HF 井连续油管作业前，采用专业连续油管模拟软件进行拟合，结合连续油管规格尺寸，实现对井眼轨迹、连续油管井下受力情况的模拟，模拟结果显示连续油管可下人工井底 3 876.0 m（图 7-23，图 7-24），同时给出连续油管各个下深情况下的受力情况，给施工时的操作提供参考。

**2. 钻塞管柱结构研究**

根据宜页 1HF 井井眼轨迹及桥塞规格，综合分析钻磨时可能出现的井下工具遇阻遇卡等情况，设计了连续管钻磨桥塞工具串，由连续油管、连接器、单流阀、震击器、液压丢手、水力振荡器、螺杆马达和磨鞋组成（表 7-27），其中螺杆马达优选了小直径高速低扭高性能螺杆马达，水力振荡器根据井况选择添加，选用 φ108 mm 五棱凹面磨鞋，更适用于磨削井下不稳定大颗粒碎屑，如铜球等，由于磨鞋面是凹面，在磨削过程中罩住井下大粒径碎屑，迫使落物聚集在切削范围内而被磨碎，由钻塞液带出地面。

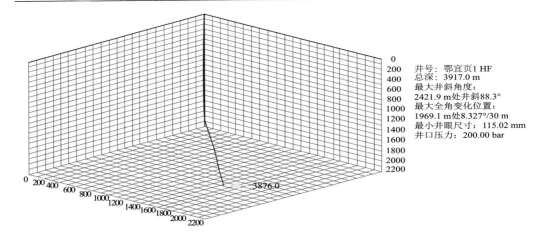

井号：鄂宜页1 HF
总深：3917.0 m
最大井斜角度：
2421.9 m处井斜88.3°
最大全角变化位置：
1969.1 m处8.327°/30 m
最小井眼尺寸：115.02 mm
井口压力：200.00 bar

图 7-23 宜页 1HF 井井眼轨迹 3D 模拟

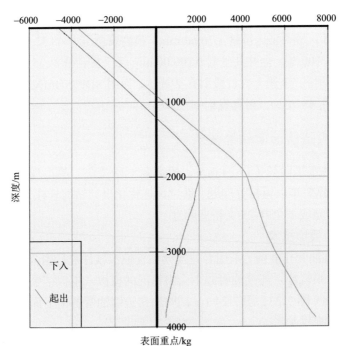

图 7-24 宜页 1HF 井悬重与井深力学模拟（0～3 876.0 m）

表 7-27 宜页 1HF 井连续管钻塞管柱结构表

| | 序号 | 工具名称 | 长度/m | 外径/mm | 内径/mm | 扣型 |
|---|---|---|---|---|---|---|
| 1 | 1 | 铆钉式连接器 | 0.20 | 73 | 34.29 | 2 3/8 " PAC P |
| 2 | 2 | 马达头总成 | 0.84 | 73 | 25.40 | 2 3/8 " PAC B<br>2 3/8 " PAC P |

续表

| | | 序号 | 工具名称 | 长度/m | 外径/mm | 内径/mm | 扣型 |
|---|---|---|---|---|---|---|---|
| 3 | | 3 | 震击器 | 1.73 | 73 | 25.40 | 2 3/8 " PAC B<br>2 3/8 " PAC P |
| | | 4 | 螺杆<br>马达 | 4.25 | 73 | — | 2 3/8 " PAC B<br>2 3/8 " PAC B |
| | 5 | 5 | 平底<br>磨鞋 | 0.37 | 108 | — | 2 3/8 " PAC P |
| 4 | | 6 | | | | | |

### 3. 合理钻塞参数研究

宜页 1HF 井是常压页岩气，地层能量不足，钻塞循环时易出现漏失，钻屑难以返出井口，易引起钻磨进尺慢、卡钻等复杂情况，经实践摸索，确定了"减阻水钻进+胶液携屑+短起洗出"组合钻塞技术及井筒碎屑清理技术，有效解决了常压页岩气井钻磨易出现的问题，提高了钻磨时效。

1）"减阻水钻进+胶液携屑+短起洗出"组合钻塞技术

正常钻磨阶段采用减阻水，减阻降磨，有效降低钻塞泵压，携带钻磨碎屑；每钻磨完成 1 支桥塞用胶液进行循环，胶液黏度更高，碎屑携带能力更强，能有效将碎屑循环出井口；每钻磨完成 3～4 支桥塞进行短起洗井，短起至直井段，携带碎屑出井口。

2）井筒碎屑清理技术

根据桥塞材质，优选强磁打捞器（图 7-25）进行碎屑打捞，将不易反排的铸铁碎屑通过强磁打捞器吸附在表面，带出地面。同时，强磁打捞器带有喷嘴，可增大正循环排量，增强碎屑携带能力。

图 7-25　强磁打捞器

## （五）常压页岩储层试气技术

针对宜昌区块常压页岩气勘探程度低、地层压力低、返排时间长、试气测试风险大等问题，研究确定了试气地面流程、排采工作制度。

### 1. 地面流程设计

宜页 1HF 井采用一级节流测试流程（图 7-26），主要由一台 65 mm/70 MPa EE 级测试管汇、一套热交换器、一个两相分离器（处理气量 $100×10^4$ $m^3$/d，水量 200 $m^3$/d）和配套临界速度流量计。65 mm/70 MPa 管汇台至井口，井口、管汇台、捕屑器全部采用 70 MPa 法兰短节连接，放喷、测试、压井和节流管汇使用 $\phi$73 mm 油管，测试管线安装两个临界速度流量计，安全阀泄压出口接管线至放喷池，表套、技套流程接出方井观察压力，井口压力、温度、管汇压力、温度均采用地面数据采集系统自动记录。放喷口并联两条放喷管线，可实现两条管线同时放喷。

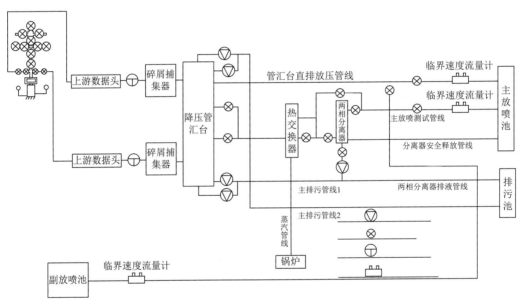

图 7-26 宜页 1HF 井地面流程设置

该试气流程满足液、气分离后单独排放，井口压力、温度实时监测，测试，加热防冰堵，桥塞碎屑捕捞，过分离器控制压力、测试等功能。

### 2. 排液求产工作制度优化

宜页 1HF 井排液求产方案满足压裂液快速返排，尽快见气的目的，同时为达到取全产量、压力参数的目的，试气阶段应在确保持续产气的前提下，逐步实现多制度试气求产。

#### 1）排液求产工作制度

排液阶段采用大尺寸油嘴控制放喷排液；试气求产阶段更换小油嘴，由小到大逐步更换油嘴进行试气求产，获取 3 个工作制度下的稳定产量。测试稳产主要参数应符合表 7-28 规定。

表 7-28　气井测试稳定标准值

| 测试产量/（×10⁴ m³/d） | >50 | 50～20 | 20～5 | <5 |
|---|---|---|---|---|
| 稳定时间/h | 2 | 4 | 8 | 12 |
| 压力波动/MPa | 0.5～1 | 0.5～1 | 0.5～1 | 0.5～1 |
| 产量波动/% | <5 | <5 | <5 | <5 |

注：产水时测试压差控制在 1 MPa/1 000 m。井口压力变化不超过 5 %，产量变化小于 10 %

2）产量计算方法

页岩气试气求产阶段分气产量计量和液量计量，气产量计量根据气量大小，采用临界速度流量计进行计量，液量计量采取测量污水池空高体积方式。

用临界流量计进行气产量计量时，气产量的计算公式为

$$Q_g = \frac{186d^2}{(ZrT)^{0.5}}\left(\frac{P_上}{0.09806656}+1\right)$$

式中：$Q_g$ 为日产气量，m/d³；$d$ 为孔板直径，mm；$P_上$ 为孔极上游压力，MPa；$Z$ 为压缩系数，气样分析得出，现场取 1.0；$r$ 为天然气比重，气样分析得出，现场取 0.563 8；$T$ 为上流温度，$T=t+273$，K。

公式应用条件为：通过孔板的气流必须达到临界速流。气流达到临界速流的条件为：下游压力与上游压力比值小于等于 0.546；或上游压力大于等于 0.2 MPa。

2017 年 5 月 11 日宜页 1HF 井放喷排液，测试求产。返排求产初期，为防止压裂液对储层的伤害，采用 12 mm、14 mm 油嘴求产，后期为稳住井口压力，采用了 10 mm 油嘴进行求产。求产结果如下。

12.00 mm 油嘴工作制度：5 月 19 日 01：00～11：10 稳产 10.17 h，井口套压 3.33 MPa，气产量 59 256 m³/d，返液量 12.64 m³/h。

14.00 mm 油嘴工作制度：5 月 22 日 14：00～23：15 稳产 9.25 h，井口套压 2.05 MPa，气产量 60 193 m³/d，返液量 14.42 m³/h。

10.00 mm 油嘴工作制度：5 月 26 日 15：40～27 日 00：30 稳产 9.83 h，井口套压 3.00 MPa，气产量 54 909 m³/d，返液量 12.48 m³/h。

放喷测试过程中，根据气产量、井口压力和液量推算井底流压 16.61 MPa，原始地层压力按照地层中部深度 2 003.75 m 计算，地层压力 19.83 MPa（压力系数 1.01，温度梯度 2.2 ℃/100 m）。按照"陈元千一点法"公式计算无阻流量（$q_{AOF}$），计算公式如下：

$$q_{AOF} = \frac{6q_{sc}p_r}{\left[p_r^2+48\left(p_r^2-p_{wf}^2\right)\right]^{\frac{1}{2}}-p_r}$$

式中：$q_{sc}$ 为稳定产量；$P_r$ 为原始底层压力；$P_{wf}$ 为井底流压。

通过计算，宜页 1HF 井无阻流量为 12.38×10⁴ m³/d。

宜页 1HF 井通过系统研究及工程实践，开发了一套适用于常压低温页岩储层的压裂

试气工艺，通过合理水平段分段，采取"主缝+复杂缝"的改造思路，形成"前置液阶段快提排量+整体阶梯升排量+中途液体转换+中途携粉砂动态转向"的压裂模式。通过优化设计泵送、射孔参数，应用长水平段页岩气连续油管钻塞技术，优化经济高效的常压页岩气储层地面试气流程，采用常压页岩气排采工作制度，优质高效地完成了压裂试气任务，实现了中扬子地区寒武系页岩气储层的高产突破。

# 第二节　低勘探程度构造复杂区定录导一体化技术

国内页岩气开发由于地质结构复杂、地层倾角变化大、页岩气"甜点区域"预测不准、储层改造难以形成复杂缝网、整体开发成本高等原因，大部分区块勘探开发效果不理想。究其原因，除受地质条件影响外，更突出的矛盾为地质评价、工程设计和现场施工相互脱节，要想解决该问题，就必须突破"面向单井、面向单项、面向局部"的常规开发思路，采用"工程服从地质、地质兼顾工程"的地质工程一体化开发模式。

宜昌地区地质条件复杂，勘探程度低，寒武系水井沱组页岩具有构造控制程度差、优质页岩厚度薄等特征，要保障宜页 1HF 井长水平段优质储层钻遇率存在一定困难：设计水平段主要在 4～5 小层穿行，厚度 17.5 m，优质页岩厚度不到 10 m，整体储层厚度偏薄；区域岩性、电性标志层不明显，靶点着陆困难；地层产状起伏变化大，地质导向难点大；水平段 500 m、1 000 m 处存在同相轴不连续现象，可能存在微断裂，导致水平段穿出页岩层。

针对宜页 1HF 井地质导向难点，开展了储层精细描述、长水平段水平井轨迹精准控制技术、随钻地质导向技术等方面的研究，形成了一套适合于宜昌地区低勘探程度下的定录导一体化地质导向技术，取得了页岩储层钻遇率 98 %、优质储层穿行率 90.2 %的优异指标，达到了勘探开发的目的。

# 一、页岩储层精细描述

## （一）小层划分

鄂宜页 1 井水井沱组属于台棚过渡带沉积，岩性主要为黑色碳质页岩、灰黑色泥岩和深灰色灰岩。由于寒武纪早期，区域上沉积水体自下而上逐渐变浅，使得该井水井沱组在纵向上的岩性组合存在显著差异，因而结合测井响应可将水井沱组划分为上下两段（图 7-27）。

水井沱组上段：岩性为深灰色、灰黑色中层状灰岩；测井显示该段伽马曲线对较为平缓，伽马值相对较低，伽马平均值小于 50 API；FMI 显示该段水平层理发育，暗色薄层与亮色薄层互层明显，局部见同生期变形构造特征。

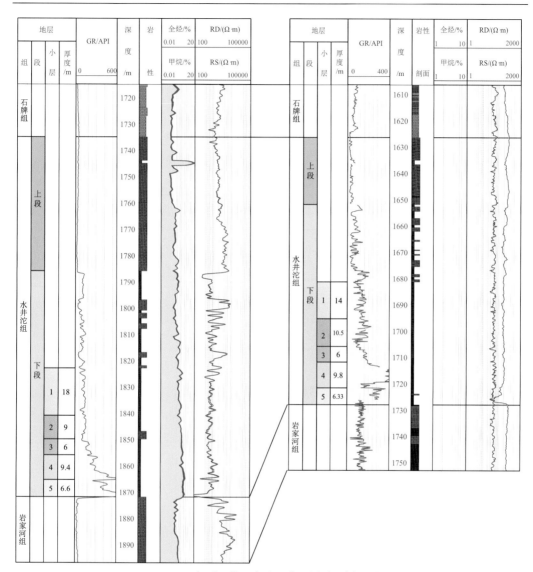

7-27 宜页 1 井—宜地 2 井地层对比剖面图

　　水井沱组下段：上部岩性为黑色碳质页岩、粉砂质页岩与深灰色灰岩互层；伽马曲线呈锯齿状，伽马值平均在 120 API；成像测井显示该段水平层理发育，薄互层特征明显。下部岩性以硅质页岩、混合型页岩为主；测井显示明显的高伽马特征，自然伽马平均值在 255 API；成像测井显示该段水平层理发育，见顺层黄铁矿结晶。

　　结合宜页 1 井和宜地 2 井地层对比分析，水井沱组中上部厚度变化相对较大，其下段下部为深水陆棚相页岩，沉积较为稳定，厚度横向变化较小。测、录井资料显示，水井沱组页岩品质自上而下逐渐变好，宜页 1HF 井页岩气储层集中在水井沱组下段。结合测井综合解释成果和岩心分析情况，对宜页 1HF 井页岩储层进一步细分为 5 个小层，各小层特征如下（表 7-29，图 7-28）。

表7-29  宜页1井水井沱组下段小层划分参数表

| 小层 | 井段/m | 厚度/m | 岩性综述 | GR/API | AC/（μs/ft） | CNL/% | DEN/（g/cm³） | 电阻率/（Ω·m） |
|---|---|---|---|---|---|---|---|---|
| 1 | 1 823.0～1 839.5 | 16.5 | 黑色碳质泥岩，夹灰质条带 | 122 | 69 | 18.0 | 2.62 | 902 |
| 2 | 1 839.5～1 848.0 | 8.5 | 黑色碳质泥岩 | 138 | 72 | 17.1 | 2.65 | 715 |
| 3 | 1 848.0～1 854.5 | 6.5 | 黑色碳质泥岩、深灰色泥质灰岩 | 288 | 74 | 17.2 | 2.62 | 692 |
| 4 | 1 854.5～1 865.5 | 11.0 | 黑色碳质泥岩夹黑色灰质泥岩 | 354 | 78 | 16.8 | 2.54 | 1109 |
| 5 | 1 865.5～1 872.0 | 6.5 | 黑色碳质泥岩为主夹灰岩条带 | 552 | 75 | 17.0 | 2.58 | 932 |

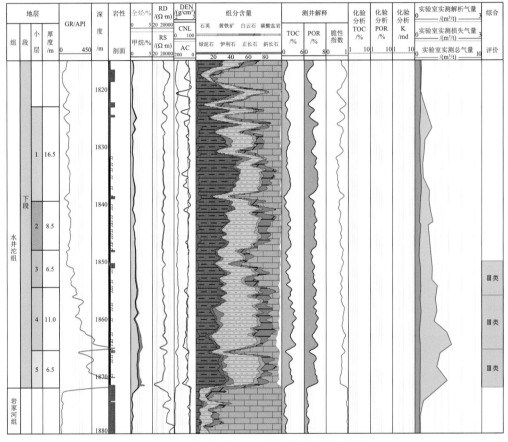

图7-28  宜页1井水井沱组下段综合评价图

（二）标志层确定

为了准确分析钻遇地层层位及靶点位置，根据宜页1井水井沱组岩性、电性特征，将水井沱组自上而下分为八个岩性段：①1 735 m～1 786 m 灰岩段，②1 786 m～1 797 m 页岩段，③1 797 m～1 808 m 灰岩段，④1 781～1 817 m 页岩段，⑤1 817 m～

1 823 m 灰岩段，⑥1 823 m～1 847 m 页岩段，⑦1 847 m～1 850 m 灰岩段，⑧1 850 m～
1 872 m 页岩段。结合宜地 2 井岩电特征，标识出 5 个标志层（图 7-29）。

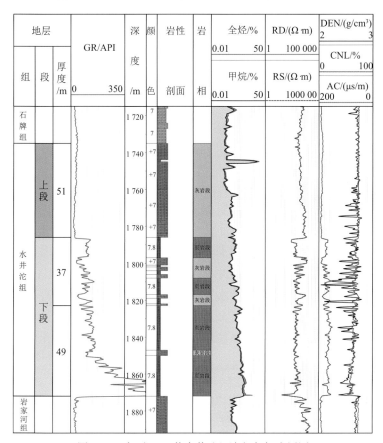

图 7-29　宜页 1HF 井水井沱组岩相与标志层图

在施工中根据岩相组合特征及钻遇标志层特征动态预测 A 靶点，及时调整井眼轨迹。
5 个标志层岩电特征，气测显示特征如下。

（1）标准层 1：位于水井沱组上段与下段交界面，距离设计 A 靶点垂距 74 m，岩性
由中厚层灰色灰岩变为灰黑色页岩，自然伽马由 35 API 上升至 124 API，气测值略微抬
升。标志层横向可靠。

（2）标志层 2：位于水井沱组下段中部底部，距离设计 A 靶点垂距 42 m，岩性由
灰黑色页岩变为灰色灰岩，自然伽马由 105 API 下降至 58 API，气测值略微下降。标
志层横向较为可靠。

（3）标志层 3：位于水井沱组下段下部 3 小层底部，距离设计 A 靶点垂距 8.5 m，岩
性由变灰色泥质灰岩为灰黑色页岩，自然伽马由 103 API 上升至 212 API，气测值抬升明
显，标志层横向可靠。

（4）标志层 4：位于水井沱组下段下部 4 小层底部，距离气层底界 15 m，岩性无明
显变化，均为灰黑色页岩，电性特征变化明显，由 242 API 上升至 458 API，气测值抬升

明显，标志层横向可靠。

（5）标志层 5：位于气层底界与岩家河组交界面。岩性由灰黑色页岩变为灰色灰岩，自然伽马由 1 000 API 下降至 27 API，气测值降为基值，标志层横向可靠。

### （三）二维地质导向模型

#### 1. 时深标定

以叠后时间偏移资料为基础，结合导眼井测井曲线，在地震解释软件中进行时深标定，落实各标志层在时间剖面中的时间位置。时深转换公式为：

$$优质页岩储层底界深度=（底界时间×目的层层速度）/2$$

#### 2. 构造形态分析

在地震解释软件中进行人机交互层位追踪，对主要标志层和目的层进行精细的构造解释，落实各标志层的构造形态。宜页 1HF 井段水井沱组页岩储层段在叠后时间偏移剖面中为连续的强反射，石牌组中部砂泥岩互层段与石牌组底部及水井沱组三段灰岩存在一套中、弱反射，该反射在本井水平段较为连续；水井沱组三段顶部至水井沱组一段底部在叠后时间偏移剖面中，水井沱组厚度自北向南逐渐增厚，形成至南向北的超覆现象。根据区域地质调查资料显示，本区水井沱组一段为深水陆棚相沉积，水井沱组二段为浅水陆棚相沉积，水井沱组三段为斜坡带沉积，横向上相变和沉积厚度变化较为复杂。

#### 3. 二维地质模型建立

基于宜页 1 井寒武系页岩精细化分基础，结合构造解释情况和宜地 2 井水井沱组岩性组合及电性特征，建立二维地质模型（图 7-30）。

图 7-30　宜页 1HF 井二维地质导向模型

## 二、精准导向工具优化

宜页 1HF 井定向井段和水平段进尺占全井总进尺的 90 % 以上，$\phi$215.9 mm 造斜井段及裸眼井段长，定向难度大；水平段要在水井沱组底部穿行，垂厚 10 m 左右范围穿行，水平段控制精度要求高，同时由于地层勘探程度低、局部构造复杂、地层倾角不明确，现场地质判断困难，几何导向技术控制井眼轨迹难度大；水平段设计长达

1 700 mm，水平位移大，随着井深和水平位移的延伸，井眼清洁、携砂困难，重力效应突出，摩阻扭矩不断增加，滑动钻进钻压传递困难。采取常规地质导向工具无法保证实际钻探效果。

针对导向难点，优选 MWD+伽马来实现井眼轨迹控制和随钻地质评价，不仅完成了预定的工作量，而且目的层钻遇率达到 98%，优质页岩层穿行率达到了 90.2%，创造了宜昌地区最高目的层穿行率及油气"甜点"穿行率两项纪录。

## （一）随钻测量工具

目前水平井普遍采用依靠泥浆脉冲进行传输信号的 MWD/LWD，它允许在定向钻进和转盘钻进两种工况下工作。机械钻速非常快，现场确定层位很大程度上要依靠随钻伽马曲线，因此必须要求随钻仪器有较快的传输速率。

在宜页 1HF 井侧钻初期，选用了涡轮发电随钻地质导向仪进行随钻监测。该型仪器工具面传输只需要 9～13 s，并且适合各种井深和排量，故障率极低，井下工作时间长，安全性高，满足施工需求。

## （二）近钻头随钻自然伽马测量工具

进入第一造斜段后，采用了"PDC 钻头+井下动力钻具"的 BHA 组合，机械钻速较快，采用常规的 MLD/LWD 测量工具，仪器测点距离钻头有 18 m 左右的测量盲区，不利于在高机械钻速条件下地层对比分析。为了实时跟踪地层变化情况，选择了 Schlumberger 公司 Path Finder 近钻头自然伽马测量工具进行随钻测量（图 7-31）。该工具可以提供钻头处实时的井斜、伽马和转速，且伽马和井斜的零长较短，距钻头约 0.6 m，分为上下两个短节，通过无线通信传输数据，实时测得钻头处的井斜、伽马数据，使工程人员可根据地层变化及时调整轨迹。

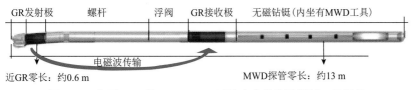

图 7-31　宜页 1HF 井 Path Finder 近钻头自然伽马测量工具照片

在宜页 1HF 井钻探过程中，Path Finder 近钻头自然伽马测量工具使用井段为 1 711.00 m～2 006.00 m，超短的测量盲区在较高机械钻速条件下为钻遇地层快速识别提供了良好的技术保证，为井眼轨迹先期调整，保证在水平段精准着陆提供了有利的先决条件。

## （三）旋转导向工具

宜页 1HF 井在设计之初，位垂比已接近 1.0，采用常规 PDC 钻头 + 螺杆钻具进行水平段施工，会出现频繁调整井眼轨迹而导致的定向"托压"甚至不能定向的问题。所以在进入大斜度井段后，采用了 Schlumberger 公司 Powerdrive Arche 旋转导向工具进行钻进。该工具可以在任意井斜条件下提供连续稳定的超高造斜率，与传统的滑动导向钻井相比，旋转导向钻井技术由于井下工具一直在旋转状态下工作（图 7-32），因此井眼净化效果更好，井身轨迹控制精度更高，位移延伸能力更强。

图 7-32　宜页 1HF 井 Powerdrive Arche 旋转导向工具出井照片

在宜页 1HF 井钻探过程中，Powerdrive Arche 旋转导向工具使用井段为 2 006.00 m～3 197.00 m，该工具同时可以提供近钻头位置自然伽马随钻测量，测量盲区 3.0 m，较短的测量盲区在高机械钻速条件下为钻遇地层快速识别提供了良好的技术保证。宜页 1HF 井实际钻探优质储层的钻遇率 90.2 %；同时该工具配合 Smith 公司 $\phi$ 215.9 mm MDi516LBPXG 型 PDC 钻头创造了中扬子地区寒武系地层最高机械钻速指标，进尺 1 911.00 m，纯钻时间 128.83 h，机械钻速达 14.83 m/h。

## 三、地质导向技术

### （一）地质导向方法

宜昌地区二维地震资料匮乏，邻井少，构造落实程度较差，建立构造模型可靠程度较低，水井沱组页岩为深水陆棚沉积，页岩横向分布较为稳定，因此主要基于"等厚法"进行 $A$ 靶点预测及水平段地质导向：

$A$ 靶处气层顶垂深 = 标准层垂深 + $h$ + $L_1$（图 7-33）

$h$ = 邻井借用厚度 = 邻井钻遇标准层到气层顶垂距；

$L_1$ = 地层下倾产生下移距 = $A$ 靶到标准层坐标平面距离 × $\tan\gamma$

$\gamma$ = 地层视倾角 = 通过实钻两个标志层计算得出；

$A$ 靶垂深 = $A$ 靶处气层顶垂深 + 设计距气顶距离。

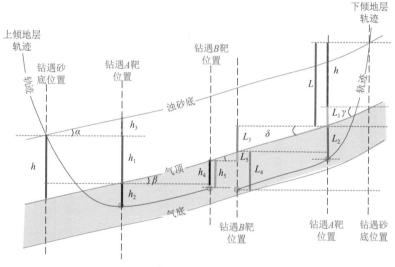

图 7-33　等厚法预测 A 靶点示意图

### （二）靶点预测技术

为确保 $A$ 靶点的准确卡取，在对寒武系页岩精细化描述的基础上，精选区域标志层，采用等厚法，动态预测 $A$ 靶点垂深。

**1. 水井沱组上段灰岩底对比预测**

宜页 1HF 井钻至水井沱组上段灰岩底井深 1 846.00 m，垂深 1 809.10 m（图 7-34），对应宜页 1 井位置 1 785.51 m，根据上下标志点计算地层视倾角约 4.8°下倾，考虑地层倾角影响，预测 $A$ 靶点垂深为 1 904.00 m，较设计垂深 1 924.00 m 浅 20.00 m。将 $A$ 靶点垂深调整为 1 910.00 m，其他参数保持不变。

**2. 水井沱组下段上部高伽马尖对比预测**

宜页 1HF 井钻至水井沱组下段上部高伽马尖井深 1 883.10 m，垂深 1 833.40 m，对应宜页 1 井位置 1 808.64 m，根据上下标志点计算地层视倾角约 2.2° 下倾，考虑地层倾角影响，预测 A 靶点垂深为 1 892.00 m，较调整靶点垂深 1 904.00 m 浅 12.00 m。将 A 靶点垂深调整为 1 898.00 m，其他参数保持不变。

**3. 水井沱组下段 1 小层底部伽马低尖对比预测**

宜页 1HF 井钻至水井沱组下段 1 小层底部伽马低尖井深 1 949.40 m，垂深 1 868.68 m，对应宜页 1 井位置 1 837.60 m，根据上下标志点计算地层视倾角约 6.0° 下倾，考虑地层倾角影响，预测 A 靶点垂深为 1 908.00 m，较调整靶点垂深 1 898.00 m 深 10.00 m。

**4. 水井沱组下段 3 小层上部泥质灰岩底对比预测**

宜页 1HF 井钻至水井沱组下段 3 小层上部泥质灰岩底井深 1 999.20 m，垂深 1 884.16 m，对应宜页 1 井位置 1 849.10 m，根据上下标志点计算地层视倾角约 5.0° 下倾，考虑地层倾角影响，预测 A 靶点垂深为 1 905.00 m。

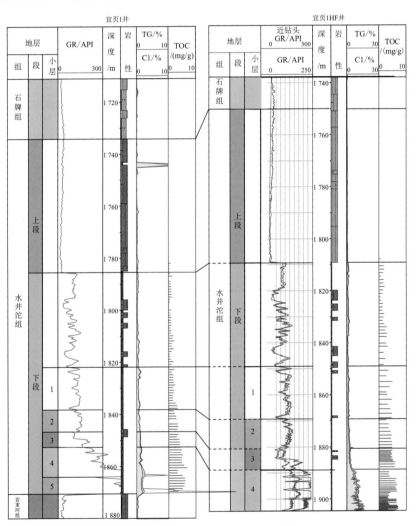

图 7-34　宜页 1HF 井地层对比图

实钻 A 靶点井深 2 042.00 m，井斜 78.76°，垂深 1 894.02 m，闭合位移 298.36 m，闭合方位 224.21°，层位：水井沱组下段 4 小层中部，相当于宜页 1 井 1 857.00 m 位置，与地质设计 A 靶点位置基本相当。

### （三）水平段轨迹控制技术

宜页 1HF 井水平段轨迹控制主要通过对比→计算→预测→调整 4 个关键步骤完成：根据随钻 GR、录井及工程资料，分析钻遇地层岩性、物性、含气性；与宜页 1 井进行小层精细对比，判断钻头位置及距离气层顶底距离；计算地层产状；结合地震资料预测钻进方向地层变化；调整地震模型、井眼轨迹（图 7-35）。

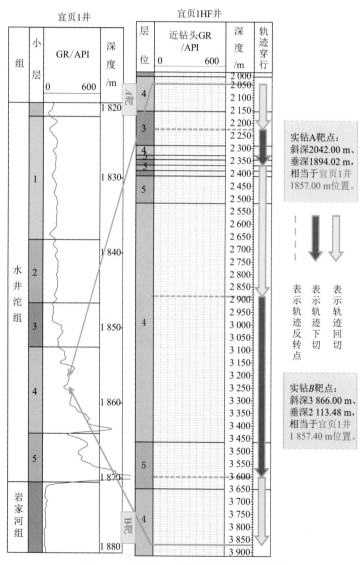

图 7-35　宜页 1HF 井水平段轨迹分析图

宜页 1HF 井自井深 2 042.00 m（4 小层中部）进入水平段，由于地层产状变陡，于井深 2046.00 m 左右开始调整回切，井深 2 155.00 m 回切至 3 小层；通过降斜（86.5°降斜至 78.5°），于井深 2 215.00 m 左右开始下切，井深 2 291.00 m 进入 4 小层，轨迹快速下切，井深 2 330.00 m 进入 5 小层，井深 2 347.00 m 进入岩家河组，井段 2 291.00 m～2 347.00 m 曲线存在缺失，钻遇小断层；通过增斜（78.5°增斜至 88.0°），于井深 2 412.00 m 回切至 5 小层，轨迹继续回切。井深 2 519.00 m 进入 4 小层；通过降斜（88.0°降斜至 82.5°），井深 2 880.00 左右轨迹开始下切，通过控制井斜 81.0°～82.0°，轨迹缓慢下切，井深 3 466.00 m 进入 5 小层；控制井斜 82.0°左右钻进，由于地层产状变陡，轨迹于井深 3 590.00 m 左右开始回切，井深 3 651.00 m 回切至 4 小层；通过实钻曲线分析，钻探过程中，地层产状逐渐变陡，轨迹继续回切，钻进过程中一直降斜（82.0°降斜至 78.0°），轨迹继续回切，最终在 4 小层中部完钻。

完钻井深：3 917.00 m，完钻层位：4 小层中部。实钻 B 靶点井深 3 866.00 m，井斜 78.46°，垂深 2 113.48 m，闭合位移 2 106.59 m，闭合方位 220.48°，层位为水井沱组一段 4 小层中部，相当于宜页 1 井 1 857.40 m 位置。

## 四、定录导一体化地质导向实施模式

### （一）定录导一体化流程

为保障宜页 1HF 井导向效果，提高主力气层的穿行率，通过系统研究及工程实践，建立了低勘探程度、构造复杂区定录导一体化技术，形成了一套页岩气长水平段定录导一体化技术管理模式（图 7-36），为页岩气的高效勘探开发提供了成功案例。

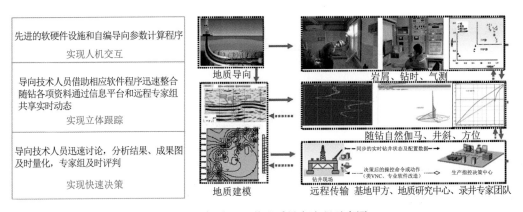

图 7-36　宜页 1HF 井地质导向流程示意图

宜页 1HF 井地质导向集录井、测井、地震、地质、定向、导向等专业技术人员于一体，成立地质导向小组，现场施工人员及时提供本井与导眼井的层位对比分析图，录井值班人员、地化分析人员通过岩屑判断、数据对比，及时回应导向指令内容，地、录、导的协同合作，按照导向流程逐级审核下发指令，对于井底层位的落实，现场组织专家进行讨论，实现对地质研究、工程服务和生产管理的一体化运作，保障了宜页 1HF 井水平段的顺利穿行。

（二）定录导一体化地质导向效果

宜页 1HF 井水平段全烃值 1.58 %～33.89 %，平均 14.96 %；甲烷值 1.27 %～29.16 %，平均 10.88 %。其中 3 小层全烃值 4.22 %～15.75 %，平均 10.06 %；甲烷值 2.74 %～11.83 %，平均 7.68 %。4 小层全烃值 5.21 %～33.89 %，平均 16.00 %；甲烷值 3.66 %～29.16 %，平均 11.60 %。5 小层全烃值 2.38 %～21.69 %，平均 14.38 %；甲烷值 1.59 %～15.68 %，平均 10.49 %，气测显示活跃，地质导向效果明显，具体统计见表 7-30。

**表 7-30　宜页 1HF 井水平段穿行及显示统计表**

| 层位 | 小层 | 厚度/m | 气测全烃值/% | 气测甲烷值/% | TOC |
|---|---|---|---|---|---|
| 水井沱组 | 3 | 136.00 | 4.22～15.75 | 2.74～11.83 | 3.28～6.39 |
| | 4 | 1 314.00 | 5.21～33.89 | 3.66～29.16 | 3.12～7.01 |
| | 5 | 330.50 | 2.38～21.69 | 1.59～15.68 | 2.06～6.24 |
| | 岩家河组 | 43.50 | 1.58～7.21 | 1.27～5.54 | 0.80～3.93 |
| 总体 | | 1 824.00 | 1.58～33.89 | 1.27～29.16 | 0.80～7.01 |

宜页 1HF 井实钻 A 靶井深 2 042.00 m，垂深 1 894.02 m，闭合位移 298.36 m，闭合方位 224.21°；B 靶井深 3 866.00 m，垂深 2 113.48 m，闭合位移 2 106.59 m，闭合方位 220.48°；C 靶井深 3 200.00 m，垂深 2 018.24 m，闭合位移 1 446.66 m，闭合方位 219.86°；穿行水平段长 1 824.00 m，优质页岩层段穿行率达 90.2 %，井眼轨迹如图 7-37 所示。

宜页 1HF 井针对宜昌地区勘探程度低、构造复杂、地层沉积相带复杂等难点，开展对寒武系水井沱组页岩层精细化描述、标志层识别、导井眼轨迹控制等方面研究，建立了以二维地震资料为主线，分段分级控制，井震剖面对比→计算→预测→调整四个阶段的地质导向新技术（图 7-38），地质导向效果明显；通过系统研究及工程实践，形成了一套页岩气长水平段定录导一体化技术管理模式，实现对地质研究、工程服务和生产管理的一体化运作。

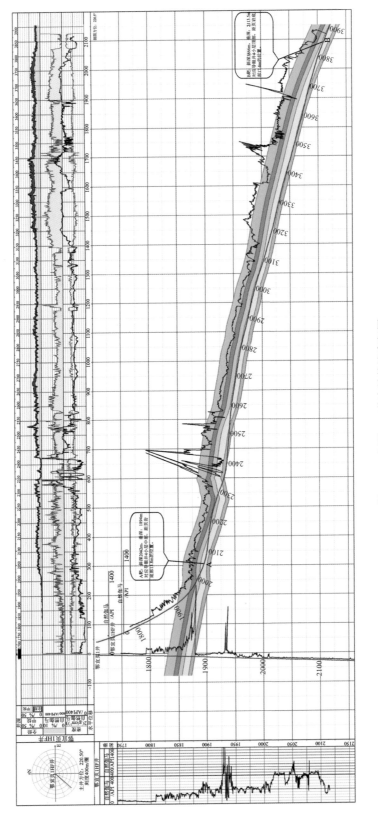

图 7-37 宜页 1HF 井实钻轨迹穿行图

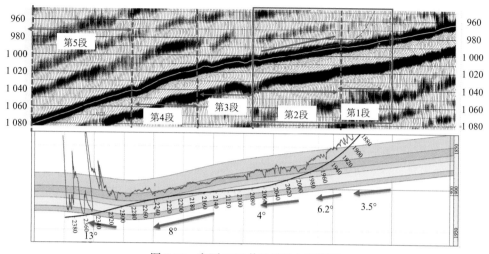

图 7-38　宜页 1HF 井地质导向跟踪图

# 第三节　中扬子寒武系低温常压钙质页岩储层改造技术

近年来，伴随着四川盆地内页岩气开发的浪潮，以焦石坝、长宁-威远为代表的超压页岩气储层，已形成了集可压性评价、压裂工艺参数优化、压裂材料优选、压后评估、压裂施工控制、大型压裂装备配套于一体的成熟压裂技术系列。同时以彭水、武隆区块为代表的常压页岩气也开展了相应的实验攻关，但产量普遍较低，未获得突破性进展。

宜昌地区寒武系水井沱组地层压裂系数低（1.00~1.10），属于常压页岩气储层，同时表现出钙质含量高、水平应力差大等特点，造成压裂改造难度大：中扬子寒武系水井沱组页岩的灰质矿物含量明显偏高，脆性矿物评价指标尚不明确，目的层页岩储层层理不发育、高角度天然裂缝发育、水平应力差较大，形成复杂缝网的不利因素较多；寒武系水井沱组页岩水平两向应力差大，体积改造难度大。

针对宜页 1HF 井地质特征和压裂施工难点，开展了储层复杂缝网形成条件评价、压裂工艺参数优化、压裂模式、压裂液体系等方面的研究，形成了一套高灰质含量、高水平应力差页岩储层复杂缝网形成能力评价方法，开发出一套适用于中扬子寒武系水井沱组常压低温页岩储层的低伤害压裂液体系，探索建立了一套适应于高灰质含量、高水平应力差寒武系页岩储层的压裂模式。

## 一、中扬子寒武系钙质页岩可压性评价技术

### （一）钙质页岩储层脆性评价

普遍认为石英矿物为典型脆性矿物，黏土矿物为典型塑性矿物，但对于碳酸盐矿

物含量较高的页岩，脆性矿物的界定还没有统一的认识。宜页1HF井采取脆性矿物法与力学脆性表征相结合的手段，对高灰质含量寒武系水井沱组页岩储层脆性进行综合评价。

一方面，根据宜页1井非常规测井解释结果(表7-31)，1～5小层静态泊松比为0.167～0.305（图7-39），平均值为0.24；1～5小层静态杨氏模量为25.21～59.97 GPa，平均值为36.27 GPa，计算力学脆性指数为51%。优质页岩层段（4～5小层）静态泊松比平均值为0.23，静态杨氏模量平均值为34.25 GPa，计算优质页岩层段力学脆性指数为52.3%。从力学参数来看，目标储层具有较好的脆性。另一方面，根据宜页1HF井 Litho Scanner 岩性扫描测井及X射线衍射全岩矿物分析结果，寒武系水井沱组页岩储层碳酸盐矿物含量平均为20%，仅将石英矿物作为脆性矿物不足以反映本井页岩储层的脆性水平。综合力学表征和岩石矿物分析，将碳酸盐矿物纳入脆性矿物，才能真实反映页岩脆性水平，因此寒武系水井沱组页岩储层具有较好的脆性。

**表 7-31　宜页1井非常规测井解释岩石力学参数统计结果**

| 地层 | 层号 | 深度/m | | | 静态岩石力学参数 | |
|---|---|---|---|---|---|---|
| | | 顶深 | 底深 | 厚度 | 杨氏模量/GPa | 泊松比 |
| 水井沱组 | 1 | 1 823.0 | 1 839.5 | 16.5 | 37.92 | 0.256 |
| | 2 | 1 839.5 | 1 848 | 8.5 | 36.15 | 0.243 |
| | 3 | 1 848.0 | 1 854.5 | 6.5 | 37.67 | 0.238 |
| | 4 | 1 854.5 | 1 865.5 | 11.0 | 32.66 | 0.214 |
| | 5 | 1 865.5 | 1 872.0 | 6.5 | 36.90 | 0.243 |

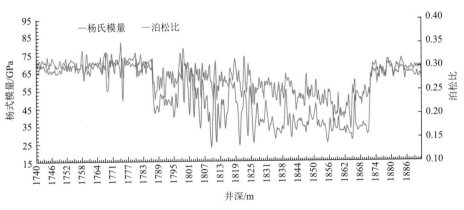

图 7-39　宜页1井非常规测井解释岩石力学参数

## （二）高钙质含量、高应力差页岩复杂裂缝形成条件评价

宜页1HF井寒武系水井沱组页岩储层脆性高、天然裂缝发育、水平层理不发育、水

平两向应力差大，从储层压裂复杂缝网形成的主控地质因素进行评价，结合工程控制措施，对压裂复杂缝网形成条件进行综合评价。

**1. 寒武系水井沱组页岩储层复杂缝网形成地质条件评价**

宜页 1 井 Litho Scanner 岩性扫描测井结果经 X 射线衍射验证后显示：水井沱组脆性矿物含量为 53.9 %～81.2 %，脆性矿物法计算脆性指数为 68.59 %（图 7-40）。水井沱组页岩储层脆性矿物含量高，水力压裂时具有多点起裂的基础。

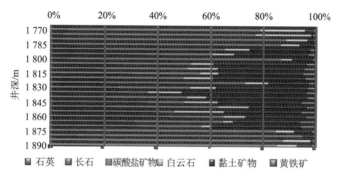

图 7-40　宜页 1 井水井沱组页岩矿物组成分布图

宜页 1 井通过岩心观察及成像测井解释得到：水井沱组总体高阻缝比较发育（图 7-41），上部高角度缝较下部发育，成像测井解释水井沱组高阻缝 312 条，其中 3～5 号小层共发育高阻缝 91 条。储层高角度天然裂缝发育，具备沟通天然裂缝的地质基础。储层层理不发育，不具备页岩横向展布的有利地质基础。

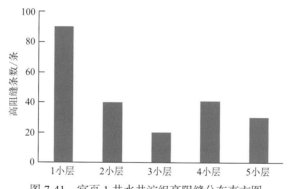

图 7-41　宜页 1 井水井沱组高阻缝分布直方图

**2. 寒武系水井沱组页岩储层复杂缝网形成工程条件评价**

基于寒武系水井沱组页岩储层岩石力学参数，采用应力场平面模型，在多人工裂缝条件下，对应力场进行模拟计算，模拟结果表明，水井沱组页岩储层水平应力差较大（17～25 MPa），储层压裂裂缝工程诱导转向难度大。减小簇间距有利于缝间转向，提高施工排量、中途转换液体及中途携粉砂动态转向，可提高缝内净压力，有利于增加裂缝复杂程度。

寒武系水井沱组页岩储层脆性较好、天然裂缝发育是复杂裂缝形成的有利条件，水平两向应力差大、层理不发育是复杂裂缝形成的不利条件，工程上采取簇间距优化、净压力提升技术能够一定程度的增加裂缝复杂程度。综合分析认为寒武系页岩储层主体改造思路为"主缝+复杂缝"。

## 二、寒武系水井沱组页岩气水平井分段分簇参数优化技术

页岩气水平井分段方案以获得最大改造体积及最佳改造效果为目的，以水平段储层岩性特征、岩石矿物组成、油气显示、电性特征等测井成果为基础，结合岩石力学参数、固井质量、天然裂缝发育状况及地应力方向等综合因素来确定段数、段间距及布段方式。针对宜页1HF井，进行净压力、裂缝形态、诱导应力场等分析，确定水平段寒武系水井沱组的簇数和裂缝间距即簇间距。

### （一）射孔簇数设计

根据岩石力学和地应力参数，计算了不同净压力下的诱导应力场，在净压力为30 MPa时，簇间距小于25 m，均能产生有效诱导应力（图7-42）。实际净压力很难达到该值，因此波及范围较窄。根据地应力特征，避免因簇间距过小导致近井裂缝复杂化，结合地质分段，设计单段射孔簇数2～3簇。

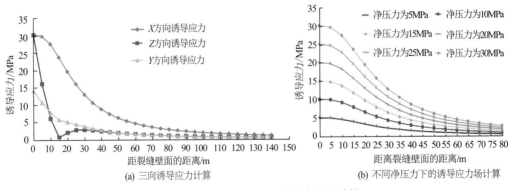

图7-42　不同净压力下的诱导应力场计算

### （二）射孔数设计

有效射孔孔数越少，孔眼摩阻越大，水马力损耗越大，如图7-43所示。在排量为12～14 m³/min下，总有效孔数大于48孔时，孔眼摩阻在5 MPa以下。根据以往页岩压裂的经验，网络裂缝的形成，要求每孔流量不小于0.2 m³/min。按照降低孔眼摩阻、提高单孔流速、有利于加砂、提高缝内净压力的原则，设计单簇总孔数48孔，孔密为16孔/m。

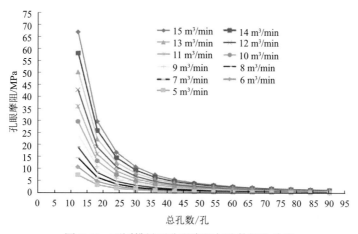

图 7-43　不同排量下孔眼摩阻与孔数间的关系

（三）射孔参数设计

采用单段 2～3 簇射孔，1/1.5 m 每簇，16 孔/m，孔径大于等于 9.5 mm，穿深大于等于 864 mm。对穿行层位位于 4 小层中上部层段采用定向向下射孔方式；对于穿行层位位于 5 小层、岩家河组层段采用定向向上射孔方式；其余段采用螺旋射孔方式。射孔参数见表 7-32。

表 7-32　射孔参数设计表

| 段号 | 14～21 | 24 | 1～13、22、23、25、26 |
|---|---|---|---|
| 射孔方式 | 定向向下 | 定向向上 | 螺旋射孔 |
| 簇数 | 2～3 | 3 | 2～3 |
| 簇长/m | 1/1.5 | 1 | 1/1.5 |
| 射孔长度/m | 3 | 3 | 3 |
| 孔密/（孔/m） | 16 | 16 | 16 |
| 相位角/（°） | 0、180、240、300 | 0、60、120、180 | 60 |
| 孔径/mm | ≥9.5 | ≥9.5 | ≥9.5 |
| 穿深/mm | ≥864 | ≥864 | ≥864 |

（四）射孔簇位置优选

综合考虑高杨氏模量低泊松比、测井解释孔隙度较高（主要参照声波）、TOC 较高（主要参照密度）、录井气测显示好、固井质量良好无串通、避开接箍位置六个因素，选择低 GR、脆性矿物含量高、应力值相对较低的层段进行射孔，有利于裂缝延伸起裂，形成复杂缝，沟通更大的地层体积，避开膏质含量高的地方，设计宜页 1HF 井分段分簇位置（表 7-33）。

**表 7-33　宜页 1HF 井射孔层段及桥塞位置表**

| 段号 | 桥塞位置/m | 射孔数据 | | | | 桥塞位置与上段射孔层距离/m | 簇长/m | 孔密/（孔/m） |
|---|---|---|---|---|---|---|---|---|
| | | 簇号 | 起始井深/m | 终止井深/m | 簇数/簇 | | | |
| 1 | — | 1 | 3 824.00 | 3 825.50 | 2 | — | 1.50 | 16 |
| | | 2 | 3 807.50 | 3 809.00 | | | 1.50 | 16 |
| 2 | 3 787.00 | 3 | 3 776.00 | 3 777.00 | 3 | 20.50 | 1.00 | 16 |
| | | 4 | 3 757.00 | 3 758.00 | | | 1.00 | 16 |
| | | 5 | 3 735.00 | 3 736.00 | | | 1.00 | 16 |
| 3 | 3 718.00 | 6 | 3 705.00 | 3 706.00 | 3 | 17.00 | 1.00 | 16 |
| | | 7 | 3 683.00 | 3 684.00 | | | 1.00 | 16 |
| | | 8 | 3 662.50 | 3 663.50 | | | 1.00 | 16 |
| 4 | 3 650.00 | 9 | 3 639.00 | 3 640.00 | 3 | 12.00 | 1.00 | 16 |
| | | 10 | 3 626.00 | 3 627.00 | | | 1.00 | 16 |
| | | 11 | 3 615.00 | 3 616.00 | | | 1.00 | 16 |
| 5 | 3 600.00 | 12 | 3 589.00 | 3 590.00 | 3 | 15.00 | 1.00 | 16 |
| | | 13 | 3 578.00 | 3 579.00 | | | 1.00 | 16 |
| | | 14 | 3 561.00 | 3 562.00 | | | 1.00 | 16 |
| 6 | 3 548.00 | 15 | 3 537.00 | 3 538.50 | 2 | 13.00 | 1.50 | 16 |
| | | 16 | 3 522.00 | 3 523.50 | | | 1.50 | 16 |
| 7 | 3 494.00 | 17 | 3 472.00 | 3 473.50 | 2 | 28.00 | 1.50 | 16 |
| | | 18 | 3 453.00 | 3 454.50 | | | 1.50 | 16 |
| 8 | 3 438.00 | 19 | 3 424.00 | 3 425.00 | 3 | 15.00 | 1.00 | 16 |
| | | 20 | 3 410.00 | 3 411.00 | | | 1.00 | 16 |
| | | 21 | 3 394.00 | 3 395.00 | | | 1.00 | 16 |
| 9 | 3 380.00 | 22 | 3 363.50 | 3 364.50 | 3 | 14.00 | 1.00 | 16 |
| | | 23 | 3 331.00 | 3 332.00 | | | 1.00 | 16 |
| | | 24 | 3 299.00 | 3 300.00 | | | 1.00 | 16 |
| 10 | 3 285.00 | 25 | 3 273.00 | 3 274.00 | 3 | 14.00 | 1.00 | 16 |
| | | 26 | 3 258.50 | 3 259.50 | | | 1.00 | 16 |
| | | 27 | 3 240.00 | 3 241.00 | | | 1.00 | 16 |
| 11 | 3 217.00 | 28 | 3 205.00 | 3 206.00 | 3 | 23.00 | 1.00 | 16 |
| | | 29 | 3 183.00 | 3 184.00 | | | 1.00 | 16 |
| | | 30 | 3 164.00 | 3 165.00 | | | 1.00 | 16 |
| 12 | 3 150.00 | 31 | 3 113.50 | 3 115.00 | 2 | 14.00 | 1.50 | 16 |
| | | 32 | 3 100.50 | 3 102.00 | | | 1.50 | 16 |

续表

| 段号 | 桥塞位置/m | 射孔数据 | | | | 桥塞位置与上段射孔层距离/m | 簇长/m | 孔密/（孔/m） |
|---|---|---|---|---|---|---|---|---|
| | | 簇号 | 起始井深/m | 终止井深/m | 簇数/簇 | | | |
| 13 | 3 085.00 | 33 | 3 073.50 | 3 075.00 | 2 | 15.50 | 1.00 | 16 |
| | | 34 | 3 062.00 | 3 063.50 | | | 1.00 | 16 |
| 14 | 3 050.00 | 35 | 3 034.00 | 3 035.00 | 3 | 12.00 | 1.00 | 16 |
| | | 36 | 3 021.00 | 3 022.00 | | | 1.00 | 16 |
| | | 37 | 3 003.00 | 3 004.00 | | | 1.00 | 16 |
| 15 | 2 990.00 | 38 | 2 976.00 | 2 977.00 | 3 | 13.00 | 1.00 | 16 |
| | | 39 | 2 960.00 | 2 961.00 | | | 1.00 | 16 |
| | | 40 | 2 945.00 | 2 946.00 | | | 1.00 | 16 |
| 16 | 2 933.00 | 41 | 2 916.00 | 2 917.00 | 3 | 12.00 | 1.00 | 16 |
| | | 42 | 2 903.00 | 2 904.00 | | | 1.00 | 16 |
| | | 43 | 2 891.50 | 2 892.50 | | | 1.00 | 16 |
| 17 | 2 876.00 | 44 | 2 863.00 | 2 864.00 | 3 | 15.00 | 1.00 | 16 |
| | | 45 | 2 848.00 | 2 849.00 | | | 1.00 | 16 |
| | | 46 | 2 835.00 | 2 836.00 | | | 1.00 | 16 |
| 18 | 2 820.00 | 47 | 2 807.50 | 2 808.50 | 3 | 15.00 | 1.00 | 16 |
| | | 48 | 2 789.00 | 2 790.00 | | | 1.00 | 16 |
| | | 49 | 2 774.00 | 2 775.00 | | | 1.00 | 16 |
| 19 | 2 763.00 | 50 | 2 750.00 | 2 751.00 | 3 | 11.00 | 1.00 | 16 |
| | | 51 | 2 735.50 | 2 736.50 | | | 1.00 | 16 |
| | | 52 | 2 724.50 | 2 725.50 | | | 1.00 | 16 |
| 20 | 2 708.00 | 53 | 2 686.00 | 2 687.00 | 3 | 16.00 | 1.00 | 16 |
| | | 54 | 2 670.00 | 2 671.00 | | | 1.00 | 16 |
| | | 55 | 2 653.00 | 2 654.00 | | | 1.00 | 16 |
| 21 | 2 640.00 | 56 | 2 623.00 | 2 624.00 | 3 | 13.00 | 1.00 | 16 |
| | | 57 | 2 606.00 | 2 607.00 | | | 1.00 | 16 |
| | | 58 | 2 590.50 | 2 591.50 | | | 1.00 | 16 |
| 22 | 2 573.00 | 59 | 2 562.00 | 2 563.00 | 3 | 17.50 | 1.00 | 16 |
| | | 60 | 2 524.00 | 2 525.00 | | | 1.00 | 16 |
| | | 61 | 2 495.50 | 2 496.50 | | | 1.00 | 16 |
| 23 | 2 481.00 | 62 | 2 470.00 | 2 471.00 | 3 | 14.50 | 1.00 | 16 |
| | | 63 | 2 450.00 | 2 451.00 | | | 1.00 | 16 |
| 24 | 2 412.00 | 65 | 2 371.50 | 2 373.00 | 2 | 19.00 | 1.50 | 16 |
| | | 66 | 2 356.00 | 2 357.50 | | | 1.50 | 16 |
| 25 | 2 156.00 | 67 | 2 139.00 | 2 140.00 | 3 | 200.00 | 1.00 | 16 |
| | | 68 | 2 114.00 | 2 115.00 | | | 1.00 | 16 |
| | | 69 | 2 097.00 | 2 098.00 | | | 1.00 | 16 |
| 26 | 2 082.00 | 70 | 2 068.00 | 2 069.00 | 3 | 15.00 | 1.00 | 16 |
| | | 71 | 2 042.00 | 2 043.00 | | | 1.00 | 16 |
| | | 72 | 2 023.00 | 2 024.00 | | | 1.00 | 16 |

# 三、寒武系页岩气井压裂施工关键技术

## （一）页岩气优质储层选择性定向射孔技术

井眼轨迹偏离目标储层，采用常规螺旋射孔，压裂时部分缝网会向偏离目标储层以外方向延伸，造成部分缝网无效；若采用定向射孔，使射孔枪转向目标储层方向，压裂时控制裂缝沿孔眼方向延伸，减少无效缝网。宜页 1HF 井寒武系优质页岩层为 4、5 小层，针对穿行 4 小层顶部的压裂段（第 14～21 段），采用定向向下射孔的方式，提高下部优质页岩改造效果；针对穿行 5 小层底部的压裂段（第 24 段），采取定向向上的射孔方式，提高上部优质页岩改造效果（图 7-44）。

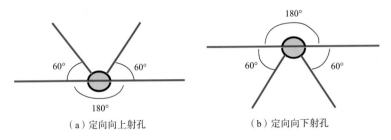

（a）定向向上射孔　　　　　（b）定向向下射孔

图 7-44　定向向上及定向向下射孔相位示意图

## （二）高地应力差异页岩储层复杂裂缝形成技术

页岩压裂过程中，通常有段塞式、连续式两种加砂方案。段塞式可以灵活控制砂/液比例，减少砂堵风险，但加砂量少，有效支撑裂缝长度有限，适合脆性地层；连续式加砂量大，可以提高裂缝渗透率，但砂堵风险大，适合塑性、不易脱砂地层。根据宜页 1HF 井脆性特征，采取滑溜水段塞式加砂模式，选择 70/140 目粉砂段塞支撑剂在前置液做段塞，打磨降低近井摩阻，为增加导流能力，降低砂堵风险，伴随大排量泵注滑溜水，中后期按段塞模式阶梯砂比加入小粒径、低密度支撑剂选择，宜页 1HF 井选择 40/70 目+30/50 目支撑剂组合。

宜页 1HF 井优选压裂工程措施组合，提高裂缝复杂程度：①采取不同压裂液组合方式，改变净压力；②中途采取粉砂动态转向，变化净压力；③整体阶梯升排量，变化净压力。在施工阶段，采取"施工一段、总结一段、优化一段"的措施，不断完善、调整，形成"前置液阶段快提排量+整体阶梯升排量+中途液体转换+中途携粉砂动态转向"的复杂裂缝形成技术。

根据每一段净压力历史拟合结果（图 7-45），采取复杂裂缝形成技术，能够维持净压力或者提高净压力水平；根据 G 函数曲线特征表明（图 7-46），大多数压裂段形成了"主缝+复杂缝"，表明"前置液阶段快提排量+整体阶梯升排量+中途液体转换+中途携粉砂动态转向"的复杂裂缝形成技术在液体性能的配合下，压裂施工达到了"主缝+复杂缝"的储层改造效果。

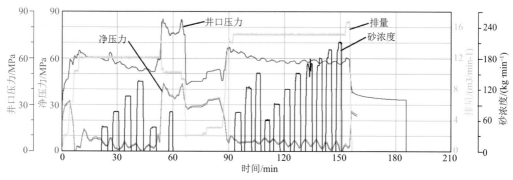

图 7-45　宜页 1HF 井第 9 段压降测试分析

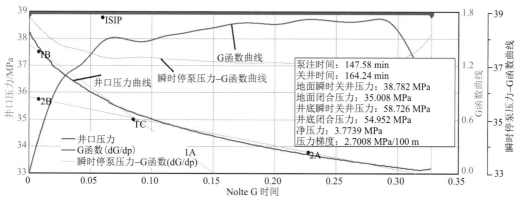

图 7-46　宜页 1HF 井第 9 段净压力拟合

## （三）常压页岩储层液氮伴注增能助排压裂技术

液氮伴注增能助排压裂技术是低压、低孔、低渗、水敏性储层降低水锁、加快排液速度、提高返排效率的有效途径。采用氮气泵注车将液氮经过集流管汇与压裂液混合注入井内，利用液氮与压裂液的混合液进行加砂压裂施工。由于液氮在一定的温度和压力条件下转变为气态，分散在混合液中，使其体积膨胀，降低液体密度，提高液体的返排速度，降低压裂液对地层的伤害。

针对宜页 1HF 井储层"三低"的特点，采用液氮伴注增能助排压裂工艺技术，增加常压气藏储层能量，提高返排效果，减少压裂液对储层带来的伤害。其中第 20 段、第 21 段、第 23 段、第 25 段、第 26 段进行液氮伴注，伴注液氮 63.6 m³；放喷排液累计返排液量 7 039.44 m³（入井总液量 43 284.74 m³），待排液量 36 245.3 m³，返排率 16.26 %。

## 四、低温储层压裂液体系

针对宜页 1HF 井地层压力系数低、储层温度低、压裂液返排困难、低温破胶难等问题，从储层敏感性评价入手，通过对压裂液性能进行研究，攻克压裂液低温破胶难、常压返排困难等难题，开发适应该储层低伤害低温 FLICK 滑溜水体系和 LOMO 胶液体系。

（一）压裂液低温破胶技术

常规未完全破胶的聚合物压裂返排液的分子量为（20～100）×10$^4$，不仅对储层造成伤害，且严重影响返排率。宜页 1HF 井为常压页岩气井，地层压力系数低，储层温度低，测井井温数据显示，本井水平段地层温度为 45～55 ℃，常规破胶剂过硫酸铵一般适用于大于 53 ℃储层，无法在该地层使用。针对低温储层通过技术攻关研制出 BRE 低温破胶剂组合（BRE-1 低温破胶剂和 BRE-2 破胶助剂，如图 7-47 所示），在 20 ℃条件下即可实现彻底破胶。

（a）低温破胶剂 BRE-1　　　　　　　　（b）破胶助剂 BRE-2

图 7-47　BRE 低温破胶剂组合

BRE 低温破胶剂组合是通过降低自由基生成活化能实现破胶。破胶剂采用低活化能氧化物质，破胶助剂采用还原性物质，两者协同作用进一步降低氧化物活化能起到低温破胶的作用。常规氧化破胶剂活化能 100～150 KJ/mol，本组合活化能仅为 39 KJ/mol，能够大幅降低激活温度，分解速率更快，具有加量少、配伍性好、现场操作简单等特点。图 7-48 是 BRE 低温破胶剂组合在 20 ℃条件下对不同聚合物的破胶效果。

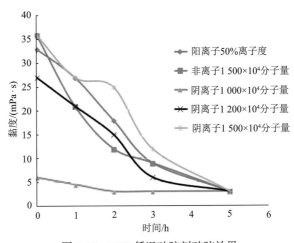

图 7-48　BRE 低温破胶剂破胶效果

从实验结果可以看出在 20 ℃条件下，不同类型聚合物均能彻底破胶，破胶后聚合物黏度小于 3 mPa·s。采用凝胶渗透色谱仪测定破胶液的分子量均小于 10 000，说明该组合不仅降低了聚合物的黏度，还有效降低了聚合物分子量，从而降低储层伤害。

通过单因素实验最终确定破胶剂加量，结果见表 7-34，确保 LOMO 胶液在大于等于 20 ℃条件下能够实现彻底破胶。取宜页 1HF 井现场返排液进行测试，返排液呈淡黄色，澄清透明，几乎无黏度，破胶液分子量均小于 10 000，黏度<1 mPa·s，实现了低温破胶，不仅降低了压裂液黏度，且低分子量破胶液有利于提高返排率，降低储层伤害。

表 7-34　LOMO 胶液破胶实验

| 温度<br>/℃ | BRE-1+BRE-2/% | 破胶时间<br>/min | 破胶液黏度<br>/（mPa·s） | 破胶液表面张力<br>/（mN/m） | 分子量 |
|---|---|---|---|---|---|
| 20 | 0.1+0.1 | 180 | 2.98 | 25.5 | <10 000 |
| 30 | 0.05+0.05 | 150 | 2.16 | 25.6 | <10 000 |
| 40 | 0.02+0.05 | 120 | 3.25 | 26.1 | <10 000 |
| 50 | 0.01+0.05 | 80 | 1.93 | 24.5 | <10 000 |

### （二）压裂液高效助排剂实验评价

宜页 1HF 井地层压裂系数低（1.00~1.10），从助排剂表面张力、与减阻剂配伍性、接触角等方面进行试验，优化了高性能助排剂，确保液体渗入孔隙，提高排驱效率。

不同类型的助排剂具有不同的表面张力（表 7-35，表 7-36），其中 YSD、BFC、HX 等多种助排剂在加量为 0.1 %时表面张力较低，但与滑溜水配伍性较差；助排剂 FLYZ 与滑溜水配伍性较好，单剂与体系表面张力无明显变化。

表 7-35　不同助排剂表面张力

| 序号 | 单剂 | 加量<br>/% | 表面张力<br>/（mN/m） | 序号 | 单剂 | 加量<br>/% | 表面张力<br>/（mN/m） |
|---|---|---|---|---|---|---|---|
| 1 | FY | 0.1 | 29.9 | 12 | SX | 0.2 | 23.3 |
| 2 | ZHou | 0.1 | 29.7 | 13 | YSD | 0.25 | 23.1 |
| 3 | RB | 0.1 | 38.5 | 14 | FC309（F） | 0.3 | 23.2 |
| 4 | HX | 0.1 | 28.4 | 15 | FC310（F） | 0.3 | 25.4 |
| 5 | SR | 0.1 | 39.3 | 16 | FCY-10 | 0.3 | 23.4 |
| 6 | YSD | 0.1 | 27.5 | 17 | RQ | 0.3 | 25.0 |
| 7 | GH | 0.1 | 26.6 | 18 | FC309 | 0.3 | 27.0 |
| 8 | FC309 | 0.1 | 34.7 | 19 | F115-1 | 0.3 | 22.1 |
| 9 | BFC | 0.1 | 23.6 | 20 | Shen | 0.3 | 23.7 |
| 10 | JH | 0.1 | 23.8 | 21 | Miao | 0.3 | 23.3 |
| 11 | GH | 0.1 | 25.2 | 22 | BD | 0.3 | 23.0 |

表 7-36　不同助排剂与减阻剂配伍性

| 序号 | 助排剂单剂 | 单剂表面张力/（mN/m） | 体系 | 体系表面张力/（mN/m） |
|---|---|---|---|---|
| 1 | 0.10 %BFC | 23.6 | 0.04 %减阻剂 FLICK+0.10 %助排剂 BFC | 36.5 |
| 2 | 0.10 %LSH | 20.0 | 0.04 %减阻剂 FLICK+0.10 %助排剂 LSH | 30.5 |
| 3 | 0.25 %LSH | 19.8 | 0.04 %减阻剂 FLICK+0.25 %助排剂 LSH | 27.4 |
| 4 | 0.10 %HX | 26.6 | 0.04 %减阻剂 FLICK+0.10 %助排剂 HX | 30.5 |
| 5 | 0.15 %HX | 24.5 | 0.04 %减阻剂 FLICK+0.15 %助排剂 HX | 29.9 |
| 6 | 0.10 %FLYZ | 23.8 | 0.04 %减阻剂 FLICK+0.10 %助排剂 FLYZ | 27.8 |
| 7 | 0.15 %FLYZ | 22.1 | 0.04 %减阻剂 FLICK+0.15 %助排剂 FLYZ | 25.4 |
| 8 | 0.20 %FLYZ | 20.5 | 0.04 %减阻剂 FLICK+0.20 %助排剂 FLYZ | 24.5 |
| 9 | 0.20 %YSD | 23.0 | 0.04 %减阻剂 FLICK+0.20 %助排剂 YSD | 33.2 |
| 10 | 0.25 %YSD | 23.1 | 0.04 %减阻剂 FLICK+0.25 %助排剂 YSD | 30.2 |
| 11 | 0.30 %YSD | 21.9 | 0.04 %减阻剂 FLICK+0.30 %助排剂 YSD | 27.0 |
| 12 | 0.30 %BD | 23.0 | 0.04 %减阻剂 FLICK+0.30 %助排剂 BD | 28.0 |
| 13 | 0.25 %LSH | 19.8 | 0.04 %减阻剂 FLICK+0.25 %助排剂 LSH | 27.7 |

　　滑溜水中加入不同助排剂其接触角不同，实验测定滑溜水的接触角可检测助排剂的返排能力，实验证明助排剂 FLYZ 不仅有较低的表面张力、较好的配伍性，其接触角接近 90°（图 7-49），具有较好的防锁水效果，能够有效地降低毛细管阻力，使液体有效地返排出地层。

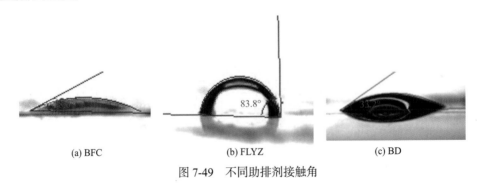

(a) BFC　　　　　　　(b) FLYZ　　　　　　　(c) BD

图 7-49　不同助排剂接触角

　　宜页 1HF 井滑溜水中应用助排剂 FLYZ，压裂泵送入井总液量 43 284.74 m³，累计返排液量 7 039.44 m³，待排液量 36 245.3 m³，返排率 16.26 %。FLYZ 助排剂助排效果显著。

（三）低伤害滑溜水配方

　　为了减少滑溜水对储层的伤害，研究了低伤害滑溜水配方，一是选用高性能减阻剂，减少入井聚合物用量；二是在滑溜水体系中创新加入破胶剂，降低返排液黏度，减小聚合物分子量。

**1. 高性能减阻剂**

减阻剂是滑溜水压裂液的核心和技术关键，优异的减阻剂具有较低的减阻剂加量、较好的速溶性、较高的减阻性能和较低的使用成本。目前页岩气压裂液用减阻剂主要有乳液型和粉末型两种，综合考虑两种类型减阻剂特点及宜页 1HF 井压裂液"变黏"的工艺，优选出 FLICK 减阻剂，溶解性能及减阻性如图 7-50 所示。

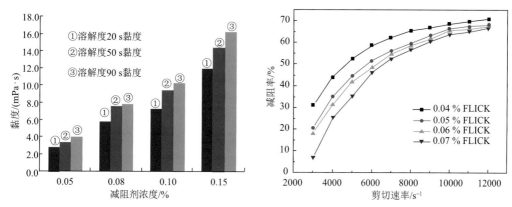

图 7-50　FLICK 减阻剂溶解性和减阻性

FLICK 减阻剂具有添加剂用量低、减阻效率高低等特点，其加量比国内外同类产品降低 30 %～50 %（表 7-37），有利于降低储层伤害。FLICK 滑溜水在宜页 1HF 井压裂施工过程中表现出了超高减阻效果，现场施工摩阻统计表明，平均减阻率为 78.5 %，高黏滑溜水 80.2 %、低黏滑溜水 74.6 %。

表 7-37　减阻剂加量对比

| 滑溜水体系 | 黏度要求/（mPa·s） | 常规降阻剂用量/% | FLICK 降阻剂用量/% |
| --- | --- | --- | --- |
| 低黏（粉剂） | <6 | > 0.04 | 0.02～0.04 |
| 高黏（粉剂） | 9～15 | 0.08～0.12 | 0.04～0.08 |

**2. 滑溜水破胶性能实验**

为进一步减少外来液体对储层的伤害，尤其是大分子聚合物对页岩纳米微孔的伤害，宜页 1HF 井滑溜水体系中创新加入 BRE 低温破胶剂组合，使入井液在井筒中具有较好的减阻效果，待入井液到达目的层造缝完毕后破胶成小分子，利于压裂液返排。

FLICK 高黏滑溜水破胶实验结果见表 7-38，破胶后滑溜水黏度有所降低，表面张力更低；微观上聚合物大分子断裂成小分子，减少滑溜水对储层伤害。

宜页 1HF 井 FLICK 滑溜水现场返排液性能测试见表 7-39，返排液呈淡黄色，外观清澈透明，黏度为 0.95 mPa·s，破胶液分子量均小于 10 000，压裂液破胶完全，破胶后聚合物分子链断裂成小分子，降低了储层伤害。

表 7-38　滑溜水室内破胶实验

| 温度/℃ | BRE-1+BRE-2/% | 破胶时间/min | 破胶液黏度/（mPa·s） | 未破胶表面张力/（mN/m） | 破胶液表面张力/（mN/m） | 分子量 |
|---|---|---|---|---|---|---|
| 20 | 0.01+0.05 | 120 | 1.25 | 27.5 | 25.8 | <10 000 |
| 30 | 0.01+0.03 | 120 | 1.96 | 27.0 | 26.1 | <10 000 |
| 40 | 0.005+0.01 | 120 | 1.64 | 27.8 | 26.3 | <10 000 |
| 50 | 0.002+0.005 | 120 | 1.93 | 26.2 | 25.5 | <10 000 |

表 7-39　返排液性能

| 返排液类型 | 外观 | 黏度/（mPa·s） | pH | 分子量 |
|---|---|---|---|---|
| 初期 | 黄色澄清透明 | 1.02 | 6.5 | <10 000 |
| 初期 | 黄色澄清透明 | 0.96 | 6.7 | <10 000 |
| 中期 | 黄色澄清透明 | 0.94 | 6.7 | <10 000 |
| 中期 | 黄色澄清透明 | 0.98 | 6.8 | <10 000 |
| 中期 | 淡黄色澄清透明 | 0.88 | 7.0 | <10 000 |
| 后期 | 淡黄色澄清透明 | 0.92 | 7.3 | <10 000 |
| 后期 | 淡黄色澄清透明 | 0.92 | 7.3 | <10 000 |

### （四）低摩阻胶液体系

结合宜页 1HF 井低温、常压、高钙质含量、高应力差等特性，以配套的阳离子表面活性剂作为交联剂，研发新型清洁压裂液 LOMO 胶液体系，具有添加剂加量少、剪切恢复性好、低摩阻、低温破胶、悬砂能力强、滤失少、配伍性好、热稳定性好、低残渣、易返排等特点；同时货源广、便于配制、经济性强。其基本配方如下：

0.25 %稠化剂 LOMO+0.30 %交联剂 CALLA+0.30 %黏土稳定剂 FLYF+0.2 %助排剂 FLYZ+0.05 %低温破胶剂 BRE-1+0.05 %破胶助剂 BRE-2。

**1. 稠化剂浓度与黏度**

LOMO 胶液体系采用 0.25 %稠化剂，基液黏度为 48 mPa·s，表现出优异增黏性。不同浓度稠化剂加量、线性胶黏度曲线如图 7-51 所示。

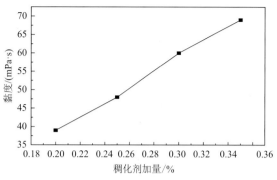

图 7-51　不同稠化剂加量体系黏度

常规稠化剂溶解时间一般在 30 min 以上，不适合在线混配，需提前配制，久置易出现分层；LOMO 稠化剂能快速起黏且黏度相对较高，能够实现在线混配，减阻性较好，黏弹性较强。

宜页 1HF 井整个施工工程总用液量 43 284.74 m³（泵送液量 1 230.64 m³，压裂液量 42 054.10 m³）其中胶液 2 890.60 m³。宜页 1HF 井施工过程胶液黏度抽样结果见表 7-40。

表 7-40　宜页 1HF 井胶液黏度检测

| 段数 | 胶液（混砂车）/（mPa·s） | 胶液（缓冲罐上）/（mPa·s） | 胶液（缓冲罐中）/（mPa·s） | 胶液（缓冲罐下）/（mPa·s） |
|---|---|---|---|---|
| 第 1 段 | 30 | 69 | 51 | 30 |
| 第 2 段 | — | — | — | — |
| 第 3 段 | — | — | — | — |
| 第 4 段 | 24 | 75 | 48 | 24 |
| 第 5 段 | 18 | 108 | 48 | 18 |
| 第 6 段 | 21 | 96 | 45 | 21 |
| 第 7 段 | 18 | 102 | 51 | 30 |
| 第 8 段 | — | — | — | — |
| 第 9 段 | 35 | 51 | 48 | 30 |
| 第 10 段 | 35 | 51 | 48 | 30 |
| 第 11 段 | 45 | 45 | 42 | 30 |
| 第 12 段 | 51 | 48 | 45 | 33 |
| 第 13 段 | 51 | 51 | 48 | 36 |
| 第 14 段 | 48 | 48 | 45 | 42 |
| 第 15 段 | 51 | 48 | 45 | 39 |
| 第 16 段 | 45 | 48 | 48 | 42 |
| 第 17 段 | 35 | 51 | 48 | 30 |
| 第 18 段 | 35 | 51 | 48 | 30 |

续表

| 段数 | 胶液（混砂车）/（mPa·s） | 胶液（缓冲罐上）/（mPa·s） | 胶液（缓冲罐中）/（mPa·s） | 胶液（缓冲罐下）/（mPa·s） |
|---|---|---|---|---|
| 第 19 段 | 45 | 45 | 42 | 30 |
| 第 20 段 | 51 | 48 | 45 | 33 |
| 第 21 段 | 51 | 51 | 48 | 36 |
| 第 22 段 | 48 | 48 | 45 | 42 |
| 第 23 段 | 51 | 48 | 45 | 39 |
| 第 24 段 | 45 | 48 | 48 | 42 |
| 第 25 段 | 35 | 51 | 48 | 30 |
| 第 26 段 | 35 | 51 | 48 | 30 |

**2. 耐温耐剪切性**

配方体系：0.25 % 稠化剂 LOMO+0.30 % 交联剂 CALLA，在 60 ℃，170 $s^{-1}$ 条件下，剪切 60 min 的黏温曲线图如图 7-52 所示，耐温耐剪切性较好。

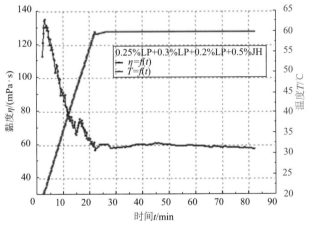

图 7-52　胶液体系黏-温曲线图

**3. 悬砂性**

配方体系 0.25 % 稠化剂 LOMO+0.30 % 交联剂 CALLA，在室温条件下悬砂情况良好，砂比 20 %，胶液悬砂情况如图 7-53 所示。

宜页 1HF 井总加砂量 1 446.90 m³，第 20 段、第 21 段、第 23 段、第 25 段、第 26 段进行液氮助排，伴注液氮 63.6 m³。施工整体呈现"破裂压力低，施工排量高、施工砂比高"等特征，其中 30/50 目砂比最高达 21 %（图 7-54）。

（a）初始悬砂情况　　　　　　　　　　　　　　　（b）悬砂 10 min 后情况

图 7-53　胶液悬砂情况

支撑剂加量/m³

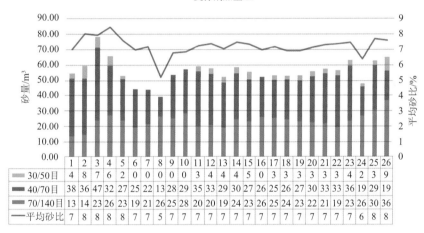

图 7-54　宜页 1HF 井各段支撑剂加量对比图

### 4. 胶液微观表征

常规的水基压裂液大多使用化学交联增黏来提高它的流变性，从而增强携砂性，因此破胶后仍存在部分聚合物片段对地层造成伤害。LOMO 胶液是通过分子间的物理相互作用形成一种可逆缔合，并由这种缔合作用产生一种具有较强的空间三维网状结构的流体，从而达到增黏的效果（图 7-55）。

对 LOMO 胶液进行电镜扫描（图 7-56），LOMO 胶液形成了致密的空间网络结构，具有较好的抗温抗剪切性及携砂性。

采用 HAKKE MARS 60 高温高压流变仪对 LOMO 胶液进行频率扫描，从实验结果可以看出（图 7-57），LOMO 胶液储能模量明显大于耗能模量，且 LOMO 胶液的储能模量达到 2.2，远远大于普通聚合物储能模量（1.5），LOMO 胶液具有较好的黏弹性，是其具有优良耐温耐剪切性及携砂性能的本质原因。

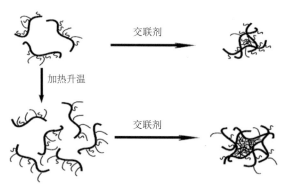

图 7-55　LOMO 胶液交联机理

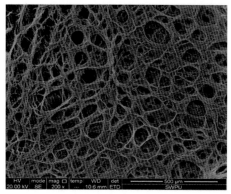

（a）常规胶液

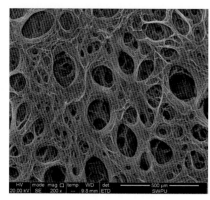

（b）LOMO 胶液

图 7-56　胶液电镜扫描图

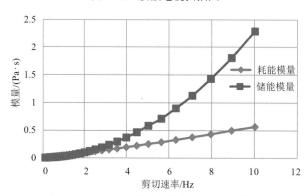

图 7-57　LOMO 胶液储能模量和耗能模量

　　宜页 1HF 井施工摩阻统计表明（表 7-41），压裂液降阻性能较好，平均减阻率为 78.5％，高黏滑溜水 80.2％、低黏滑溜水 74.6％、胶液 78.9％。施工较为平稳，压力波动幅度不大；停泵后压降幅度较大（>10 MPa/h）；液体效率较高，净压力小于应力差，裂缝复杂程度低，以单一裂缝为主。累计返排 6 818 m³，返排率达 16.26％。取返排水进行性能测试，返排液呈淡黄色、澄清透明、无絮凝及沉淀物，破胶液黏度小于 2 mPa·s，破胶液分子量小于10 000，压裂液破胶完全，且破胶后聚合物分子链断裂成小分子，有效减少储层伤害。

表 7-41　不同压裂段不同压裂液减阻率

| 液体类型 | 排量/（m³/min） | 纯液柱下的施工泵压/MPa | 停泵压力/MPa | 延程摩阻/MPa | 延程摩阻系数/（MPa/100 m） | 取值井段/段 | 取值阶段 | 清水摩阻系数/（MPa/100 m） | 减阻率/% |
|---|---|---|---|---|---|---|---|---|---|
| 高黏滑溜水 | 16 | 57.3 | 39.12 | 18.18 | 0.40 | 2 | 尾顶 | 2.02 | 80.2 |
| 高黏滑溜水 | 16 | 66.5 | 48.92 | 17.58 | 0.402 | 6 | 尾顶 | 2.02 | 80.0 |
| 低黏滑溜水 | 14 | 64.3 | 48.2 | 16.10 | 0.403 | 10 | 前置 | 1.59 | 74.6 |
| 胶液 | 15 | 63.3 | 47.2 | 16.10 | 0.403 | 10 | 中顶胶液 | 1.80 | 77.6 |
| 胶液 | 16 | 58.3 | 43.5 | 14.80 | 0.400 | 21 | 中顶胶液 | 2.02 | 80.2 |

综上所述，针对宜页 1HF 井高灰质含量、地层压力系数低、储层温度低、压裂液返排困难、低温破胶难、水平层理不发育、高角度天然裂缝发育、水平应力差大等难点，通过系统研究及工程实践，开发了一套适用于常压低温页岩储层的低伤害压裂液体系，探索了针对高灰质含量、高水平地应力差页岩储层的压裂模式，形成了"前置液阶段快提排量+整体阶梯升排量+中途液体转换+中途携粉砂动态转向"的中扬子寒武系水井沱组页岩储层体积改造工艺方法，圆满完成了 26 段压裂施工，开创了寒武系水井沱组钙质页岩体积压裂技术先河，为今后中扬子地区寒武系水井沱组页岩储层体积改造提供了参考。

# 参 考 文 献

埃默里, 1999. 无机地球化学在石油地质学中的应用[M]. 北京: 石油工业出版社.

包书景, 聂海宽, 高波, 等, 2011. 国土资源部全国油气资源战略选区调查与评价专项 "川东南和鄂西渝东地区页岩气资源战略调查与选区" 研究报告[R]. 北京: 中国石油化工股份有限公司石油勘探开发研究院.

毕赫, 姜振学, 李鹏, 等, 2014. 渝东南地区龙马溪组页岩吸附特征及其影响因素[J]. 天然气地球科学, 25(2): 302-310.

曹环宇, 朱传庆, 邱楠生, 2015. 川东地区下志留统龙马溪组热演化[J]. 地球科学与环境学报, 37(6): 22-32.

曹涛涛, 宋之光, 王思波, 等, 2015. 不同页岩及干酪根比表面积和孔隙结构的比较研究[J]. 中国科学: 地球科学, 45(2): 139-151.

常华进, 储雪蕾, 黄晶, 等, 2007. 沉积环境细菌作用下的硫同位素分馏[J]. 地质论评, 53(6): 807-813.

陈代钊, 汪建国, 严德天, 等, 2012. 中扬子地区早寒武世构造-沉积样式与古地理格局[J]. 地质科学, 47(4): 1054-1055.

陈公信, 2008. 湖北省岩石地层[M]. 武汉: 中国地质大学出版社.

陈骏, 王鹤年, 2004. 地球化学[M]. 北京: 科学出版社.

陈平, 1984. 湖北宜昌计家坡下寒武统底部小壳化石的发现及其意义[M]//中国地质科学院地层古生物论文集编委会. 地层古生物论文集(第十三辑). 北京: 地质出版社: 49-60.

陈孝红, 汪啸风. 2002. 湘西震旦纪武陵山生物群的化石形态学特征和归属[J]. 地质通报, 21(10): 638-645.

陈孝红, 周鹏, 张保民, 等, 2015. 峡东埃迪卡拉系陡山沱组稳定碳同位素记录及其年代地层意义[J]. 中国地质, 42(1): 207-223.

陈孝红, 张国涛, 胡亚, 2016. 鄂西宜昌地区埃迪卡拉系陡山沱组页岩沉积环境及其页岩气地质意义[J]. 华南地质与矿产, 32(2): 106-116.

陈旭, 戎嘉余, 樊隽轩, 等, 2006. 奥陶系上统赫南特阶全球层型剖面和点位的建立[J]. 地层学杂志, 30(4): 289-307.

陈燕燕, 邹才能, MASTALERZ M, 等, 2015. 页岩微观孔隙演化及分形特征研究[J]. 天然气地球科学, 26(9): 1650-1654.

程鹏, 肖贤明, 2013. 很高成熟度富有机质页岩的含气性问题[J]. 煤炭学报, 38(5): 737-741.

程凌云, 雍自权, 王天依, 等, 2015. 强改造区牛蹄塘组页岩气保存条件指数评价[J]. 天然气地球科学, 26(12): 2412-2414.

戴金星, 1992. 各类烷烃气的鉴别[J]. 中国科学: B辑(2): 185-193.

戴金星, 1993. 天然气碳氢同位素特征和各类天然气鉴别[J]. 天然气地球科学, 4(2/3): 1-40.

戴金星, 倪云燕, 黄士鹏, 等, 2016. 次生型负碳同位素系列成因[J]. 天然气地球科学, 27(1): 1-7.

邓宾, 刘树根, 刘顺, 等, 2009. 四川盆地地表剥蚀量恢复及其意义[J]. 成都理工大学学报(自然科学版), 36(6): 675-686.

邓宾, 刘树根, 王国芝, 等, 2013. 四川盆地南部地区新生代隆升剥露研究: 低温热年代学证据[J]. 地球物理学报, 56(6): 1958-1973.

丁安娜, 惠荣辉, 1991. 产甲烷菌生物地球化学作用的研究[J]. 地球科学进展, 6(3): 62-68.

丁莲芳, 李勇, 陈会鑫, 1992. 湖北宜昌震旦系—寒武系界线地层 Micrhystridium regulare 化石的发现及其地层意义[J]. 微体古生物学报, 9(3): 303-309.

樊茹, 邓胜徽, 张学磊, 2011. 寒武系碳同位素漂移事件的全球对比性分析[J]. 中国科学: 地球科学, 41(12): 1829-1839.

冯常茂, 刘进, 宋立军, 2008. 中上扬子地区构造变形带成因机制及有利油气勘探区域预测[J]. 地球学报, 29(2): 199-204.

盖海峰, 肖贤明, 2013. 页岩气碳同位素倒转: 机理与应用[J]. 煤炭学报, 38(5): 827-833.

甘家思, 刘锁旺, 李安然, 等, 1996. 黄陵地块内部北西向雾渡河断裂的再研究[J]. 地壳形变与地震, 16(1): 72-78.

刚文哲, 高岗, 郝石生, 等, 1997. 论乙烷碳同位素在天然气成因类型研究中的应用[J]. 石油实验地质, 19(2): 164-167.

葛翔, 沈传波, 梅廉夫, 2016. 低温热年代对黄陵隆起中新生代古地形的约束[J]. 大地构造与成矿学, 40(4): 654-662.

郭俊锋, 2009. 湖北宜昌早寒武世岩家河生物群研究[D]. 西安: 西北大学.

郭彤楼, 刘若冰, 2013. 复杂构造区高演化程度海相页岩气勘探突破的启示: 以四川盆地东部盆缘 JY1井为例[J]. 天然气地球科学, 24(4): 648-651.

郭彤楼, 张汉荣, 2014. 四川盆地焦石坝页岩气田形成与富集高产模式[J]. 石油勘探与开发, 41(1): 28-36.

郭彤楼, 李国雄, 曾庆立, 2005. 江汉盆地当阳复向斜当深 3 井热史恢复及其油气勘探意义[J]. 地质科学, 40(4): 570-578.

郭彤楼, 李宇平, 魏志红, 2011. 四川盆地元坝地区自流井组页岩气成藏条件[J]. 天然气地球科学, 22(1): 1-7.

郭旭升, 2014. 涪陵页岩气田焦石坝区块富集机理与勘探技术[M]. 北京: 科学出版社: 33-36.

郭旭升, 李宇平, 刘若冰, 等, 2014. 四川盆地焦石坝地区龙马溪组页岩微观孔隙结构特征及其控制因素[J]. 天然气工业, 34(6): 13-14.

郭旭升, 胡东风, 魏志红, 等, 2016. 涪陵页岩气田的发现与勘探认识[J]. 中国石油勘探, 21(3): 24-37.

郭英海, 赵迪斐, 2015. 微观尺度海相页岩储层微观非均质性研究[J]. 中国矿业大学学报, 44(2): 300-307.

关士聪, 1984 中国海陆变迁海域沉积相与油气[M]. 北京: 科学出版社.

何治亮, 聂海宽, 张钰莹, 等. 2016. 四川盆地及其周缘奥陶系五峰组—志留系龙马溪组页岩气富集主控因素分析[J]. 地学前缘, 23(2): 8-17.

贺鸿冰, 2012. 华蓥山构造带的构造几何学与运动学及其对川东与川中地块作用关系的启示[D]. 北京: 中国地质大学(北京).

胡亚, 陈孝红, 2017. 三峡地区前寒武纪—寒武纪转折期黑色页岩地球化学特征及其环境意义[J]. 地质科技情报, 36(1): 61-71.

胡东风, 张汉荣, 倪楷, 等, 2014. 四川盆地东南缘海相页岩气保存条件及其主控因素[J]. 天然气工业, 34(6): 17-23.

胡圣标, 郝杰, 付明希, 等, 2005. 秦岭—大别—苏鲁造山带白垩纪以来的抬升冷却史: 低温年代学数据约束[J]. 岩石学报, 21(4): 1167-1173.

湖北省地质矿产局, 1990. 湖北省区域地质志[M]. 北京: 地质出版社.

黄第藩, 李晋超, 张大江, 1984. 干酪根的类型及其分类参数的有效性、局限性和相关性[J]. 沉积学报, 2(3): 18-31.

黄籍中, 1988. 干酪根的稳定碳同位素分类依据[J]. 地质地球化学(3): 68-70.

焦方正, 冯建辉, 易积正, 等, 2015. 中扬子地区海相天然气勘探方向、关键问题与勘探对策[J]. 中国石油勘探, 20(2): 1-8.

金之钧, 周雁, 云金表, 等, 2010. 我国海相地层膏盐岩盖层分布与近期油气勘探方向[J]. 石油与天然气地质, 31(6): 715-724.

金之钧, 胡宗全, 高波, 等, 2016. 川东南地区五峰组—龙马溪组页岩气富集与高产控制因素[J]. 地学前缘, 23 (1): 4-8.

李超, 程猛, 谢树成, 2015. 早期地球海洋水化学分带的理论预测[J]. 中国科学: 地球科学, 45(12): 1829-1838.

李昌鸿, 2008. 江汉平原加里东期古隆起对震旦系—下古生界成藏条件的控制作用[J]. 石油实验地质, 30(6): 564-574.

李昌鸿, 刘新民, 付宜兴, 等, 2008. 江汉平原区中、古生界构造特征及演化[J]. 地质科技情报, 27(2): 34-38.

李明诚, 李剑, 万玉金, 等, 2001. 沉积盆地中的流体[J]. 石油学报, 22(4): 13-17.

李四光, 赵亚曾, 1924. 峡东地质及长江之历史[J]. 中国地质学会志, 3(3/4): 351-391.

李天义, 何生, 何治亮, 等, 2012. 中扬子地区当阳复向斜中生代以来的构造抬升和热史重建[J]. 石油学报, 33(2): 213-224.

李愿军, 1991. 长江三峡地区地壳形变特征及其构造意义[J]. 地震地质, 13(3): 249-257.

李再会, 汪雄武, 王晓地, 2007. 黄陵岩基 A 型花岗岩的厘定[J]. 沉积与特提斯地质, 27(3): 70-77.

李忠雄, 陆永潮, 王剑, 等, 2004. 中扬子地区晚震旦世—早寒武世沉积特征及岩相古地理[J]. 古地理学报, 6(2): 156-157.

林拓, 张金川, 李博, 等, 2014. 湘西北常页 1 井下寒武统牛蹄塘组页岩气聚集条件及含气特征[J]. 石油学报, 35(5): 839-845.

林拓, 张金川, 包书景, 等, 2015. 湘西北下寒武统牛蹄塘组页岩气井位优选及含气性特征: 以常页 1 井为例[J]. 天然气地球科学, 26(2): 312-319.

刘安, 包汉勇, 李海, 等, 2016. 湖北省上奥陶统五峰组—下志留统龙马溪组页岩气地质条件分析及有利区带预测[J]. 华南地质与矿产, 32 (2): 126-134.

刘江涛, 李永杰, 张元春, 等 2017. 焦石坝五峰组—龙马溪组页岩硅质生物成因的证据及其地质意义[J]. 中国石油大学学报: 自然科学版, 41(1): 34-41.

刘景彦, 林畅松, 卢林, 等 2009. 江汉盆地白垩—新近系主要不整合面剥蚀量分布及其构造意义[J]. 地质科技情报, 28(1): 1-8.

刘树根, 孙玮, 罗志立, 等 2013. 兴凯地裂运动与四川盆地下组合油气勘探[J]. 成都理工大学学报(自然科学版), 40(5): 511-521.

刘树根, 邓宾, 钟勇, 等 2016. 四川盆地及周缘下古生界页岩气深埋藏-强改造独特地质作用[J]. 地学前缘, 23 (01): 15-20.

刘早学, 陈铁龙, 周向辉, 等, 2012. 中扬子利川—慈利走廊震旦系—下古生界油气地质特征及有利区带预测[J]. 资源环境与工程, 26(2): 111-119.

刘早学, 张焱林, 陈威, 2016. 宜昌-神农架地区页岩气资源远景调查成果报告[R]. 武汉: 湖北省地质调查院, 86-130.

刘祖发, 肖贤明, 傅家谟, 等, 1999. 海相镜质体反射率用作早古生代烃源岩成熟度指标研究[J]. 地球化学, 28(6): 580-587.

罗超, 刘树根, 孙惟, 等, 2014. 鄂西-渝东地区下寒武统牛蹄塘组黑色页岩孔隙结构特征[J]. 东北石油大学学报, 38(2): 8-16.

马力, 陈焕疆, 甘克文, 等, 2004. 中国南方大地构造和海相油气地质[M]. 北京: 地质出版社.

马行陟, 柳少波, 姜林, 等, 2016. 页岩吸附气含量测定的影响因素定量分析[J]. 天然气地球科学, 27(3): 488-493.

马勇, 钟宁宁, 韩辉, 等. 2014. 糜棱化富有机质页岩孔隙结构特征及其含义[J]. 中国科学: 地球科学, 44 (10) : 2202-2209.

梅廉夫, 刘昭茜, 汤济广, 等, 2010. 湘鄂西-川东中生代陆内递进扩展变形: 来自裂变径迹和平衡剖面的证据[J]. 地球科学(中国地质大学学报), 35(2): 161-174

孟宪武, 田景春, 张翔, 等, 2014. 川西南井研地区筇竹寺组页岩气特征[J]. 矿物岩石, 34(2): 96-105.

聂海宽, 张金川, 李玉喜. 2011. 四川盆地及其周缘下寒武统页岩气聚集条件[J]. 石油学报, 32(6): 960-965.

聂海宽, 包书景, 高波, 等, 2012. 四川盆地及其周缘下古生界页岩气保存条件研究[J]. 地学前缘, 19(3): 280-294.

潘仲芳, 魏道芳, 谢新泉, 等, 2015. 中南地区矿产资源潜力评价[M]. 武汉: 湖北人民出版社: 1-271.

彭善池, 2008. 华南寒武系年代地层系统的修订及相关问题[J]. 地层学杂志, 32(3): 239-245.

彭善池, 2009. 华南斜坡相寒武纪三叶虫动物群研究回顾并论我国南、北方寒武系的对比[J]. 古生物学报, 48(3): 437-452.

彭松柏, 李昌年, TIMOTHY M K, 等, 2010. 鄂西黄陵背斜南部元古宙庙湾蛇绿岩的发现及其构造意义[J]. 地质通报, 29(1): 8-20.

蒲泊伶, 董大忠, 牛嘉玉, 等, 2014. 页岩气储层研究新进展[J]. 地质科技情报, 33(2): 98-104.

蒲心纯, 周浩达, 王熙林, 等, 1993. 中国南方寒武系岩相古地理与成矿作用[M]. 北京: 地质出版社.

邱登峰, 李双建, 袁玉松, 等, 2015. 中上扬子地区地史模拟及其油气地质意义[J]. 油气地质与采收率, 22(4): 6-13.

邱振, 王清晨, 2011. 广西来宾中上二叠统硅质岩海底热液成因的地球化学证据[J]. 中国科学: 地球科学, 41 (5): 725-737.

渠洪杰, 康艳丽, 崔建军, 2014. 扬子北缘黄陵地区晚中生代盆地演化及其构造意义[J]. 地质科学, 49(4): 1070-1092.

全国地层委员会, 2012. 中国区域年代地层(地质年代)表说明书[M]. 北京: 地质出版社: 58-59.

沈传波, 梅廉夫, 刘昭茜, 等, 2009. 黄陵隆起中—新生代隆升作用的裂变径迹证据[J]. 矿物岩石, 29(2): 54-60.

施小斌, 石红才, 杨小秋, 等, 2013. 江汉盆地当阳向斜区主要不整合面剥蚀厚度的中低温热年代学约束[J]. 地质学报. 87 (8): 1076-1088.

石红才, 施小斌, 杨小秋, 等, 2011. 鄂西渝东方斗山-石柱褶皱带中新生代隆升剥蚀过程及构造意义[J]. 地球物理学进展, 26 (6): 1993-2002.

宋叙, 王思波, 曹涛涛, 等, 2013. 扬子地台寒武系泥页岩甲烷吸附特征[J]. 地质学报, 87(7): 1041-1048.

苏勇, 2007. 湘鄂西区块构造演化及其对油气聚集的控制作用[D]. 北京: 中国科学院研究生院.

坛俊颖, 王文龙, 王延斌, 2011. 中上扬子下寒武统牛蹄塘组海相烃源岩评价[J]. 海洋地质前沿, 27(3): 23-26.

汪啸风, 项礼文, 倪世钊, 等, 1987. 长江三峡地区生物地层学(2): 早古生代分册[M]. 北京: 地质出版社

汪啸风, 李华芹, 陈孝红, 1999. 末前寒武系年代地层研究: 问题, 进展与建议[J]. 现代地质, 13(4): 379-384.

王国芝, 刘树根, 2009. 海相碳酸盐岩区油气保存条件的古流体地球化学评价: 以四川盆地中部下组合为例[J]. 成都理工大学学报(自然科学版), 36(6): 631-644.

王佳. 2012. 湘鄂西-渝东南地区下古生界页岩气勘探前景[D]. 成都: 成都理工大学.

王佳, 李小刚, 黄文明, 2014. 湘鄂西-渝东地区牛蹄塘组页岩气勘探前景评价[J]. 地质科技情报, 33(4): 100-102.

王平, 刘少峰, 郜瑽珺, 等. 2012. 川东弧形带三维构造扩展的 AFT 记录[J]. 地球物理学报, 55 (5):

1662-1673

王道富, 王玉满, 董大忠, 等, 2013. 川南下寒武统筇竹寺组页岩储集空间定量表征[J]. 天然气工业, 33(7): 2-3.

王东安. 1981. 雅鲁藏布江深断裂带所产硅质岩的特征及其成因[M]. 北京: 科学出版社, 1-86.

王濡岳, 丁文龙, 龚大建, 等, 2016. 渝东南-黔北地区下寒武统牛蹄塘组页岩裂缝发育特征与主控因素[J]. 石油学报, 37(7): 832-877.

王韶华, 罗开平, 刘光祥, 2009. 江汉盆地周缘中、新生代构造隆升裂变径迹记录[J]. 石油与天然气地质, 30(3): 255-259.

王淑芳, 董大忠, 王玉满, 等, 2015. 中美海相页岩气地质特征对比研究[J]. 天然气地球科学, 26(9): 1666-1678.

王欣, 齐梅, 李武广, 等, 2015. 基于分形理论的页岩储层微观孔隙结构评价[J]. 天然气地球科学, 26(4): 757-758.

王新强, 史晓颖, JIANG G Q, 等, 2014. 华南埃迪卡拉纪—寒武纪过渡期的有机碳同位素梯度和海洋分层[J]. 中国科学: 地球科学, 44(6): 1142-1154.

王志刚, 2015. 涪陵页岩气勘探开发重大突破与启示[J]. 石油与天然气地质, 36(1): 1-6.

魏运许, 彭松柏, 幸福, 等, 2012. 扬子板块黄陵背斜新元古代花岗岩锆石 SHRIMP U-Pb 定年、岩石地球化学特征及其形成构造背景[C]// 构造地质与地球动力学学术研讨会.

沃玉进, 周雁, 肖开华, 2007. 中国南方海相层系埋藏史类型与生烃演化模式[J]. 沉积与特提斯地质, 27(3): 94-100.

吴敏, 2009. 湘鄂西地区中新生代构造演化及其对油气保存条件的影响[D]. 武汉: 中国地质大学.

吴伟, 黄士鹏, 胡国艺, 等, 2014. 威远地区页岩气与常规天然气地球化学特征对比[J]. 天然气地球科学, 25(12): 1994-2002.

肖开华, 陈红, 沃玉进, 等, 2005. 江汉平原区构造演化对中、古生界油气系统的影响[J]. 石油与天然气地质, 26(5): 688-693.

肖贤明, 刘德汉, 傅家谟, 1991. 沥青反射率作为烃源岩成熟度指标的意义[J]. 沉积学报, 9(增刊): 138-146.

肖芝华, 谢增业, 李志生, 等, 2008. 川中-川南地区须家河组天然气同位素组成特征[J]. 地球化学, 37(3): 247-248.

谢树成, 刘邓, 邱轩, 等, 2016. 微生物与地质温压的一些等效地质作用[J]. 中国科学: 地球科学, 46(8): 1087-1094.

徐大良, 彭练红, 刘浩, 等, 2013. 黄陵背斜中新生代多期次隆升的构造-沉积响应[J]. 华南地质与矿产, 29(2): 90-99.

徐旭辉, 郑伦举, 马中良, 2016. 泥页岩中有机质的赋存形态与油气形成[J]. 石油实验地质, 38(4): 423-428.

薛耀松, 周传明, 2006. 扬子区早寒武世早期磷质小壳化石的再沉积和地层对比问题[J]. 地层学杂志, 30(1): 64-74.

燕继红, 李启桂, 朱祥, 2016. 四川盆地及周缘下寒武统页岩气成藏主控因素与勘探方向[J]. 石油地质实验, 38 (04): 447-450.

杨峰, 宁正福, 王庆, 等, 2014. 页岩纳米孔隙分形特征[J]. 天然气地球科学, 25(4): 618-623.

杨水源, 姚静, 2008. 安徽巢湖平顶山中二叠统孤峰组硅质岩的地球化学特征及成因[J]. 高校地质学报, 14(1): 39-48.

易同生, 赵霞, 2014. 贵州下寒武统牛蹄塘组页岩储层特征及其分布规律[J]. 天然气工业, 34(8): 8-14.

余武, 沈传波, 杨超群, 2017. 秭归盆地中新生代构造-热演化的裂变径迹约束[J]. 地学前缘, 24(3): 116-126.

袁玉松, 朱传庆, 胡圣标, 2007. 江汉盆地热流史、沉积构造演化与热事件[J]. 地球物理学进展, 22(3): 934-939.

张峰, 林文祝, 1999. 磷灰石裂变径迹年龄分析三峡仙女山断裂带构造活动性[J]. 矿物学报, 19(1): 98-102.

张慧, 焦淑静, 林伯伟, 等, 2017. 扬子板块下寒武统页岩有机质与矿物质的成因关系[J]. 天然气勘探与开发, 40(4): 25-33.

张明亮, 郭伟, 沈俊, 等. 2017. 古海洋氧化还原地球化学指标研究新进展[J]. 地质科技情报, 36(4): 95-106.

张文堂, 李积金, 钱义元, 等, 1957. 湖北峡东寒武纪及奥陶纪地层[J]. 科学通报, (5): 145-146.

周炼, 苏洁, 黄俊华, 等, 2011. 判识缺氧事件的地球化学新标志: 钼同位素[J]. 中国科学: 地球科学, 41(3): 309-319.

周庆华, 宋宁, 王成章, 等, 2015. 湖南常德地区牛蹄塘组页岩特征及含气性[J]. 天然气地球科学, 26(02): 301-311.

邹才能, 2011. 非常规油气地质[M]. 北京: 地质出版社: 128-144.

邹才能, 张国生, 杨智, 等, 2013. 非常规油气概念、特征、潜力及技术: 兼论非常规油气地质学[J]. 石油勘探与开发, 40(04): 385-399, 454.

邹才能, 杨智, 朱如凯, 等, 2015. 中国非常规油气勘探开发与理论技术进展[J]. 地质学报, 89(6): 979-1007.

左罗, 熊伟, 郭为, 等, 2014. 页岩气赋存力学机制[J]. 新疆石油地质, 35(2): 160-161.

ADACHI M, YAMAMOTO K, SUGISAKI R, 1986. Hydrothermal chert and associated siliceous rocks from the northern Pacific: their geological significance as indication of ocean ridge activity [J]. Sedimentary geology, 47(1) : 125-148.

BARRETT E P, JOHNER L S, HALENDA P P, 1951. The determination of pore volume and area distributions in porous substances. I. Computations from nitrogen isotherms[J]. Journal of the American chemical society, 73(1): 373-380.

BERNARD B B, 1978. Light hydrocarbons in marine sediments[D]. Texas: Texas A&M University.

BOWKER K A, 2007. Barnett shale gas production, Fort Worth Basin: issues and discussion[J]. AAPG bulletin, 91(4): 523- 533.

BOSTRÖM K, 1983. Genesis of ferromanganese deposit-diagnostic criteria for recent and old deposits[M]// RONA P A , Hydrothermal Process at Seafloors Spring Centers. New York : Plenum Press: 473-483.

BOSTRÖM K, PETERSON M N A, 1969. The origin of Al-poor ferromanganoan sediments in areas of high heat flow on the East Pacific Rise[J]. Marine geology, 7: 427-447.

BRUNAUER S, EMMET P H, TELLER E, 1938. Adsorption of gases in multimolecular layers[J]. Journal of the American chemical society, 60(2): 309-319

BUSTIN R M, 2005. Gas shale tapped for big pay [J]. AAPG explorer, 26(2) : 28-30.

CHALMERS G R L, BUSTIN R M, 2007. The organic matter distribution and methane capacity of the Lower Cretaceous strata of Northeastern British Columbia, Canada[J]. International journal of coal geology, 70(1/3): 223-239.

CHALMERS G R L, BUSTIN R M, 2008. Lower Cretaceous gas shales in northeastern British Columbia, Part I: geological controls on methane sorption capacity[J]. Bulletin of Canadian petroleum geology, 56(1): 1-21.

CHALMERS G R, BUSTIN R M, POWER I M, 2012. Characterization of gas shale pore systems by porosimetry, pycnometry, surface area and field emission scanning electron microscopy/transmission electron microscopy image analyses: examples from the Barnett, Woodford, Haynesville, Marcellus, and Doig units[J]. AAPG bulletin, 96(6): 1099-1119.

COX R, LOWE D R, CULLERS R L, 1995. The influence of sediment recycling and basement composition on evolution of mudrock chemistry in the southwestern United States[J]. Geochimica et cosmochimica acta, 59(14): 2919-2940.

CULLERS R L, PODKOVYROV V N, 2002. The source and origin of terrigenous sedimentary rocks in the Mesoproterozoic Ui group, southeastern Russia[J]. Precambrian research, 117(3/4): 157-183.

CURTIS J B, 2002. Fractured shale-gas systems[J]. AAPG Bulletin, 86(11): 1921-1938.

DAI J X, ZOU C Z, DONG D Z, et al. , 2016. Geochemical characteristics of marine and terrestrial shale gas in China[J]. Marine and petroleum geology , 76: 444-463.

DOUVILLE E, BIENVENU P, CHARLOU J L, et al. , 1999. Yttrium and rare earth elements in fluids from various deep-sea hydrothermal systems[J]. Geochimica et cosmochimica acta, 63: 6-27.

FATHI E, AKKUTLU I Y, 2009. Matrix Heterogeneity effects on gas transport and adsorption in coalbed and shale gas reservoirs[J]. Transport in porous media, 80(2): 281-304.

FRIMMEL H E, 2009. Trace element distribution in Neoproterozoic carbonates as palaeo-environmental indicator [J]. Chemical geology, 258: 338-353.

GALE J F W, REED R M, HOLDER J, 2007. Natural fractures in the Barnett Shale and their importance for hydraulic fracture treatments[J]. AAPG bulletin, 91(4): 603-622.

GAMERO-DIAZ H, MILLER C, LEWIS R, 2012. sCore: a classification scheme for organic mudstones based on bulk mineralogy[J]. AAPG search discovery article, 40951.

GAMERO-DIAZ H, MILLER C K, LEWIS R, 2013. sCore: a mineralogy based classification scheme for organic mudstones [C]// SPE Annual Technical Conference and Exhibition. Society of Petroleum Engineers.

GASPARIK M, BERTIER P, GENSTERBLUM Y, et al. , 2014. Geological controls on the methane storage capacity in organic-rich shales[J]. International journal of coal geology, 123(2): 34-51.

GUO Q J, SHIELDS G A, LIU C Q, 2007. Trace element chemostratigraphy of two Ediacaran–Cambrian successions in South China: Implications for organosedimentary metal enrichment and silicification in the early Cambrian[J]. Palaeogeography, palaeoclimatology, palaeoecology, 254: 194-216.

HATCH J R, LEVENTHAL J S, 1992. Relationship between inferred redox potential of the depositional environment and geochemistry of the Upper Pennsylvanian (Missourian) Stark Shale Member of the Dennis Limestone, Wabaunsee County, Kansas, USA[J]. Chemical geology, 99(1/3): 65-82.

HILL D G, NELSON C R, 2000. Gas productive fractured shales: An overview and update[J]. Gas TIPS, 6(2): 4-13.

HU S B, RAZA A, MIN K, et al. , 2006. Late Mesozoic and Cenozoic thermotectonic evolution along a transect from the North China Craton through the Qinling orogen into the Yangtze Craton, central China[J]. Tectonics, 25(6): 1-15.

ISHIKAWA T, UENO Y, KOMIYA T, 2008. Carbon isotope chemostratigraphy of a Precambrian/Cambrian boundary section in the Three Gorge area, South China: Prominent global-scale isotope excursions just before the Cambrian Explosion[J]. Gondwana research, 14: 193-208.

JARVIE D M, HILL R J, RUBLE T E, et al. , 2007. Unconventional shale-gas systems: The Mississippian Barnett Shale of north-central Texas as one model for thermogenic shale-gas assessment[J]. AAPG bulletin, 91(4): 475-499.

JIANG G, WANG X, SHI X, et al. , 2012. The origin of decoupled carbonate and organic carbon isotope signatures in the early Cambrian (ca. 542~520 Ma) Yangtze platform[J]. Earth and planetary science letters, 317-318(2): 96-110.

JI L, ZHANG T, MILLIKEN K L, et al. , 2012. Experimental investigation of main controls to methane adsorption in clay-rich rocks[J]. Applied geochemistry, 27(12): 2533-2545.

JONES B, MANNING D A C, 1994. Comparison of geochemical indices used for the interpretation of palaeoredox conditions in ancient mudstones[J]. Chemical geology, 111(1/4): 111-129.

LI Z X, LI X H, KINNY P D, et al. , 1999. The breakup of Rodinia: did it start with a mantle plume beneath South China?[J]. Earth and planetary science letters, 173(3): 171-181.

LIU Y, ZHANG J C, REN J Y, et al. , 2016. Stable isotope geochemistry of the nitrogen-rich gas from lower Cambrian shale in the Yangtze Gorges area, South China[J]. Marine and petroleum geology, 77: 693-702.

MEREY S, SINAYUC C, 2016. Gas-in-place calculations in shale gas reservoirs using experimental adsorption data with adsorption models[J]. Canadian journal of chemical engineering, 94(9): 1683-1692.

MOSHER K, HE J, LIU Y, et al. , 2013. Molecular simulation of methane adsorption in micro and mesoporous carbons with applications to coal and gas shale systems[J]. International journal of coal geology, 109 (1): 36-44.

MURRAY R W, TEN BUCHHOLTZ M R B, GERLACH D C, et al. , 1991. Rare earth, major, and trace elements in chert from the Franciscan Complex and Monterey Group, California: Assessing REE sources to fine-grained marine sediments[J]. Geochimica et cosmochimica acta, 55(7): 1875-1895.

NESBITT H W, YOUNG G M, 1982. Early Proteozoic climates and plate motions inferred from major element chemistry of lutites[J]. Nature, 299: 715-717.

NESBITT H W, YOUNG G M, 1989. Formation and Diagenesis of Weathering Profiles[J]. Journal of geology, 97: 129-147.

OWEN A W, ARMSTRONG H A, FLOYD J D, 1999. Rare earth element geochemistry of upper Ordovician cherts from the Southern Upland of Scotland[J]. Journal of the geological society of London, 156: 191-204.

RICHARDSON N J, DENSMORE A L, SEWARD D, et al. , 2008. Extraordinary denudation in the Sichuan Basin: Insights from low-temperature thermochronology adjacent to the eastern margin of the Tibetan Plateau[J]. Chinese journal of geophysics, 113: 1-23.

RIMMER S M, 2004. Geochemical paleoredox indicators in Devonian–Mississippian black shales, Central Appalachian Basin (USA)[J]. Chemical geology, 206: 373-391.

RODRIGUEZ N D, PHILP R P, 2010. Geochemical characterization of gases from the Mississippian Barnett Shale, Fort Worth Basin, Texas[J]. AAPG bulletin, 94(11): 1641-1656.

ROSS D J K, BUSTIN R M, 2007. Shale gas potential of the Lower Jurassic Gordondale Member, northeastern British Columbia, Canada[J]. Bulletin of Canadian petroleum geology, 55(1): 51-75.

SANJUAN B, MICHARD G, 1987. Aluminum hydroxide solubility in aqueous solutions containing fluoride ions at 50 C[J]. Geochimicaet cosmo-chimica acta, 51(7): 1823 -1831

STRAPO D, MASTALERZ M, SCHIMMELMAR A, et al. , 2010. Geochemical constraints on the origin and volume of gas in the New Albany Shale (Devonian–Mississippian), eastern Illinois Basin[J]. Bookbird world of childrens books, 94(11): 32-24.

TISSOT B P, WELTE D H, 1984. Petroleum Formation and Occurrence(Second Revised and Enlarged Edition)[M]. Berlin: Springer-Ver-lag: 160-198.

WANG X, WANG T, 2011. The shale gas potential of China[C]//SPE Production and Operations Symposium, 27-29 March 2011, Oklahoma City, Oklahoma, USA. Houston : Society of Petroleum Engineers.

WHITICAR M J, 1990. A geochemial perspective of natural gas and atmospheric methane[J]. Organic geochemistry, 16(1): 531-547.

YAMAMOTO K, SUIGISKI R, 1986. Hydrothermal chert and associated siliceous rocks from the Northern Pacific: their geological significance as indication of ocean ridge activity[J]. Sedimentary geology, 47: 125-148.

ZHANG T, ELLIS G S, RUPPEL S C, et al. , 2012. Effect of organic-matter type and thermal maturity on methane adsorption in shale-gas systems[J]. Organic geochemistry, 47(6): 120-131.

ZHOU M, KENNEDY A K, SUN M, et al. , 2002. Neoproterozoic Arc‐Related Mafic Intrusions along the Northern Margin of South China: Implications for the Accretion of Rodinia[J]. Journal of geology, 110(5): 611-618.

ZHU M Y, BABCOCK L E, PENG S C, 2006, Advances in Cambrian stratigraphy and paleontology: Integrating correlation techniques, paleobiology, taphonomy and paleoenvironmental reconstruction[J]. Palaeoworld, 15(3): 217-222.

ZUMBERGE J, FERWORN K, BROWN S, 2012. Isotopic reversal('rollover')in shale gases produced from the Mississippian Barnett and Fayetteville formations[J]. Marine and petroleum geology, 31(1): 43-52.